道教『物化』美学思想研究(第二版)

郎江涛 ◎ 著

项目策划：余　芳
责任编辑：余　芳
责任校对：王　静
封面设计：墨创文化
责任印制：王　炜

图书在版编目（CIP）数据

道教"物化"美学思想研究 / 郎江涛著． — 2 版
． — 成都：四川大学出版社，2021.11
　ISBN 978-7-5690-5136-0

　Ⅰ．①道… Ⅱ．①郎… Ⅲ．①道教—美学思想—研究
—中国 Ⅳ．① B83-092 ② B958

中国版本图书馆 CIP 数据核字（2021）第 235081 号

书　名	道教"物化"美学思想研究
	DAOJIAO "WUHUA" MEIXUE SIXIANG YANJIU
著　　者	郎江涛
出　　版	四川大学出版社
地　　址	成都市一环路南一段 24 号（610065）
发　　行	四川大学出版社
书　　号	ISBN 978-7-5690-5136-0
印前制作	四川胜翔数码印务设计有限公司
印　　刷	郫县犀浦印刷厂
成品尺寸	148mm×210mm
印　　张	10.75
字　　数	279 千字
版　　次	2022 年 1 月第 2 版
印　　次	2022 年 1 月第 1 次印刷
定　　价	59.00 元

版权所有 ◆ 侵权必究

◆ 读者邮购本书，请与本社发行科联系。
　电话：(028)85408408/(028)85401670/
　(028)86408023　邮政编码：610065
◆ 本社图书如有印装质量问题，请寄回出版社调换。
◆ 网址：http://press.scu.edu.cn

四川大学出版社
微信公众号

摘 要

虽然道教美学是中国美学下很年轻的子学科，距今也不过短短24年，但道教美学思想却源远流长，从东汉末起距今已有1800多年的历史。在这1800多年的历史长河之中，道教逐渐形成了自己的审美文化体系，而道教"物化"美学思想则是道教审美文化的体现。虽然道教审美文化是中国古代审美文化的一部分，但道教审美文化对中国近现代审美文化的发展做出过巨大的贡献，因而我们对道教"物化"美学思想的研究必须与现代的审美文化进行观照，也就是说，道教"物化"美学思想的现代审美文化价值是我们研究道教"物化"美学思想的最终目的。

作为一种以"道"为最高信仰，以成仙为目的的中国本土宗教，道教被深深地打上了中国传统文化的烙印。从美学层面上看，道教美学思想是在继承道家美学，兼收儒、佛美学思想的基础上发展而来的。因此，作为道教美学思想的一个特殊部分，道教"物化"美学思想自然也应以道教美学思想的理论来源为支撑。更具体地讲，道教"物化"美学思想是在直接继承了老庄"物化"美学思想，尤其是庄子"物化"美学思想的基础上发展起来的。在庄子的"物化"思想中，"物化"体现的是"得道"的境界，它包括两个方面：生存境界、艺术境界。庄子的这一思想直接被道教所继承,并在道教的不同发展时期有不同的体现。在道教看来,宇宙万物都是"道"化生的,因而人与物具有同源性。所以,道教认为"物化"是宇宙中普遍存在的现象。从审美层面上看,这种普遍存在的现象其实就是"道化"的境界,它包括两个方面:"生道合一"的生存境界、"物我兼忘"的艺术境界。因此,道教"物化"美学思想其实就是围绕这两种境界所形成的有关道教"物化"审美现象的系统化、理论化的观点、思想的总结,它是道教审美文化的体现,具有时代性、历史连续性、实践性、开放性等基本文化特征。

鉴于道教"物化"既是一种审美现象,又是一种文化现象,而道教文化又是中国古代文化的一个子系统,故从方法论上看,本书以埃德蒙德·胡塞尔的"现象学"和布伦尼斯洛·马林诺夫斯基的"文化观"为自己的方法论基础,同时探讨了道教"物化"美学思想的主要来源,并对道教"物化"美学思想做了有效的界定。此外,本书还剖析了道教"物化"美学思想的范畴体系、道教"物化"美学思想的基本特征以及道教"物化"美学思想的审美文化价值。

本书由绪论、正文、结语三大部分构成,其中正文有五章。

绪论部分首先指出了本书研究问题的缘起以及国内外对该课题的研究状况;其次阐明了该课题的研究内容、研究意义和研究方法;最后揭示了该课题的特色与创新之处、研究难点、发展前景、研究基础和条件。

第一章阐述了老子的"物自化"以及实现"物自化"的主体条件,并指出老子的"物自化"应是中国古典美学"物化"美学思想的萌芽。在此基础上,本书进一步指出庄子"物化"的特点、内涵以及主体的实现条件,并指出庄子是中国古典美学"物化"概念的真正提出者。在对老子的"物化"美学思想和庄子的"物化"美学思想做一定梳理之后，本书指出，道教"物化"美学思想的主要理论来源是老子和庄子的"物化"美学思想，尤其是庄子的"物化"美学思想。

第二章阐述了道教"物化"的基本概念和道教美学思想的基本概念，并在此基础上对道教"物化"美学思想的基本概念做了有效的界定。从词语的构成来看，道教"物化"美学思想由道教"物化"和道教美学思想构成，也就是说，要对道教"物化"美学思想做一个清楚的界定，首先要了解道教的"物"与"化"以及道教的"物化"；其次要了解道教美学思想。在道教看来，"物化"是宇宙中普遍存在的一种转化现象，这种转化现象既是一种文化现象，又是一种审美现象。因此，本书认为，道教"物化"美学思想指的就是历代道教学者，有道教情怀的思想家、文学家以及艺术家围绕"物化"这种审美现象而形成的系统化、理论化的观点、思想的总结。

第三章对道教"物化"美学思想的范畴体系做了详尽的阐述。本书认为道教"物化"美学思想由六大范畴构成："一""心""忘""形""神""化"。在这六大范畴体系中，"一"是这一体系的核心；"心""形""神"则处于平行地位，位于"一"之下，是道教不同时期"物化"的不同体现；"化"是目的；"忘"是手段。具体而言，"一""心""形""神"都是以"化"为目的，而"一化""心化""形化""神化"在"忘"的作用下，就具有审美的属性，从而"一化"就变为"一"美，"心化"就变为"心"美，"形化"就变为"形"美，"神化"就变为"神"美。因"一"是"道"的别称，故"一"美也就是"道"美，其他几种美都是"道"美，亦即"一"美的不同体现。因此，从现象学的角度看，这六大范畴体系揭示了道教"物化"的本质特征："道化"。从审美层面上看，这六大范畴体系揭示的是道教"道"美的不同体现,而"物化"则是获得"道"美的最佳境界,这种境界就是"忘"的境界,就是审美主体和审美客体高度融合的境界。

第四章是对道教"物化"美学思想所体现的美学特征的分析。具体而言,道教"物化"美学思想体现了"道"的审美需求、"虚静"的审美态度、"与道合一"的审美体验、"无我"的审美人生。从审美的层面上讲,这四大审美特征使道教"物化"美学思想在道教美学思想中占有重要的地位。换句话说,研究道教美学思想必然要研究道教"物化"美学思想,离开了道教"物化"美学思想,道教美学思想研究就不能自成体系。

第五章揭示的是道教"物化"美学思想所蕴含的现代审美文化价值。从思想内容上看,道教"物化"美学思想的"一""心""忘""形""神""化"这六大范畴体系分别揭示了道教"物化"美学思想的现代美育思想、现代养生审美思想、现代生态审美思想、现代文艺审美思想。事实上,这四个方面的内容都有利于现代审美文化的发展。具体而言,道教"物化"美学思想所蕴含的现代美育思想有利于现代人树立正确的审美观;道教"物化"美学思想所蕴含的现代养生审美思想对现代养生审美文化有一定的促进作用;道教"物化"美学思想所蕴含的现代生态审美思想对现代生态审美文化有一定的借鉴作用;道教"物化"美学思想所蕴含的现代文艺审美思想对现代文艺审美文化有一定的推动作用。

道教"物化"美学思想属于意识形态方面的问题,它不仅涉及道教美学的问题,而且还涉及道教文化的问题。此外,它既关乎传统审美文化,又关乎现代审美文化。通过研讨,本书给出结论:道教"物化"美学思想由六大范畴体系构成,具有四大美学特征,蕴含了四大现代审美思想,从而有利于现代审美文化的发展。

As a young subdiscipline of Chinese aesthetics, Taoist aesthetics has only a short span of 24 years, but Taoist aesthetic thoughts have more than 1,800 years of history and they can be traced back to the end of the Eastern Han Dynasty. During these years, Taoism has developed its own aesthetic cultural system, but the thought of "Materialization" in Taoist aesthetics reflects Taoist aesthetic culture. Although Taoist aesthetic culture is a part of ancient Chinese aesthetic culture, it has made a great contribution to the development of China's contemporary and modern aesthetic culture. Therefore, we should have a modern view of the study of the thought of "Materialization" in Taoist aesthetics, which shows that the modern aesthetic cultural values of the thought of "Materialization" in Taoist aesthetics should be the final research of this book.

As an indigenous religion in China, Taoism takes "Tao" as the highest faith in order to become immortal so that Taoism is deeply branded with traditional Chinese culture. From the aesthetic point of view, Taoist aesthetic thoughts have developed themselves by mainly inheriting philosophical Taoist aesthetic thoughts and accepting some of Confucian aesthetic thoughts and Buddhist aesthetic thoughts. Therefore, as a special part of Taoist aesthetic thoughts, the thought of "Materialization" logically takes the theoretical source of Taoist aesthetic thoughts as its main theoretical source. More specifically, the thought of "Materialization" in Taoist aesthetics has developed itself by directly inheriting Lao Zi's and Zhuang Zi's aesthetic thoughts about " Materialization ", but Zhuang Zi's aesthetic thoughts about "Materialization" are mainly inherited. In Zhuang Zi's thoughts about " Materialization ", " Materialization " shows the state of getting

"Tao", which covers the state of existence and the state of art. This idea is directly accepted by Taoism, and is differently embodied in different stages of Taoist development. In Taoism, all things in the universe are transformed by "Tao" so that man and things are homologous. Therefore, Taoism holds the idea that "Materialization" is a widespread phenomenon in the universe. From the aesthetic point of view, this widespread phenomenon is in fact the state of "Tao's Transformation", which is not only the state of "The Union of Life and Tao", the state of existence, but also the state of "Forgetting Things and I", the state of art. Consequently, the thought of "Materialization" in Taoist aesthetics is the systematic and theoretical summary about the aesthetic phenomenon of "Materialization" of Taoism, which reflects Taoist aesthetic culture and has the basic cultural characteristics such as contemporaneity, continuity, practicality and openness.

Taoist "Materialization" is not only an aesthetic phenomenon, but also a cultural phenomenon, and Taoist culture is the subsystem of ancient Chinese culture, so from the point of view of methodology, this book takes Edmund Husserl's phenomenology and Bronislaw Kaspar Malinowski's ideas of culture as its own methodological foundations to discuss the main source of the thought of "Materialization" in Taoist aesthetics and give the effective definition of "Materialization" in Taoist aesthetic thoughts. Moreover, this book analyzes the three points of the thought of "Materialization" in Taoist aesthetics like the system of categories, the basic aesthetic features and the aesthetic cultural values.

This book, whose text has five chapters, is composed of a

preface, a text and a conclusion.

The preface first points out what are the reasons of this research subject and gives comments on the ideas about the previous researches of this subject at home and abroad. In addition, it clarifies the research contents, the research values and the research methods. Finally, it delineates the special points, the innovative points, the research difficulties, the prospects for development, the research foundations, and the conditions for research.

Chapter One expounds Lao zi's ideas about "Self-transformation" and the requirements for the subject to have his own "Self-transformation", and gets a conclusion that Lao zi's ideas about "Self-transformation" should be the rudiment of the thought of "Materialization" in China's classical aesthetics. On this basis, the book further points out the characteristics and the connotations of Zhuang Zi's "Materialization", analyzes the conditions for the realization of the subject, and concludes that it is Zhuang Zi that first used the concept of "Materialization" in China's classical aesthetics. After introducing Lao Zi's and Zhuang Zi's aesthetic thoughts of "Materialization", this book concludes that the main theoretical source of the thought of "Materialization" in Taoist aesthetics is Lao Zi's and Zhuang Zi's aesthetic thoughts of "Materialization", but Zhuang Zi's aesthetic thoughts of "Materialization" should be the main source.

Chapter Two discusses the basic concept of Taoist "Materialization" and the basic concept of Taoist Aesthetics, and then gives an effective basic definition about the thought of "Materialization" in Taoist aesthetics. From the perspective of the composition of words, the concept of the thought of "Materialization" in Taoist aesthetics is composed of Taoist "Materialization" and Taoist aesthetics; that is to say, if we give a clear definition about the thought of "Materialization" in Taoist aesthetics, we should first understand Taoist "Thing" and "Transformation", and Taoist "Materialization", and then we should also understand Taoist aesthetics. In Taoism, "Materialization" is a widespread phenomenon of transformation that is not only a cultural phenomenon, but also an aesthetic phenomenon so that the book holds the idea that the thought of "Materialization" in Taoist aesthetics is the systematic and theoretical summary of the ideas and thoughts about the aesthetic phenomenon of "Materialization" which are given by Taoist scholars and those thinkers, writers, and artists who have deep love of Taoism from one dynasty to another.

Chapter Three elaborates the system of categories of the thought of "Materialization" in Taoist aesthetics. This book argues that the thought of "Materialization" in Taoist aesthetics consists of six major categories that are "One", "Heart", "Forgetting", "Shape", "Spirit" and "Transformation". In these six categories, the categories of "Heart", "Shape" and "Spirit" are in a parallel position under the category of "One", the core of this system, to show the different forms of "Materialization" in different stages, but the category of "Transformation" is regarded as the purpose, and the category of "Forgetting" is taken as the means. Specifically, "One", "Heart", "Shape", and "Spirit" are based on the "Transformation" as the goal, but under the "Forgetting", the process of transforming "One", "Heart", "Shape" and "Spirit" has aesthetic attributes so that in the process of transforming, "One", "Heart", "Shape", and "Spirit" accordingly turn into "One" beauty, "Heart" beauty, "Shape" beauty and "Spirit" beauty. "One" is another name for "Tao", so the beauty of "One" is the beauty of "Tao", which means that the other beauty in "Heart", "Shape", and "Spirit" shows the different forms of the beauty of "Tao" that is also called "One". Therefore, from the perspective of phenomenology, the system of the six major categories exposes that the essential characteristic of Taoist "Materialization" is "Tao's Transformation". From the aesthetic point of view, these six major categories reveal the different forms of the beauty of "Tao", but "Materialization" is the best state to comprehend the beauty of "Tao", and this state is the state of "Forgetting", in which the aesthetic subject and the aesthetic object are highly integrated.

Chapter Four analyses the aesthetic characteristics of the thought of "Materialization" in Taoist aesthetics. Specifically, the thought of "Materialization" in Taoist aesthetics reflects the aesthetic need of "Tao", the aesthetic attitude of "Emptiness and Quietness", the aesthetic experience of "The Union of Life and Tao", and the aesthetic life of "Forgetting Me". From the aesthetic point of view, the four major aesthetic features make the Taoist thought of "Materialization" take up the important role in Taoist aesthetics; in other words, if we want to study Taoist aesthetics, we should study Taoist thought of "Materialization", for the study of Taoist aesthetics cannot be self-contained if it does not have the thought of "Materialization".

Chapter Five reveals the modern aesthetic cultural values of the thought of "Materialization" in Taoist aesthetics. From the perspective of the ideological content, the six major categories of the thought of "Materialization" in Taoist aesthetics tell that the thought of "Materialization" in Taoist aesthetics contains the modern aesthetic thoughts about education, health care, ecology, and literature and art. In fact, these four aspects are beneficial to the development of modern aesthetic culture. Specifically, the aesthetic thoughts about education can help modern people set up their correct aesthetic views; the aesthetic thoughts about health care can have a contribution to the modern aesthetic culture about health care; the aesthetic thoughts about ecology can be used as a reference for the modern ecological aesthetic culture; and the aesthetic thoughts about literature and art can play a certain role in pushing forward the modern aesthetic culture of literature and art.

As the thought of "Materialization" in Taoist aesthetics belongs to the ideological aspect, it is involved not only in Taoist aesthetics, but also in Taoist culture. In addition, it is related not only to the traditional aesthetic culture, but also to the modern aesthetic culture. Through the above discussion, this book gives the conclusion that the thought of "Materialization" in Taoist aesthetics consists of six major categories, has four major aesthetic characteristics, and contains four great modern aesthetic thoughts so that it is beneficial to the development of modern aesthetic culture.

目 录

绪　论 ……………………………………………………（ 1 ）
　第一节　研究问题的缘起 ………………………………（ 3 ）
　第二节　国内外研究状况述评 …………………………（ 5 ）
　第三节　研究内容、研究意义和研究方法 ……………（ 13 ）
　第四节　特色与创新之处、研究难点、发展前景、研究
　　　　　基础和条件 ……………………………………（ 16 ）
第一章　道教"物化"美学思想的主要理论来源 ………（ 19 ）
　第一节　老子 ……………………………………………（ 21 ）
　第二节　庄子 ……………………………………………（ 26 ）
　小　结 ……………………………………………………（ 46 ）
第二章　道教"物化"美学思想的基本概念 ……………（ 51 ）
　第一节　道教"物化"的基本概念 ……………………（ 51 ）
　第二节　道教美学思想的基本概念 ……………………（ 63 ）
　第三节　道教"物化"美学思想的基本概念 …………（ 82 ）
　小　结 ……………………………………………………（ 99 ）
第三章　道教"物化"美学思想的范畴体系 ……………（105）
　第一节　道教"物化"美学思想之"一" ……………（106）
　第二节　道教"物化"美学思想之"心" ……………（127）

第三节　道教"物化"美学思想之"忘" ……………（147）
　　第四节　道教"物化"美学思想之"形" ……………（170）
　　第五节　道教"物化"美学思想之"神" ……………（187）
　　第六节　道教"物化"美学思想之"化" ……………（203）
　　小　结 …………………………………………………（220）
第四章　道教"物化"美学思想的基本特征 ……………（229）
　　第一节　"道"的审美需要 ……………………………（230）
　　第二节　"虚静"的审美态度 …………………………（237）
　　第三节　"与道为一"的审美体验 ……………………（242）
　　第四节　"无我"的审美人生 …………………………（249）
　　小　结 …………………………………………………（255）
第五章　道教"物化"美学思想的现代审美文化价值 …（259）
　　第一节　审美文化的概念 ………………………………（260）
　　第二节　道教"物化"美学思想的审美文化结构 ……（265）
　　第三节　道教"物化"美学思想的现代审美文化价值
　　　　　　………………………………………………（277）
　　小　结 …………………………………………………（297）
结　语 ………………………………………………………（303）
参考文献 ……………………………………………………（311）
后　记 ………………………………………………………（324）
再版后记 ……………………………………………………（327）

绪 论

从宗教的角度看，道教是一种多神教，"道教徒的终身目标就是要修炼成神仙，以至长生不老，其目的就是要生活在仙界里，这种仙界就是道教的彼岸世界"①。围绕这个彼岸世界，道教在其发展过程中建构了自己独特的思想理论体系，这个体系就是我们现在的"道教哲学"。顾名思义，"道教哲学就是站在一定的哲学立场上，通过哲学性的描述、分析和论证，揭示道教信仰中的哲学思想，并吸取其中有营养的成分"②。从思想来源来看，道教哲学以吸收道家思想为主，亦即以老庄思想为其主要来源，但道教并不是被动地吸收老庄思想；相反，道教对老庄思想进行了能动的改造，如"老庄道家分别讲道和气，而道教则把'道'与'气'直接连起来讲，得出道者气也的命题，以证明人类长生之可能性"③。从思想内容上看，道教哲学的核心是生命的永恒。"围绕生命的永恒存有问题，道教展开了一系列的哲学范畴、命题和论证，其讨论本体论、认识论和伦理观的最终目

---

① 王晓朝、李磊编著：《宗教学导论》，北京：首都经济贸易大学出版社，2006年，第99页。
② 李刚：《汉代道教哲学》，成都：巴蜀书社，1995年，第14—15页。
③ 李刚：《汉代道教哲学》，成都：巴蜀书社，1995年，第19页。

的，也是为其有生物学倾向的生命论服务的。"① 从思维层面上看，道教"既把人当作认识主体又把人作为认识客体"②，这就是说，道教思维"基于经验的物我相融、以经验为中介的并接互应、收发于极则的双向互逆推演，守中致和的流转变化"③。

在道教哲学看来，"道"是宇宙生命的本源，这点与道家哲学相同，但道教的"道"与道家的"道"并不一样。具体地讲，道家的"道"不具有人格性，只是自然宇宙的本体；相反，道教的"道"是"一切之祖首，万物之父母也"④。同时，"道"又化为老子，如《混元皇帝圣纪》说："老子者，老君也，此即道之身也。元气之祖宗，天地之根本也。"⑤ 道教正是以此作为自己对生命无限追求的依据。为此，道教建构了自己的神仙体系，从而形成了自己独特的文化——道教文化。从文化上看，道教文化是中国文化的一个重要部分，如鲁迅（1881—1936）所说："中国根柢全在道教，此说近颇广行。以此读史，有多种问题可以迎刃而解。"⑥ 因此，本书以道教"物化"美学思想的现代审美文化价值作为自己的落脚点，以期突出道教文化在中国文化中的地位和作用。

---

① 李刚：《汉代道教哲学》，成都：巴蜀书社，1995年，第30页。
② 李刚：《汉代道教哲学》，成都：巴蜀书社，1995年，第27页。
③ 高楠：《道教与美学》，沈阳：辽宁人民出版社，1989年，前言第3页。
④ 《一切道经音义妙门由起·妙门由起序》，《道藏》第24册，北京：文物出版社，上海：上海书店，天津：天津古籍出版社，1988年，第721页。
⑤ 《云笈七签》卷一〇二《混元皇帝圣纪》，《道藏》第22册，北京：文物出版社，上海：上海书店，天津：天津古籍出版社，1988年，第690页。
⑥ 鲁迅：《鲁迅选集·书信卷》，徐文斗、徐苗青选注，济南：山东文艺出版社，1991年，第20页。

第一节 研究问题的缘起

从系统论的角度看,道教文化是一大系统,道教美学思想是其中的一个子系统;更确切地讲,道教美学思想是道教思想的一个子系统,而道教思想则是道教文化的体现,故道教美学思想也应是道教文化的体现。以此类推,我们可以说,道教"物化"美学思想是道教美学思想的一个子系统,而道教美学思想是中国美学思想的一个子系统,所以道教"物化"美学思想是中国美学思想的一个子系统。由此看来,道教"物化"美学思想与中国"物化"美学思想之间既有共同性,又有独特性。共同性是指道教"物化"美学思想与中国"物化"美学思想的基本理论内核是相同的,亦即都以老庄的"物化"美学思想为其理论内核。独特性是指因道教的宗教性,道教"物化"美学思想被深深打上了宗教的烙印。

我们知道,"道教谈'美',总是与其论'道'相表里的,甚至达到谈美就是论道的地步"①,但道教的"道"带有神秘性、人格性等特点,故"道"美是神圣的、绝对之美。如早期的《太平经》指出:"夫道何等也?万物之元首,不可得名者。六极之中,无道不能变化。元气行道,以生万物,天地大小,无不由道而生者也。"② 这里,《太平经》认为,"道"美是宇宙一切美的源泉,没有"道"美,其他美也就不存在。在道教看来,这种神圣、绝对之美是无形、无声的。如唐代道教学者吴筠(?—778)所说:"道者何也?虚无之系,造化之根,神明之

---

① 潘显一、李裴、申喜萍等:《道教美学思想史研究》,北京:商务印书馆,2010年,第3页。
② 王明编:《太平经合校》(上),北京:中华书局,2014年第2版,第16页。

本,天地之源。其大无外,其微无内。浩旷无端,杳冥无对。至幽靡察,而大明垂光;至静无心,而品物有方。混漠无形,寂寥无声。万象以之生,五音以之成。生者有极,成者必亏,生生成成,今古不移。此之谓道也。"① 同时,道教还认为,人只有通过修炼成仙,才能拥有永恒的生命。

在中国传统文化里,神仙文化占有一定的地位。从词语的使用情况看,神仙原指"神"和"仙",后合在一起成为"神仙",其重点在于"仙",专指生活在山间长生不死之人,故《山海经》里有"不死之山""不死之国""不死之药""登天之梯"等传说。这从一个侧面揭示了神仙文化为我们古代先人勾画了一幅超自然力量的生命蓝图,同时也为道教奠定了坚实的神仙思想基础。正是在此基础上,东晋葛洪(约281—341)才能系统地建构自己的神仙理论,为道教的进一步发展做出贡献。在葛洪看来,"神仙"可分为"上士""中士""下士"三等,他引《仙经》的说法,把"上士"称为"天仙","中士"称为"地仙","下士"称为"尸解仙",亦即"按《仙经》云,上士举形升虚,谓之天仙。中士游于名山,谓之地仙。下士先死后蜕,谓之尸解仙。今少君必尸解者也"②。同时,葛洪对修道成仙的方式、方法有自己独特的见解,如他所说:"若夫仙人,以药物养身,以术数延命,使内疾不生,外患不入,虽久视不死,而旧身不改,苟有其道,无以为难也。"③ 这里,葛洪主张肉体成仙的基本方法是"以药养身,以术数延命"。自葛洪以后,尽管道教随不同

---

① 《宗玄先生玄纲论·道德章第一》,《道藏》第23册,北京:文物出版社,上海:上海书店,天津:天津古籍出版社联合出版,1988年,第674页。
② 王明:《抱朴子内篇校释·论仙》(增订本),北京:中华书局,1985年第2版,第20页。
③ 王明:《抱朴子内篇校释·论仙》(增订本),北京:中华书局,1985年第2版,第14页。

时代的发展而出现新的特点，但神仙思想一直贯彻始终。

　　从上可以看出，道教在其发展过程中，始终关注生命的永恒性。因此，道教哲学实际上就是生命哲学，修道成仙是其基本目的。尽管在不同时代，修道成仙所体现的内容、文化特点等不一样，但道教哲学一直主张个人人格的超越性，即超现实性、超功利性。在精神层面上，要实现这两种超越性，修道者须有坚强的意志才行。当然，这种坚定的意志是建立在坚定的道教信仰基础之上的，所以葛洪说："夫求长生，修至道，诀在于志，不在于富贵也。苟非其人，则高位厚货，乃所以为重累耳。何者？学仙之法，欲得恬愉澹泊，涤除嗜欲，内视反听，尸居无心……"① 这里，葛洪主张要修道成仙，修道者须立志，且要抛弃一切杂欲。在道教看来，成仙是人与道合的关键之所在。既然如此，那么修炼成仙的过程究竟是怎样的？从道教的生命哲学来看，这一过程应是美的体验过程，亦即超功利的过程。至于这一过程的特点如何？实现这一过程的理论基础是什么？这一理论基础与老庄思想的关系是什么？这一理论基础的文化结构特征是什么？历代道教学者是如何发展这一理论的？本书试图回答这些问题。

第二节　国内外研究状况述评

　　道教从东汉传承至今，对中国文化的发展、传播发挥了促进作用。从社会学的角度讲，道教初创于民间，后与农民起义相结合。自魏晋以后，道教在封建社会中扮演了为统治阶级政治服务的角色。正因如此，道教才有发展、盛衰的过程。中华人民共和

---

① 王明：《抱朴子内篇校释·论仙》（增订本），北京：中华书局，1985年第2版，第17页。

国成立后，道教成了中国宪法保护的宗教，道教研究自然随着中国经济文化的发展而发展，尤其是中国改革开放后，对外经济交流与合作日益增强，国内外的道教研究也出现新的局面。

一、国外研究状况述评

随着世界经济文化的发展，道教也从亚洲一直传播到欧洲、美洲、非洲、大洋洲，也就是说，道教在全球五大洲广为传播。在这种背景下，国外道教研究也随之声势高涨，研究者既有学者，又有信徒，而研究者主要来自亚洲、美洲、欧洲等地区。

在亚洲，日本是这方面的杰出代表。虽说日本僧人空海在8世纪末就来到中国求法，但日本真正对道教文化研究感兴趣是在19世纪末，而日本学者主要以道教本身以及道教传入日本后对日本社会的影响为主要研究对象。近几十年来，日本道教研究比较著名的学者有福井康顺、福井文雅、吉川忠夫、石井昌子、小林正美、中村璋八等。当然，在亚洲，除了日本外，韩国、老挝、柬埔寨、缅甸、印度尼西亚、文莱、菲律宾、新加坡、马来西亚等国都有一批学者在对道教进行研究，如韩国的车柱环、都珖淳、李能和、郑在书等，马来西亚的陈文成、陈志明、苏庆华等。

在美洲，美国是道教研究的代表。从时间上看，美国道教研究起步较晚，但从20世纪60年代起，美国涌现出一大批道教研究学者，如查尔斯·本（Charles Benn）、顾立雅（Herrlee Glessner Creel）、理查德·马瑟（Richard B. Mather）、麦克尔·萨梭（Michael R. Saso）、米歇尔·斯特里克曼（Michel Strickmann）、韦尔奇（Holmes H. Welch）、希文（Natham Sivin）、朱迪思·博尔茨（Judith Boltz）等。这些道教研究学者主要以道教本身为研究对象，但其侧重点有所不同。有的学者以某时期的道派为主要研究对象,如米歇尔·斯特里克曼的主要研究对象是茅山上清派;有的是以某一时期的道教思想为研究对象,如理查德·马瑟的主要研究对象是六朝时期的道教思想①;如此,等等。简而言之,美国道教研究虽起步较晚,但多数道教学者以道教本身作为自己主要的研究对象。虽然他们的研究对象的侧重点有所不同,但对道教的研究是深入的、全方位的。当然,在美洲,除了美国外,还有加拿大的学者在研究道教,如奥弗迈尔(Daniel Lee Overmyer)、包如廉(Julian F. Pas)、梁文金(Man Kam Leung)、秦家懿(Julia Ching)、冉云华(Jan Yuhua)、夏瑞春(Adrian Hsia Rue Chun)等。

在欧洲,英国是道教研究的代表。"在英国翻译出版的书中,中国道教的《道德经》出版次数,除了基督教的《圣经》外,没有任何一本书可与之相比拟,就世界范围内而言也是如此。"②随着英国对道教了解的加深,越来越多的英国人对道教文化感兴趣,有的成为道教信徒,如艾伦·雷德曼(Alan Redman)、保罗·邓尼特(Paul Dunnett)、彼得·史密斯(Peter Smith)、胡尔·伦格·邓尼特(Hool Leng Dunnett)、理查德·哈里森(Richard Harrison)、斯坦利·埃维特(Stanley Hewitt)等;有的成为研究道教的学者,如阿瑟·韦利(Arthur Waley)、葛兰(Angus Charles Graham)、李约瑟(Noel Joseph Terence Montgomery Needham)、龙彼得(Piet van der Loon)等。1995年,英国道教协会在伦敦的成立,极大地扩大了道教在英国的影响。当然,在欧洲,除了英国,法国、荷兰、德国、俄罗斯等国也出现了一些道教研究的著名学者,如法国的葛兰言(Marcel

---

① 参见卿希泰、唐大潮:《道教史》,南京:江苏人民出版社,2006年,第387—388页。
② 李养正主编:《当代道教》,北京:东方出版社,2000年,第368页。

Granet)、康德谟（Max Kaltenmark）、马伯乐（Henri Maspero）、施博尔（Kristofer Marinus Schipper）、石泰安（Rolf A. Stein）等，荷兰的贝克（B. J. Mansvelt Beck）、克努特·沃尔夫（Knut Walf）、伊维德（Wilt Lukas Idema）等，德国的艾士宏（Werner Eichhorn）、鲍威尔（Wolfgang Bauer）、德博（Gunther Debon）、苻乐瑟（Klaus Filessel）等①。

  从国外道教研究的发展来看，欧美学者的道教研究无论在广度还是在深度上都比非洲和大洋洲学者的道教研究成果要丰富得多，且研究者的数量也要多得多。具体地讲，"欧美学者在考察道藏源流、编辑道教研究文献目录索引、道教经典的研究、道教斋醮科仪的研究、道教与儒释关系的研究、道教与民间宗教关系的研究、道教与艺术的研究、道教炼丹史研究、道教医药学的研究、道教现状的调查研究等方面，都做了不懈的努力和有益的探讨。他们不仅从文献、经典方面进行研究，而且还试图深入到秘传道教的研究中，并取得了一些成绩"②。值得一提的是，随着国际道教研究的不断发展，从1968年9月到1979年9月这11年间，召开了三次国际道教研究会议，其中第一次国际道教研究会议和第三次国际道教研究会议都是在欧洲召开的，只有第二次国际道教研究会议是在亚洲召开的。具体地讲，第一次国际道教研究会议于1968年9月7日—13日在意大利北部的贝拉焦（Bellagio）召开；第二次国际道教研究会议于1972年9月2日—7日在日本长野县的蓼科召开；第三次国际道教研究会议于1979

---

① 这一节里的多数国外道教研究学者的汉、英姓名是直接选自李养正主编的2000年版的《当代道教》。此外，本书是按这些国外道教研究学者汉语姓名的第一个汉字的拼音顺序排序的。

② 卿希泰、唐大潮：《道教史》，南京：江苏人民出版社，2006年，第388页。

年9月3日—9日在瑞士苏黎世（Zurich）召开①。从这三次国际道教研究会议的内容以及欧美学者在此后发表的文章以及出版的著作来看，欧美学者的争论"主要集中在道教的定义、道教与道家的关系、道教与民间宗教的关系以及道教与科学的关系四个方面"②。

从上可以看出，国外学者对道教的研究是立足于道教本身的，也就是说他们研究所得出的结论是以道教为中心的。具体地讲，国外学者对道教的研究多集中在道教发展史、道教思想史、道教经典、道教科仪等方面，这不仅有利于国外道教研究的发展，而且也有利于道教的传播。尽管如此，我们也应看到国外目前还很少有人涉及道教美学思想研究这个领域。当然，也有国外学者对《老子》和《庄子》有深入的研究，在论及道教思想时涉及道教美学思想但没有形成系统，甚至三次国际道教会议都没有涉及道教美学思想的问题，这说明道教美学思想研究在国外还不成熟。所以，作为道教美学思想的一个分支，道教"物化"美学思想研究在国外也还不成熟。

二、国内研究状况述评

与国外道教研究相比，我国学术界在道教研究方面取得了丰硕的研究成果。具体而言，虽然在中华人民共和国成立后，道教成为受国家宪法保护的宗教，但在20世纪80年代以前，我国的道教研究不及国外的道教研究活跃，我国甚至没有派代表参加第一次和第二次国际道教研究会议，这对我国道教研究在国际上的地位产生了一定的影响。因思想认识的不同，许多人把道教等同

---

① 参见李养正主编：《当代道教》，北京：东方出版社，2000年，第377—382页。
② 李养正主编：《当代道教》，北京：东方出版社，2000年，第382页。

于迷信，这影响了我国的道教研究，致使我国的道教研究长期停滞不前。直到20世纪80年代以后，这种停滞局面才得以打破，涌现了一大批道教研究工作者，大陆主要有陈兵、杜琮、苟波、谷斌、胡孚琛、李刚、李裴、李养正、潘显一、卿希泰、邱凤侠、任继愈、申喜萍、苏宁、唐大潮、许抗生、曾传辉、张超中、郑开等；香港地区主要有李志文、罗智光、汤国华、饶宗颐、许地山等；澳门地区主要有罗紫彦、郑庆云等；台湾地区主要有丁煌、郭瑞云、蒋义斌、刘翰平、陶建国、萧登福、严灵峰、姚道中、余崇生等①。

经过许多道教研究工作者的共同努力，我国的道教研究迈上了一个新的台阶。从道教的实际研究情况来看，20世纪80年代以后，我国道教研究的范围扩大了，从单一的道教典籍、科仪、道教发展史扩大到道教思想史，进而扩大到道教美学思想史。同时，道教研究的方法上也有新的突破，除了采用史论结合的方法，还采用跨学科的对比研究方法，如道教生态学、道教心理学等。当然，除了在研究范围、研究方法上有所突破，我国的道教研究还在研究视角上发生了转向，即把道教研究纳入文化研究体系，这一转变使道教研究与中国传统文化研究紧密相连，从而适应了新时期的历史要求。

从近几十年我国道教研究的发展来看，道教美学思想史的研究在众多道教研究成果中是最引人注目的。造成这一现象的主要原因在于，美学在我国是一门年轻的学科，只有一百多年的历史，与美学相关的学科研究还没跟上。从道教美学思想研究的实际情况来看，道教美学思想研究在我国起步甚晚，至今也不过近

---

① 这些国内道教研究学者在本书中是按其汉语姓名的第一个汉字的拼音顺序排序的。

24年。众所周知,自"美学"在中国获得学科地位后,其发展并非一帆风顺,20世纪50年代中期到60年代初期,学界对美学研究的根本问题——美的本质产生过激烈的讨论。在这场讨论中,李泽厚(1930—2021)主张美是客观性与社会性的统一,而朱光潜(1897—1986)主张美是主客观的统一。从学科发展的角度看,正是这场美学大讨论促进了中国"物化"美学思想研究的发展。20世纪80年代后期和90年代,学界又对美的本质问题重新开始深入探讨,取得了理论上的重大突破。自此以后,学界有关"物化"的理论研究也日臻成熟。在这种时代背景下,道教美学思想研究自然成为道教思想文化研究学者关注的焦点,而1997年由四川人民出版社出版的《大美不言——道教美学思想范畴论》应是这方面的代表之作。该书的出版"以雄辩的事实证明了:具有将近2000年历史的中国传统宗教——道教不仅有自己的美学思想,而且相当丰富。这一成果既拓展了中国美学史研究的视野,又使道教思想的分类研究向前迈进一大步"①。如果说《大美不言——道教美学思想范畴论》拓展了我国道教思想研究的视角,那么2010年由商务印书馆出版的《道教美学思想史研究》则进一步丰富了我国的道教思想研究。《道教美学思想史研究》以道教的发展历程为线索,详细阐述了不同时期、不同人物的道教美学思想。从学术研究层面上讲,这两部有关道教美学思想的著作填补了我国在该研究领域的空白。

从上可以看出,我国的道教研究自20世纪80年代以后迈上了一个新台阶,许多学者转变研究视角,把道教研究与其他学科紧密结合起来,获得了新的道教研究成果,而有关道教美学思想

---

① 詹石窗、林拓:《"道美"规律检定——评潘显一〈大美不言——道教美学思想范畴论〉》,《四川大学学报》(哲学社会科学版),1997年第4期,第108页。

史方面的研究就是众多成果中的一种。道教美学思想史，顾名思义，是从美学的角度对道教不同时期的不同美学思想进行历史的梳理和论述。目前，在道教美学思想方面除了《大美不言——道教美学思想范畴论》和《道教美学思想史研究》这两项重大理论成果，还有许多相关的论文、专著问世。论文方面有《论道教"真"美观》《论道教的"尚文"美学观》《"虚静"、"逍遥"、"玄德"：道教美学情趣论》《"道美"：妙不可言？——论道教美学思想从〈河上公章句〉到〈想尔注〉的转变》《论道教美学思想对明清俗文化的影响》《论道教美学思想的发展与嬗变》《"达生"为"美"——道教美学思想的民族文化特征》等。专著方面有《隋唐五代道教美学思想研究》《南宋金元时期的道教文艺美学思想》《隋唐五代道教诗歌的审美管窥》《隋唐五代道教审美文化研究》《宋代道教审美文化研究——两宋道教文学与艺术》《道教美学探索——内丹与中国器乐艺术研究》等。从这些研究成果中，我们不难发现，多数学者仍集中在不同时期的道教美学思想研究。从研究方法来看，多数学者用历史的研究方法来研究道教美学思想。虽然有的学者在论及道教美学思想时对道教"物化"美学思想有所涉及，但他们并未对道教"物化"美学思想做系统的研究。如《大美不言——道教美学思想范畴论》中提到过"物化"，但该书并未对道教"物化"美学思想做深入系统的讨论，只是用一小节简单地提到"'物化'之美：'道'与'人'的对立统一"①。再如，《道教美学思想史研究》全书有11章，只有两节直接提到"物化"两个字。一是第六章第四节论述陈景元（1024—1094）的美学思想时提到"'万物皆我'：审

---

① 潘显一：《大美不言——道教美学思想范畴论》，成都：四川人民出版社，1997年，第102页。

美的'物化'境界"①；一是第八章第一节论述王重阳（1113—1169）的美学思想时提到"'物外'与'物化'：全真生命美学的道家归趋"②。从这可以看出，目前国内有关道教"物化"美学思想的研究缺乏系统性。从一定程度上讲，该领域的研究还很薄弱。

第三节　研究内容、研究意义和研究方法

一、研究内容

本书以道教"物化"美学思想为研究对象，重点考察道教"物化"美学思想范畴体系，同时在对道教"物化"美学思想的基本特征作详尽阐释的基础上，揭示道教"物化"美学思想所蕴含的现代审美文化价值。

二、研究意义

从系统论的角度看，道教"物化"美学思想研究是道教思想研究的一个子系统。更确切地讲，道教"物化"美学思想研究从大的方面讲属于道教思想研究，而从小的方面讲属于道教美学思想研究。因此，对该课题的理论研究有以下几方面的重要意义：

（1）进一步拓宽道教思想理论研究视角。目前，我国学界对道教思想的研究主要集中在史方面，而2009年版的《中国道

---

① 潘显一、李裴、申喜萍等：《道教美学思想史研究》，北京：商务印书馆，2010年，第389页。
② 潘显一、李裴、申喜萍等：《道教美学思想史研究》，北京：商务印书馆，2010年，第473页。

教思想史》是目前我国道教思想研究方面的主要研究成果。我们知道，研究的角度不同，得出的结论也不一样。从美学层面上看，道教美学思想是道教思想在美学上的体现。可见，对道教"物化"美学思想的研究必然会拓宽人们研究道教思想的视角，从而丰富我国道教思想的研究。

（2）有利于深入系统地了解道教美学思想。道教美学思想研究是道教思想研究的一个子系统，是道教文化研究的一个方面。道教"物化"美学思想在道教美学思想体系中占有重要的地位，它标志从道家美学思想到道教美学思想的转性与成熟。可见，对道教"物化"美学思想的研究是深入系统地了解道教美学思想的钥匙。

（3）进一步促进道教美学思想研究的发展。道教美学思想的核心是道教"物化"美学思想，其在中国美学思想中占有重要的地位，但过去的美学史对道教"物化"美学思想研究太少，评价不足，虽有《大美不言——道教美学思想范畴论》《道教美学思想史研究》《隋唐五代道教美学思想研究》《南宋金元时期的道教文艺美学思想》《道教美学探索——内丹与中国器乐艺术研究》等研究成果直接或间接地涉及道教"物化"美学思想，但至今还未有人对此做系统深入的研究，故该课题的研究会促进道教美学思想研究的发展。

三、研究方法

道教"物化"美学思想研究属于美学研究范围，因而从理论上讲，有关美学研究的方法都可用于此课题的研究，但道教"物化"美学思想有其自己的特性，故应有其自己特有的研究方法。

（一）理论分析与史料相结合法

理论分析与史料相结合法是中外自古有之的一种研究方法，这种方法要求详细占有材料，在对大量事实的研究中找出规律。本书力争在准确地把握相关理论精髓的基础上，对道教"物化"美学思想做深入系统的史料分析，尽量避免纯理论介绍的空泛性。

（二）历史与逻辑相统一法

道教"物化"美学思想研究不应是经验形象的罗列，而应是历史与逻辑的统一，任何片面地把历史与逻辑对立起来的研究成果都不能算真正的科学成果。本书力图在对道教美学思想不同发展阶段做深入探讨的基础上对道教"物化"美学思想进行逻辑论证，从而避免研究的先验性。

（三）比较研究法

目前，关于比较美学研究究竟是一门美学学科，还是一种美学研究方法，或者二者兼而有之的问题，我国学界还未有统一的看法。但比较研究法是学界常采用的一种研究方法，本书力图对道教"物化"美学思想做微观、宏观，以及横向、纵向的比较，从而突出道教"物化"美学思想的独特性及其所蕴含的审美文化价值。

（四）跨学科研究法

跨学科研究法是目前学界普遍采用的一种实用、有效的方法。在此课题的研究中，本书试图综合运用心理学、美学、历史学、宗教学、文化学、阐释学、社会学等领域的理论和方法。通过采用学科交叉研究方法，本书力图在已有相关研究成果的基础上提出自己的见解。

第四节 特色与创新之处、研究难点、发展前景、研究基础和条件

一、特色与创新之处

目前，学界已对道教美学思想范畴以及道教美学思想史等领域做了较深入的研究，但对道教"物化"美学思想还未有人做较专门、系统的研究，这正是本书的独特之处。本书力求在学界相关研究成果的基础上，采用理论分析与史料相结合法、历史与逻辑相统一法、比较研究法以及跨学科研究法对道教"物化"美学思想做详尽的研究。本书的创新之处主要有以下几点：

（1）界定了道教"物化"美学思想的内涵；
（2）建构了道教"物化"美学思想的范畴体系；
（3）梳理了道教"物化"美学思想的主要特征；
（4）揭示了道教"物化"美学思想的现代审美文化价值。

二、研究难点

本书既涉及道教问题，又涉及美学问题，且时间跨度较大，故完成本书无疑是一个巨大的挑战。如何把道教中的美学思想准确地梳理出来，这是本书写作的第一个难点。从现有的道教美学思想研究成果中梳理出有关道教"物化"美学思想的研究成果，这对笔者来说并非易事，这是本书写作的第二个难点。道教"物化"美学思想研究既涉及史的一面，又涉及论的一面，故在广泛的内容中，要做到选材得当、设计合理、论述有力、中心突出，这是本书写作的第三个难点。道教"物化"美学思想研究需要有创新，同时也需要有理论深度，因而如何从理论的高度对道教

"物化"美学思想做深入、系统、全面的研究是本书写作的最后一个难点。

三、发展前景

道教是中国传统宗教，对中国文化的发展做出了贡献，其美学思想博大精深，具有开放性、包容性等特点。与其他宗教美学思想研究一样，道教美学思想研究也有一个发展历程。总体说来，道教美学思想研究起步甚晚，还需进一步拓宽研究视角，同时道教美学思想多数零散地隐含在道教典籍中，这两方面导致了道教"物化"美学思想研究的复杂性与艰巨性。从理论上讲，该课题研究细化了道教美学思想研究，符合道教美学思想研究发展的需要。从实际效应上讲，该课题的研究可以带动道教美学相关领域，如道教的审美形态、道教的审美情趣、道教的审美文化等的研究。因此，该课题研究的发展前景是巨大的，它从理论的高度丰富了道教美学思想研究。

四、研究基础和条件

笔者在硕士阶段虽以翻译理论与翻译实践为自己的研究方向，但当时在导师四川大学萧安溥教授的严格要求下研读过有关中西美学的文献资料，且硕士毕业论文撰写的是《文学翻译中原文美的再现》，毕业留校任教至今，笔者一直在探索翻译中译者的审美心理机制问题；在博士学习阶段，笔者师从导师苟波教授，并在潘显一教授、阎嘉教授以及唐大潮教授的严格教导下，对中国宗教与中国审美文化做了较为深入的研究。综合这几点因素，笔者认为自己已完全具备研究该课题的能力。

虽然道教美学思想研究起步较晚，但学界在这方面取得的研究成果是可喜可贺的，尤其《大美不言——道教美学思想范畴论》以及《道教美学思想史研究》这两项重大成果使笔者对道教"物化"美学思想研究有一条清晰的线索。同时,学界有关道教思想研究、道教美学思想研究以及美学研究方面的各种文献资料颇为丰富,这一切都为笔者的研究提供了有利的条件。

第一章

道教"物化"美学思想的主要理论来源

从道教的发展来看,道教在创立之初不仅神化老子,而且把老子的"道"宗教化。例如,《太平经》讲道:"老子者,得道之大圣,幽显所共师者也。应感则变化随方,功成则隐沦常住。住无所住,常无不在。……周流六虚,教化三界,出世间法,在世间法,有为无为,莫不毕究。"① 又讲道:"夫道何等也?万物之元首,不可得名者。六极之中,无道不能变化。元气行道,以生万物,天地大小,无不由道而生者也。"② 再如,《老子想尔注》讲道:"一者道也。今在人身何许?……一散形为气,聚形为太上老君,常治昆仑……"③ 不仅如此,道教在后来的发展中还把庄子的《庄子》奉为《南华经》。这些都表明了道家与道教在理论思想上存在源流关系。当然,这个源应是主要来源,而不是唯一来源,因为道教还吸收了中国古代巫术、易学、阴阳五

---

① 王明:《太平经合校》(上),北京:中华书局,2014年第2版,第10页。
② 王明:《太平经合校》(上),北京:中华书局,2014年第2版,第16页。
③ 饶宗颐:《老子想尔注校证》,上海:上海古籍出版社,1991年,第12页。

行、儒家思想等。对于道家与道教这种源流关系，中国学界已有不少学者发表过自己的看法。蒙文通（1894—1968）曾说："然自魏、晋而后，老、庄诸书入道教，后之道徒莫不宗之，而为道教哲学精义之所在，又安可舍老、庄而言道教。"① 李刚（1953—）在其《汉代道教哲学》中指出："但若从历时性的纵向上考察，便可发现，道教哲学的主干又的的确确是老庄哲学，后者为前者的源头活水，没有后者就不会有前者，这是毫无疑问的。道教哲学中对老庄的解释虽多有牵强附会之处，但老庄对于道教哲学思想体系的形成与发展有不可估量的影响。"②

从现有的文献资料来看，"道家学说实际上是道教基本理论形成与发展的母体，道教的宇宙论、本体论、生命论、生态学、认识论、历史观等都是以道家思想为根基进行建构并发展起来的。从这个意义上讲，没有道家学说，也就没有后来的道教思想"③。这也就是说，作为道教思想一部分的道教美学思想是以作为道家思想一部分的道家美学思想为其理论基础的。我们知道，在道家"物化"美学思想中，虽然"物化"这个概念是庄子首先直接提出的，但老子也有过对"物化"的论述。因此，在对道教"物化"美学思想做深入探讨之前，我们有必要从理论的高度对其主要理论来源的老庄"物化"美学思想做一次清晰的梳理。

---

① 蒙文通：《古学甄微》，成都：巴蜀书社，1987年，第317页。
② 李刚：《汉代道教哲学》，成都：巴蜀书社，1995年，第19页。
③ 卿希泰主编，詹石窗副主编：《中国道教思想史》（第一卷），北京：人民出版社，2009年，第35页。

第一节 老子

对于老子（约公元前580—约公元前500）其人，中国学界争议颇大，钟泰（1888—1979）所著《中国哲学史》说："老子姓李，名耳，字聃。其曰老子者，则古称寿考者之号。"① 从现有的文献资料来看，中国历史上确有老子其人，如司马迁（公元前145—公元前90）所说："老子，隐君子也。"② 目前，对于《老子》是否出自老子本人之手，美学界有两种不同的声音。一种认为《老子》出自老子本人，如《中国古典美学史》（上卷）指出："《老子》一书为老子自撰，是中国最早的一部具有完整理论体系的哲学著作。"③ 另一种认为《老子》不完全出自老子本人，应是集体智慧的结晶，如《中国美学通史》（先秦卷）指出："'老子'是以老聃为代表人的一个具有相似哲学观点的思想家群体。这个群体开创了被后世人称作道家的学派，他们的思想汇入今本《老子》当中。"④ 尽管学界有这两种不同的声音，但对于《老子》体现了中国古典美学思想这点，大家的看法是一致的。如《中国古典美学史》（上卷）指出："从实质来看，散文诗般的《老子》，既是哲学著作，也是美学著作。"⑤ 再如《中国美学通史》（先秦卷）指出："中国美学史的理论起点是对

---

① 钟泰：《中国哲学史》，北京：东方出版社，2008年，第13页。
② ［汉］司马迁：《史记》（七），［宋］裴骃集解，北京：中华书局，1982年第2版，第2142页。
③ 陈望衡：《中国古典美学史》（上卷），武汉：武汉大学出版社，2007年，第44页。
④ 孙焘：《中国美学通史》（先秦卷），南京：江苏人民出版社，2014年，第85页。
⑤ 陈望衡：《中国古典美学史》（上卷），武汉：武汉大学出版社，2014年，第44页。

于'道'的哲学反思。"① 可见,《老子》是我们研究老子"物化"美学思想的主要来源。

一、"万物将自化"

从《老子》整个内容来看,老子并没有明确提出"物化"这个概念,也未对"物化"做过多的阐释。从用语来看,在《老子》81 章中,只有《老子·三十七章》直接同时提到了"物"和"化"。在这一章中,老子把"物"和"化"并排使用,提出了"万物将自化"的观点。

在《老子·三十七章》里,老子说:"道常无为而无不为。侯王若能守之,万物将自化。化而欲作,吾将镇之以无名之朴。无名之朴,夫亦将不欲。不欲以静,天下将自正。"② 这句话的意思是:"道"的特性在于无所为而无所不为,即"无为而无不为",故"侯王"只要遵循"道",万物就会自然发展,即"万物将自化",但也会出现贪欲的念想。在这种情况下,"道"的真朴就会遏制住贪欲,让内心归于平静,从而天下就会归于安定。从中可以看出,"万物将自化"的关键在于"欲",在于"静"。为了进一步论证自己的这一观点,老子在《老子·五十七章》中还指出:"故圣人云:'我无为,而民自化;我好静,而民自正;我无事,而民自富;我无欲,而民自朴。'"③ 这里,老子借用圣人的话强调"无为""静""无事""无欲"。在他看来,只要为政者做到这几点,平民百姓就会自然变得纯朴,即"民自化"。由此看来,老子的"万物将自化"的基本意思是

---

① 孙焘:《中国美学通史》(先秦卷),南京:江苏人民出版社,2014 年,第 3 页。
② 陈鼓应:《老子注译及评介》,北京:中华书局,2009 年第 2 版,第 203 页。
③ 陈鼓应:《老子注译及评介》,北京:中华书局,2009 年第 2 版,第 275 页。

"万物就会自生自长"①。

在老子的哲学思想中,"道"是宇宙万物的源泉,如他所说:"道生一,一生二,二生三,三生万物。万物负阴而抱阳,冲气以为和。"② 这句话的意思是:"道是独立无偶的,浑沌未分的统一体产生天地,天地产生阴阳之气,阴阳两气相交而形成各种新生体。万物背阴而向阳,阴阳两气互相激荡而成新的和谐体。"③ 可见,老子的"道"强调阴阳的相互作用,突出发展与转化。这一哲学观点从本质上奠定了老子美学思想的走向——自然之大道之美,那就是"故道大,天大,地大,人亦大。域中有四大,而人居其一焉。人法地,地法天,天法道,道法自然"④。从这里可以看出,与其说老子的"万物将自化"谈的是为政之道,不如说谈的是"道"的体验,也就是说,"万物将自化"不仅突出了体道者体"道"的过程,而且还突出了体道者所达到的最高境界。从审美心理学的角度看,老子的"万物将自化"揭示的是一种自我调节的心态。这种心态让物我的界限自然泯灭,从而创造出一种和谐宁静的真朴之美。在老子看来,"道"具有真朴之美,这种真朴的"道"美是客观存在的,它包含了"象""物""精""信",如他所说:"道之为物,惟恍惟惚。惚兮恍兮,其中有象;恍兮惚兮,其中有物。窈兮冥兮,其中有精;其精甚真,其中有信。"⑤ 在他看来,"道"不仅是恍恍惚惚的,其中有迹象和实物,而且"道"还是深远暗昧的,其中有精气。这种精气的本质很真实,包含了可信的东西。既然"道"

---

① 陈鼓应:《老子注译及评介》,北京:中华书局,2009年第2版,第204页。
② 陈鼓应:《老子注译及评介》,北京:中华书局,2009年第2版,第225页。
③ 陈鼓应:《老子注译及评介》,北京:中华书局,2009年第2版,第230页。
④ 陈鼓应:《老子注译及评介》,北京:中华书局,2009年第2版,第159页。
⑤ 陈鼓应:《老子注译及评介》,北京:中华书局,2009年第2版,第145页。

美是客观存在的,那么"道"美的形象特征是什么?对此问题,老子进一步说:"明道若昧;进道若退;夷道若纇;上德若谷;大白若辱;广德若不足;建德若偷;质真若渝;大方无隅;大器晚成;大音希声;大象无形;道隐无名。"① 从这里可以看出,老子认为"道"在形象上的特征应是"大音希声""大象无形"。用现代美学的观点,我们可将其解读为:"最高的美应该是感官所不能把握的,它是一种与'道'相通的境界,它无限光明却不见其光明,无限伟大却不见其形象,无限动听却不闻其声音。这样一种美需要用心灵直接去领悟。"②

二、"万物将自化"的主体条件

在老子看来,"道"美是客观存在的,其形象特征是"大音希声"和"大象无形",故"道"美只能用心去感悟。从第一节的论述来看,老子认为实现"万物将自化"的基本条件是克制贪欲,保持内心平静,亦即"涤除玄览"③。

目前,学界一致认为"玄览"也可作"玄鉴",但对"涤除玄览"的阐释仁者见仁,智者见智。在众多的阐释中,叶朗(1938—)和陈望衡(1944—)的观点颇引人注目。在《中国美学史大纲》中,叶朗说:"'涤除',就是洗除垢尘,也就是洗去人们的各种主观欲念、成见和迷信,使头脑变得像镜子一样纯净清明。'鉴'是观照,'玄'是'道','玄鉴'就是对于道的观照。"④ 在《中国古典美学史》(上卷)中,陈望衡说:"'涤除玄鉴',不

---

① 陈鼓应:《老子注译及评介》,北京:中华书局,2009年第2版,第221—222页。
② 陈望衡:《中国古典美学史》(上卷),武汉:武汉大学出版社,2007年,第49页。
③ 陈鼓应:《老子注译及评介》,北京:中华书局,2009年第2版,第93页。
④ 叶朗:《中国美学史大纲》,上海:上海人民出版社,1985年,第38页。

仅是说要把心灵这面镜子擦洗得很光洁，一尘不染，而且还强调要用心灵这面镜子直接去观察事物。"① 在陈望衡看来，"这'玄览'不是'思'，而是'观'，只不过不是感性的观，而是理性的观，不是借助于感觉器官去观，而是借助于心亦即理性去观"②。可见，叶朗和陈望衡对"涤除玄鉴"的阐释在行文上虽不一样，但二者的意思是相同的，即抛弃一切私欲、杂念、成见。

在老子看来，社会中的人是有各种欲望的，故《老子》一书有许多章都提到了人的欲望，如权欲、财欲、名利欲、享乐欲等，因而他主张"绝智弃辩，民利百倍；绝伪弃诈，民复孝慈；绝巧弃利，盗贼无有。此三者以为文，不足。故令有所属：见素抱朴，少私寡欲"③。这里，老子认为"智辩""伪诈""巧利"往往会使人迷失本性，从而引起祸乱，因此要想民众能保持淳厚朴实的本性，就需彻底抛弃"智辩""伪诈""巧利"。从这里我们可以看出，老子的"涤除玄鉴"崇尚的是朴实之美，也就是自然之美。在如何实现这一审美理想上，老子说："致虚极，守静笃。万物并作，吾以观复。夫物芸芸，各复归其根。归根曰静，静曰复命。复命曰常，知常曰明。不知常，妄作凶。知常容，容乃公，公乃全，全乃天，天乃道，道乃久，没身不殆。"④ 这里，老子认为宇宙万物尽管纷繁众多，但最终都要回到它们的本原——静，"归根"的"静"称作"复命"，而"复命"是万物不断变化发展的规律，故要想真实地体会道之大美就需"致虚极"和"守静笃"。

---

① 陈望衡：《中国古典美学史》（上卷），武汉：武汉大学出版社，2007年，第69页。
② 陈望衡：《中国古典美学史》（上卷），武汉：武汉大学出版社，2007年，第69—70页。
③ 陈鼓应：《老子注译及评介》，北京：中华书局，2009年第2版，第134页。
④ 陈鼓应：《老子注译及评介》，北京：中华书局，2009年第2版，第121页。

"致虚极"就是要使自己的心灵达到最大化的虚寂,也就是心灵要虚寂,同时还要没有各种私欲。"守静笃"就是要使自己的虚静程度切实稳定。在《老子》中,老子说:"躁胜寒,静胜热。清静为天下正。"① 这里,老子强调了"静"的作用,因在他看来,"夫物芸芸,各复归其根"②。从这可以看出,"致虚极"与"守静笃"应是审美主体要达到"涤除玄鉴"的条件。由此看来,老子的"涤除玄鉴"突出审美主体的主体性,强调美感的超功利性。

第二节 庄子

庄子,"名周,战国时蒙人(现在河南、安徽交界处),生卒年不可详考,约为公元前355年(周显王14年)到公元前275年(周赧王40年)"③,是早期伟大的道家思想家之一。庄子的思想集中体现在《庄子》中,"据《汉书·艺文志》载有52篇,现通行本为郭象注本,33篇,分内篇、外篇、杂篇"④。学界对这33篇是否都出自庄子之手颇有争议,经过大量的对比分析,笔者认为叶朗的观点有一定的说服力。叶朗在其《中国美学史大纲》中分别列举了王夫之、梁启超、胡适、冯友兰的观点后说:"这几位研究中国哲学史的学者对于《天下》篇是否庄子自己所作,看法不一致,但是他们都认为《天下》篇记述的庄子的思想特点、思想风貌是可靠的,可以作为鉴别史料的标准。"

---

① 陈鼓应:《老子注译及评介》,北京:中华书局,2009年第2版,第236页。
② 陈鼓应:《老子注译及评介》,北京:中华书局,2009年第2版,第121页。
③ 任继愈主编:《中国哲学史》(一),北京:人民出版社,2010年第2版,第171页。
④ 陈望衡:《中国古典美学史》(上卷),武汉:武汉大学出版社,2007年,第126页。

又说:"根据这个标准,内七篇是重要的,外篇和杂篇中也有一些能发明(现)庄子思想的,也可作为依据。"① 以此为据,我们可以看出,内篇是研究庄子"物化"美学思想的主要依据。

从《庄子》全书来看,庄子虽然继承了老子的"道",但他不仅把老子的"道"形象化,而且还把老子的"道"感性化,也就是说,庄子拓展了老子的"道",使"道"具有生命情怀。在《庄子·齐物论》中,庄子明确提出了体道的最高境界是"物化"。在该篇中,庄子写道:"昔者庄周梦为胡蝶,栩栩然胡蝶也,自喻适志与!不知周也。俄然觉,则蘧蘧然周也。不知周之梦为胡蝶与,胡蝶之梦为周与?周与胡蝶,则必有分矣。此之谓'物化'。"② 尽管庄子以讲故事的形式谈"物化",但我们还是可以通过这个故事获得对庄子"物化"美学思想的认识。

一、"物化"之境

在庄子看来,天地万物与人都同生于无,都同为一体,故庄子在《庄子·天道》中把"乐"分为"人乐"和"天乐"。他认为"与人和者,谓之人乐;与天和者,谓之天乐"③。这就是说,"人乐"就是与人冥和,"天乐"就是与天冥和。尽管"乐"有"人乐"和"天乐",但庄子主张"天乐"。在他看来,"'知天乐者,其生也天行,其死也物化。静而与阴同德,动而与阳同波。'故知天乐者,无天怨,无人非,无物累,无鬼责"④。这

---

① 叶朗:《中国美学史大纲》,上海:上海人民出版社,1985年,第109页。
② 陈鼓应注译:《庄子今注今译》(上),北京:中华书局,2009年第2版,第101—102页。
③ 陈鼓应注译:《庄子今注今译》(中),北京:中华书局,2009年第2版,第367页。
④ 陈鼓应注译:《庄子今注今译》(中),北京:中华书局,2009年第2版,第367—368页。

里，庄子认为天乐的人活着的时候顺应自然，死的时候与外物融合。静的时候与阴气同寂，动的时候与阳气同波流。因此，懂得天乐的人，没有天怨，没有人非，没有任何牵挂，没有鬼的责罚；也就是说，懂得天乐的人心中没有世俗的一切烦恼，超越了自我的存在。在庄子看来，这种超越需要在一定的环境中才能实现。在"庄周梦蝶"故事中，庄子把这个环境称为"梦"。

现代心理学研究表明，梦是一种心理现象，"似乎是介乎睡眠和苏醒之间的一种情境"①。同时，"（1）梦的功用在于保护睡眠；（2）梦由两种互相冲突的倾向而起，一要睡眠，而一要满足某种心理刺激；（3）梦为富有意义的心理动作；（4）梦有两个主要的特性，即愿望的满足和幻觉的经验"②。可见，按照弗洛伊德（Sigmund Freud, 1856—1939）对梦的看法，梦境是一种虚幻之境，境中之世界并非真实的世界。在"庄周梦蝶"故事中，"庄周"在梦中变成了栩栩如生、飞舞自得的"胡蝶"，遨游各处，悠游自在，竟然忘却了自己的存在，自己的人性得以丧失，所面临的世界是"胡蝶"的世界。换句话说，"庄周"并不是真实的"庄周"，他所面对的世界是超现实的虚幻世界，"是有生命的世界，是人生活于其中的世界，是人与万物一体的世界，是充满了意味和情趣的世界"③。在这个虚幻的世界里，人世间的尔虞我诈、各种贪欲等都不复存在，取而代之的是精神上的绝对畅游。可见，从审美心理来看，庄子的梦境应是一种美感的境界，因为"美感的境界往往是梦境，是幻境。把流云看成白

---

① ［奥］弗洛伊德：《精神分析引论》，高觉敷译，北京：商务印书馆，1984年，第61页。
② ［奥］弗洛伊德：《精神分析引论》，高觉敷译，北京：商务印书馆，1984年，第97页。
③ 叶朗：《美学原理》，北京：北京大学出版社，2009年，第76页。

衣苍狗，就科学的态度说，为错觉；就实用的态度说，为妄诞荒唐；而就美感的态度说，则不失其为形象的直觉"①。换句话说，庄子的梦境应是庄子审美经验的一种体现，"审美经验（美感）不是一般经验（认识），认识的结果是获得概念，而审美的结果是获得意象"②。比如"一个画家在聚精会神地欣赏一棵古松，那棵古松对于他便成为一个独立自足的世界。在观赏的一刹那中，他忘却这棵古松之外还另有一个世界。目前意象世界仿佛是一种梦境，如果另外世界的事物闯进意识中来，便不免使他从梦境中惊醒了"③。

二、"物化"之阶段

庄子认为"道"在天地以前就早已存在，世间万物虽然千差万别，但它们都由"道"所生，最终都要归于"道"。"道"是无形的，是客观存在的，不能口授，不能面见，只能靠"心"感悟，因而体道者需在观念形态上做到"无形"与"无情"。

在如何实现"无形"与"无情"方面，庄子"区分了两种'我'，'吾丧我'就是要用见道的天籁的真我把以前的'我'转化掉。人世间一切的是非争论都是由偏执自我之见而产生，只有做到'莫若以明'，即根据发自于道体的智慧和光明，摒除了偏见和独断之后才能达到真正本真的人自身，也即无心。无心也靠心，只不过有心之心是心与物分。而无心之心则追求心与物化（或曰齐）"④。庄子的这一思想被淋漓尽致地体现在他的梦蝶故事中。通过仔细研读该故事的原文，我们发现庄子的"物化"

---

① 朱光潜：《文艺心理学》，合肥：安徽教育出版社，2006年第2版，第7页。
② 杨恩寰主编：《美学引论》，北京：人民出版社，2005年，第162页。
③ 朱光潜：《文艺心理学》，合肥：安徽教育出版社，2006年第2版，第8页。
④ 宋海峰编著：《庄子》，呼和浩特：内蒙古人民出版社，2009年，第11页。

就是"庄周"与"胡蝶"互化为一。具体而言,庄子的"物化"经历了三个阶段:"庄周"化为"胡蝶",即"周之梦为胡蝶与";"胡蝶"化为"庄周",即"胡蝶之梦为周与";"庄周"与"胡蝶"同一。在"庄周"化为"胡蝶"阶段,"庄周"的情感移入了"胡蝶"身上,这时"庄周"就不是现实中的"庄周",而"胡蝶"也不是先前的"胡蝶";在"胡蝶"化为"庄周"阶段,"胡蝶"的情感移入了"庄周"身上,这时"胡蝶"就不是先前的"胡蝶",而"庄周"虽仍有"庄周"的影子,但也不是现实中的"庄周";在"庄周"与"胡蝶"同一阶段,"庄周"的情感和"胡蝶"的情感互相移入,这时"庄周"和"胡蝶"都不是先前的"庄周"和"胡蝶",二者已融为一体。可见,"庄周梦蝶"这个故事强调了"化",从逻辑层面上看,庄子在这个故事中揭示了三种"化":形之化、情之化、形情化之化。具体而言,"庄周"化"胡蝶"以及"胡蝶"化"庄周"这两个阶段都侧重形之化与情之化,而"庄周"与"胡蝶"同一这个阶段侧重的是形情化之化。把这个梦与庄子的整个思想联系起来看,我们不难得出:庄子的"物化"应指的是形情化之化。这就是说,在"庄周"与"胡蝶"互化的过程中,"庄周"与"胡蝶"在形与情方面都发生了质的变化,那就是形的丧失与情的移入。从审美层面上讲,这种形的丧失与情的移入就是审美创造。在这一创造过程中,"庄周"化"胡蝶"是指审美主体"庄周"心目中新意象的形成及其物态化过程;"胡蝶"化"庄周"是指审美主体"胡蝶"心目中新意象的形成及其物态化过程;"庄周"与"胡蝶"同一是指审美主体"庄周"和"胡蝶"心目中新意象的形成及其物态化过程。由此看来,庄子的"物化"强调的是审美主体与审美客体在形与情方面的互化及其互化之化,这种互化应是精神领域物态化的审美创造。

三、"物化"之内涵

在"梦蝶"故事的结尾处,庄子明确指出,"庄周"和"胡蝶"还是有区别的,亦即"周与胡蝶,则必有分矣"①,这说明"物化"应指的是不同种类的物之间的互化。在"物"方面,庄子"所讲的'物'有二层涵义:其一,是指自然界中的物,如鸟、鱼、马等。其二,是指人类文明社会中的事物,如财富、名誉、地位、官职等"②。在庄子看来,自然界之物都是"道"的体现,虚静、恬淡、寂寞、无为是万物本身所固有的属性,亦即"夫虚静恬淡寂漠无为者,天地之本"③;相反,人类文明社会中的"物"往往会让人受到伤害,甚至失去本性。所以庄子说:"且夫失性有五:一曰五色乱目,使目不明;二曰五声乱耳,使耳不聪;三曰五臭熏鼻,困惾中颡;四曰五味浊口,使口厉爽;五曰趣舍滑心,使性飞扬。此五者,皆生之害也。"④ 至于"化",庄子则指出:"万物皆出于机,皆入于机。"⑤ 这句话的意思是:万物从自然中产生,最后都要回归自然。可见,庄子认为天地万物都离不开"化"。在庄子看来,天地虽大,但其运动变化却是有规律、匀而不乱的;万物虽多,但其最终的归宿却是相

---

① 陈鼓应注译:《庄子今注今译》(上),北京:中华书局,2009年第2版,第101页。
② 杨鹏飞:《庄子审美体验思想阐释》,沈阳:辽宁大学出版社,2010年,第49页。
③ 陈鼓应注译:《庄子今注今译》(中),北京:中华书局,2009年第2版,第364页。
④ 陈鼓应注译:《庄子今注今译》(中),北京:中华书局,2009年第2版,第359页。
⑤ 陈鼓应注译:《庄子今注今译》(中),北京:中华书局,2009年第2版,第494页。

同的,即"天地虽大,其化均也;万物虽多,其治一也"①。虽然在"梦蝶"故事中,庄子并未对"物化"的内涵做进一步的解释,但从庄子的整个思想来看,"物化"的内涵至少有"物自化""外化而内不化""指与物化"。

(一)"物自化"

庄子曾说:"天道运而无所积,故万物成;帝道运而无所积,故天下归;圣道运而无所积,故海内服。"② 这里,庄子指出自然之道、帝王之道以及圣人之道这三者的运行都不曾停留,也就是说,从自然界到人类社会,一切都是在变化的。在庄子看来,这种变化是"物自化",即自然而然地变化。如他在《庄子·在宥》中借鸿蒙之口说:"噫!心养。汝徒处无为,而物自化。堕尔形体,黜尔聪明,伦与物忘;大同乎涬溟,解心释神,莫然无魂。万物云云,各复其根,各复其根而不知;浑浑沌沌,终身不离;若彼知之,乃是离之。无问其名,无窥其情,物固自生。"③ 这里,庄子指出了"化"为"物"的根本特性,是"物"本身所固有的。

从《庄子》对"物自化"的描述上看,庄子的"物自化"首先指的是"道"的化生。在《庄子·知北游》中,庄子借老子之口指出:"夫昭昭生于冥冥,有伦生于无形,精神生于道,形本生于精,而万物以形相生,故九窍者胎生,八窍者卵生。其来无迹,其往无崖,无门无房,四达之皇皇也。邀于此者,四肢

---

① 陈鼓应注译:《庄子今注今译》(中),北京:中华书局,2009 年第 2 版,第 320 页。
② 陈鼓应注译:《庄子今注今译》(中),北京:中华书局,2009 年第 2 版,第 364 页。
③ 陈鼓应注译:《庄子今注今译》(中),北京:中华书局,2009 年第 2 版,第 309—310 页。

疆，思虑恂达，耳目聪明，其用心不劳，其应物无方。天不得不高，地不得不广，日月不得不行，万物不得不昌，此其道与！"① 这里，庄子从其"道"出发，阐释了"物自化"其实就是"道"的化生，也就是说，宇宙万物都是"道"从无到有的具体化生。其次，"物自化"指的是宇宙万物存在的一种常态，如他所说："物之生也，若骤若驰，无动而不变，无时而不移。何为乎，何不为乎？夫固将自化。"② 在庄子看来，这种常态其实就是一种变化，如他所说："春夏先，秋冬后，四时之序也。万物化作，萌区有状；盛衰之杀，变化之流也。"③ 最后，"物自化"指的是物种的超越。庄子认为自然之理在于自然的均衡，这种均衡是因万物都是种子，以不同的形态相传接，循环往返，不见端倪，即"万物皆种也，以不同形相禅，始卒若环，莫得其伦，是谓天均。天均者天倪也"④。同时，庄子还认为宇宙万物由自然的造化产生，最后又要回到自然的造化之中，即"万物皆出于机，皆入于机"⑤。正是基于此，《庄子》里很多篇都指出了"化"为物种、时空的超越，而《庄子·至乐》篇则最为系统、全面地论及物种、时空的超越。在此篇中，庄子以"机"为论点，详述了从植物到动物、从低等动物到高等动物，最后到人的进化过程，其涉及的物种繁多，有苔类、草木类、昆虫、动物等。

从上可以看出，庄子的"物自化"是从他的"道"论出发

---

① 宋海峰编著：《庄子》，呼和浩特：内蒙古人民出版社，2009年，第237页。
② 陈鼓应注译：《庄子今注今译》（中），北京：中华书局，2009年第2版，第457页。
③ 宋海峰编著：《庄子》，呼和浩特：内蒙古人民出版社，2009年，第134页。
④ 陈鼓应注译：《庄子今注今译》（下），北京：中华书局，2009年第2版，第775页。
⑤ 陈鼓应注译：《庄子今注今译》（中），北京：中华书局，2009年第2版，第494页。

的,突出了"化"为宇宙万物存在的一种常态。在庄子看来,这种常态不以认识主体的意志为转移,它源于"道",体现了"道"的造化作用,但同时又是万物的存在方式。庄子曾说:"夫子曰:'夫道,于大不终,于小不遗,故万物备,广广乎其无不容也,渊渊乎其不可测也。形德仁义,神之末也,非至人孰能定之!夫至人有世,不亦大乎!而不足以为之累。天下奋棅而不与之偕,审乎无假而不与利迁,极物之真,能守其本,故外天地,遗万物,而神未尝有所困也。通乎道,合乎德,退仁义,宾礼乐,至人之心有所定矣。'"① 故从审美层面上看,正是这种存在方式才真正体现了"道"美的神圣性、绝对性、最高性等。

(二)"外化而内不化"

在《庄子·知北游》中,庄子借孔子(公元前551—公元前479)之口指出:"古之人,外化而内不化,今之人,内化而外不化。与物化者,一不化者也。安化安不化,安与之相靡,必与之莫多。"② 这里,庄子明确指出了"外化而内不化"是"物化"的具体体现。在庄子看来,"与物化者,一不化者也"③。这里的"一不化"指的是"内不化"(王敔注)④。所谓"内不化"就是指"内心凝静"(成疏)⑤,也就是心神固守其本,纯一凝寂。由此看来,"外化而内不化"实指内心世界不随外界而有所游移,

---

① 陈鼓应注译:《庄子今注今译》(中),北京:中华书局,2009 年第 2 版,第 383 页。
② 陈鼓应注译:《庄子今注今译》(中),北京:中华书局,2009 年第 2 版,第 628 页。
③ 陈鼓应注译:《庄子今注今译》(中),北京:中华书局,2009 年第 2 版,第 628 页。
④ 陈鼓应注译:《庄子今注今译》(中),北京:中华书局,2009 年第 2 版,第 628 页。
⑤ 陈鼓应注译:《庄子今注今译》(中),北京:中华书局,2009 年第 2 版,第 628 页。

如庄子借孔子之口所说："死生亦大矣，而不得与之变，虽天地覆坠，亦将不与之遗。审乎无假而不与物迁，命物之化而守其宗也。"① 这就是说，即使在生死之间、在天翻地坠之际，自己的内心世界始终固守其本而不随物变迁。

从审美层面上看，庄子的"外化而内不化"突出的是审美主体的主体性，也就是说，在审美观照中，审美主体要从利害得失中解脱出来，不断超越自己。庄子认为，凡是看重身外之物的人，其内心必然笨拙，即"凡外重者内拙"②，故庄子认为要实现"外化而内不化"必须学会"忘"。他借孔子之口指出："善游者数能，忘水也。若乃夫没人之未尝见舟而便操之也，彼视渊若陵，视舟之覆犹其车却也。覆却万方陈乎前而不得入其舍，恶往而不暇！以瓦注者巧，以钩注者惮，以黄金注者殙。其巧一也，而有所矜，则重外也。凡外重者内拙。"③ 这里，庄子认为"忘水"能让会游泳的人、会潜水的人很快就能操舟，因为没有了对水的恐惧，外界的各种变化都不能扰乱他们的内心。在他们心里，舟之覆就如同车的倒退一样。同理，用瓦器作赌注的人、用带钩作赌注的人以及用黄金作赌注的人，因他们对外界的关注度不一样，其内心的反应也不一样：用瓦器作赌注的人，其内心是坦然的；用带钩作赌注的人，其心存疑惧；用黄金作赌注的人，其心迷乱。在庄子看来，各种赌博本是一样，但若身有所惜，也即过度看重身外之物，其结果是不一样的，故庄子的"凡外重者内拙"折射出实现"外化而内不化"的关键在于"忘"。

---

① 陈鼓应注译：《庄子今注今译》（上），北京：中华书局，2009年第2版，第160页。
② 陈鼓应注译：《庄子今注今译》（中），北京：中华书局，2009年第2版，第509页。
③ 陈鼓应注译：《庄子今注今译》（中），北京：中华书局，2009年第2版，第509页。

综观《庄子》一书，我们可以发现，"忘"为《庄子》的主旋律，体现了庄子逍遥的审美情趣。在庄子看来，"天地与我并生，而万物与我为一"①，故庄子的"忘"体现在两个方面："物""我"。庄子的"物化"突出的是两忘，即"物"与"我"的高度融合，如徐复观所说："《庄子》一书，对于自我与世界的关系，皆可用物化、物忘的观念加以贯通。郭象把这种主客合一的关系常用一'冥'字加以形容，所谓冥，乃相合而无相合之迹的意思。"②

从上可以看出，从审美观照来看，庄子"外化而内不化"所侧重的"忘"主要突出的是"自我"这一面，换句话说，这个"忘"也就是庄子笔下的"无己""丧我""心斋""坐忘"。可见，从审美层面上看，庄子的"外化而内不化"其实突出的是审美主体对自己的精神超越。在庄子看来，审美主体只有实现了对自己精神的超越，才能实现"一不化"③。

(三)"指与物化"

在《庄子·达生》篇中，庄子说："工倕旋而盖规矩，指与物化而不以心稽，故其灵台一而不桎。忘足，屦之适也；忘要，带之适也；忘是非，心之适也；不内变，不外从，事会之适也。始乎适而未尝不适者，忘适之适也。"④ 这里，庄子明确提出了"指与物化"的艺术实践观。从审美层面上讲，这里的"指与物化"突出的是审美主体与客体相互契合，也就是说，"指"就是

---

① 陈鼓应注译：《庄子今注今译》（上），北京：中华书局，2009 年第 2 版，第 80 页。
② 徐复观：《中国艺术精神》，桂林：广西师范大学出版社，2007 年，第 66 页。
③ 陈鼓应注译：《庄子今注今译》（中），北京：中华书局，2009 年第 2 版，第 628 页。
④ 陈鼓应注译：《庄子今注今译》（中），北京：中华书局，2009 年第 2 版，第 529 页。

"物","物"就是"指",二者高度融合、不分彼此。

那么,如何实现"指与物化"呢?庄子认为实现"指与物化"须从几个方面入手。首先,审美主体要"不以心稽"。何为"不以心稽"?陈鼓应(1935—)将其理解为"不必用心思来计量"①。从《庄子》一书来看,庄子是反对"机心"而主张"刳心"的。在《庄子·天地》中,庄子借灌园老人之口谈道:"机心存在胸中,则纯白不备;纯白不备,则神生不定;神生不定者,道之所不载也。"②这段话的意思是:"机心存在胸中,便不能保全纯洁空明;不能保全纯洁空明,便心神不定;心神不定,便不能载道。"③可见,庄子认为"机心"是不能载道的。从这可以看出,"不以心稽"是指审美主体达到"物我两忘"的境界,也即审美的境界。其次,审美主体要"灵台一而不桎"。在庄子思想中,"一"应指"道",即"一而不可不易者,道也"④,故我们可以将"灵台一而不桎"解释为"心中只有道而无他求"。在庄子看来,体道者须"无为名尸,无为谋府;无为事任,无为知主。体尽无穷,而游无朕;尽其所受乎天,而无见得,亦虚而已。至人之用心若镜,不将不迎,应而不藏,故能胜物而不伤"⑤。这段话主要突出的是:心境像镜子一样明鉴,无所他求。那么,如何才能做到"心若镜"呢?庄子认为,体道

---

① 陈鼓应注译:《庄子今注今译》(中),北京:中华书局,2009年第2版,第530页。
② 陈鼓应注译:《庄子今注今译》(中),北京:中华书局,2009年第2版,第344页。
③ 陈鼓应注译:《庄子今注今译》(中),北京:中华书局,2009年第2版,第348页。
④ 宋海峰编著:《庄子》,呼和浩特:内蒙古人民出版社,2009年,第112页。
⑤ 陈鼓应注译:《庄子今注今译》(上),北京:中华书局,2009年第2版,第248页。

者应"彻志之勃,解心之谬,去德之累,达道之塞"①。在庄子看来,"贵富显严名利六者,勃志也。容动色理气意六者,谬心也。恶欲喜怒哀乐六者,累德也。去就取与知能六者,塞道也。此四六者不荡胸中则正,正则静,静则明,明则虚,虚则无为而无不为也。道者,德之钦也;生者,德之光也;性者,生之质也。性之动,谓之为;为之伪,谓之失。知者,接也;知者,谟也;知者之所以不知,犹睨也。动以不得已之谓德,动而非我之谓治,名相反而实相顺也"②。从这可以看出,庄子的"灵台一而不桎"中的"不桎"就是不要受"贵""富""显""严""名""利""容""动""色""理""气""意""恶""欲""喜""怒""哀""乐""去""就""取""与""知""能"的束缚。换句话说,从审美层面上看,庄子的"灵台一而不桎"突出的是审美的无功利性。最后,审美主体要"忘适之适"。在《庄子·达生》中,庄子说:"工倕旋而盖规矩,指与物化而不以心稽,故其灵台一而不桎。忘足,屦之适也;忘要,带之适也;忘是非,心之适也;不内变,不外从,事会之适也。始乎适而未尝不适者,忘适之适也。"③ 这里,庄子指出"工倕"经过三忘,即"忘足""忘要""忘是非",最后达到"忘适之适"的境界。从审美的层面看,"忘适之适"就是主客体界限泯灭,融为一体。

从上可以看出,"指与物化"应是庄子"化"的最高境界。在这一境界中,"忘"是关键,也就是说,离开了"忘"也就无

---

① 陈鼓应注译:《庄子今注今译》(下),北京:中华书局,2009年第2版,第660页。
② 陈鼓应注译:《庄子今注今译》(下),北京:中华书局,2009年第2版,第660—661页。
③ 陈鼓应注译:《庄子今注今译》(中),北京:中华书局,2009年第2版,第529页。

所谓"指与物化"。这一点庄子在"津人操舟"以及"吕梁丈夫蹈水"的故事中讨论得极为详尽。从审美层面上讲，这两则故事都突出"忘"。具体而言，故事"津人操舟"主要侧重"忘水"，即"善游者数能，忘水也。若乃夫没人之未尝见舟而便操之也，彼视渊若陵，视舟之覆犹其车却也。覆却万方陈乎前而不得入其舍，恶往而不暇！以瓦注者巧，以钩注者惮，以黄金注者殙。其巧一也，而有所矜，则重外也。凡外重者内拙"①，而故事"吕梁丈夫蹈水"主要侧重"忘我"，即"亡，吾无道。吾始乎故，长乎性，成乎命。与齐俱入，与汨偕出，从水之道而不为私焉。此吾所以蹈之也"②。从理论上讲，"忘水"就是"忘物"，而"不为私"就是"忘我"，也就是说，庄子的"忘"其实包括"忘物"与"忘我"两方面。因此，"指与物化"实则是"忘物"与"忘我"的有机结合，也就是"物我两忘"的境界，而这一境界"恰是不折不扣的艺术精神"③。故从审美层面上讲，"指与物化"实则揭示了庄子的艺术创造美的思想。从庄子对"指与物化"的具体论述来看，"指与物化"突出了"主体对于工具的运用，技艺的掌握已经到了得心应手，游刃有余的成熟和高度自由之境地。在艺术创作实践中，则体现为主体（心）与客体（工具）之间消除距离、融为一体，创作意图与创作表现的浑然统一"④。

---

① 陈鼓应注译：《庄子今注今译》（中），北京：中华书局，2009年第2版，第509页。
② 陈鼓应注译：《庄子今注今译》（中），北京：中华书局，2009年第2版，第523页。
③ 徐复观：《中国艺术精神》，桂林：广西师范大学出版社，2007年，第79页。
④ 程晶晶：《中国审美心境范畴论》，北京：社会科学文献出版社，2015年，第174—175页。

四、"物化"之主体条件

庄子一生始终是在"寻求所谓精神解脱,幻想出一个自我陶醉的精神境界"①。故庄子特别强调"游"。从《庄子》一书来看,篇目直接带有"游"字的有《逍遥游》和《知北游》;内容直接涉及"游"字的篇目有《人间世》《应帝王》《在宥》《秋水》《田子方》;对"游"的目的做最后结论的是《至乐》。可见,"游"应是《庄子》整本书的主旋律。不过,庄子的"游"应指的是"心游",也就是让自己的精神世界彻底解放。在"梦蝶"故事中,"庄周"变为"胡蝶"在自由翱翔,其精神获得了绝对的自由。虽然庄子并没有在故事中直接讲精神绝对自由的实现条件,但从庄子的整个思想来看,"心斋"和"坐忘"应是实现精神绝对自由的主体条件。

(一)"心斋"

"静"和"虚"是庄子的重要观点,二者之间的关系被庄子详细地阐述在《庄子·庚桑楚》中。在此篇中,庄子说:"彻志之勃,解心之谬,去德之累,达道之塞。贵富显严名利六者,勃志也。容动色理气意六者,谬心也。恶欲喜怒哀乐六者,累德也。去就取与知能六者,塞道也。此四六者不荡胸中则正,正则静,静则明,明则虚,虚则无为而无不为也。道者,德之钦也;生者,德之光也;性者,生之质也。性之动,谓之为;为之伪,谓之失。知者,接也;知者,谟也;知者之所不知,犹睨也。动以不得已之谓德,动而非我之谓治,名相反而实相顺也。"②庄

---

① 任继愈主编:《中国哲学史》(一),北京:人民出版社,2010年第2版,第172页。
② 陈鼓应注译:《庄子今注今译》(下),北京:中华书局,2009年第2版,第660—661页。

子在这段话里分别详细地列举了扰乱人意志、束缚人心灵、牵累人道德的六种因素以及妨碍人贯通大道的六种障碍。他认为一个人要在胸中摒弃这二十四种不利因素，才能做到心神平正，才能保持宁静，进而才能明澈，明澈才能虚。在他看来，"正""静""明"是达到"虚"的条件，而只有在"虚"的状态下，人才能无所作为而又无所不为，因为"天门者，无有也，万物出乎无有。有不能以有为有，必出乎无有，而无有一无有。圣人藏乎是"①。可见，庄子的"虚"是立足于他对宇宙万物本源的看法之上，是圣人"游心"的条件。同时，这个条件要靠"正""静""明"来保障，而"静"处于"正""明"之间，它们之间相互依存，但"静"既是"正"的结果，又是"明"的条件，故"静"与"虚"便互相依存、相互作用，即"虚则静"②。若以此思路往下推，我们不禁要问："静"与"虚"能否合在一起？这个问题我们可以在庄子的《天道》中找到答案。

在《庄子·天道》中，庄子认为，那些通晓天道、圣人之道、帝王之道的人都是清静而无为的。他说："水静则明烛须眉，平中准，大匠取法焉。水静犹明，而况精神！圣人之心静乎！天地之鉴也，万物之镜也。夫虚静恬淡寂漠无为者，天地之本，而道德之至，故帝王圣人休焉。休则虚，虚则实，实者备矣。虚则静，静则动，动则得矣。静则无为，无为也则任事者责矣。无为则俞俞，俞俞者忧患不能处，年寿长矣。夫虚静恬淡寂漠无为者，万物之本也。"③从这段话中，我们可以看出，庄子以水为

---

① 陈鼓应注译：《庄子今注今译》（下），北京：中华书局，2009年第2版，第653—654页。
② 陈鼓应注译：《庄子今注今译》（中），北京：中华书局，2009年第2版，第364页。
③ 陈鼓应注译：《庄子今注今译》（中），北京：中华书局，2009年第2版，第364页。

例,深入地阐述了"静"的作用,不仅如此,庄子还把"静"和"虚"合在一起称为"虚静",并认为万物之根本在于虚静、恬淡、寂寞、无为,即他的"夫虚静恬淡寂漠无为者,万物之本也"①。在万物之根本的四种情形中,"虚静"列为第一,其重要程度不言而喻。在《庄子》中,庄子在很多篇章中都直接或间接提到过"虚"和"静"或"虚静"。其中,在《庄子·人间世》中,庄子借孔子之口,把"虚"定义为"心斋",即"虚者,心斋也"②。在庄子看来,"瞻彼阕者,虚室生白,吉祥止止"③。这句话的意思是:"观照那个空明的心境,空明的心境可以生出光明来。福善之事止于凝静之心。"④ 故庄子"心斋"的含义应是"空明的心境"。这种"空明的心境"并非一下就能达到,它要经历不同的层次才能实现。具体而言,庄子认为一个人要达到这种"空明的心境"——"心斋",他必须"无听之以耳而听之以心,无听之以心而听之以气!耳止于听,心止于符。气也者,虚而待物者也"⑤。

从上可以看出,庄子的"心斋"是以人的内感官——听为基础,是以人所受的现实束缚——二十四种情况为缘由,是以"游"——"得至美而游乎至乐"为目的。这种"空明的心境"——"心斋"强调"内收——由耳而心,由心而气,层层

---

① 陈鼓应注译:《庄子今注今译》(中),北京:中华书局,2009年第2版,第364页。
② 陈鼓应注译:《庄子今注今译》(上),北京:中华书局,2009年第2版,第129页。
③ 陈鼓应注译:《庄子今注今译》(上),北京:中华书局,2009年第2版,第130页。
④ 陈鼓应注译:《庄子今注今译》(上),北京:中华书局第2版,2009年,第135页。
⑤ 陈鼓应注译:《庄子今注今译》(上),北京:中华书局,2009年第2版,第129页。

内敛"①。换句话说，这种心境须经历三个不同的层次——听、心、气。从美学层面上看，"心斋"揭示了"耳目等感官和内心的体验都只能把握有限的审美对象。而'道'和'大美'则是无限的终极的对象，必然要靠心灵（生命）的直观才能把握。亦即只有达到'气'，达到内心的'虚静'状态，才能通过心灵直接观照到美的本体，达到'至美至乐'的最高的审美境界"②。

（二）"坐忘"

"无""丧""忘""遗""堕""去"等字眼在《庄子》中很多地方出现，其中《庄子·大宗师》深入地揭示了这些字眼所蕴含的思想。在此篇中，庄子借颜回之口提出了"坐忘"。

庄子处在一个战乱的时代，他深知人的命运不可违抗，故其主张一种恬然达观的人生态度。在这种人生态度下，庄子特别强调人之本性。他说："且夫失性有五：一曰五色乱目，使目不明；二曰五声乱耳，使耳不聪；三曰五臭熏鼻，困惾中颡；四曰五味浊口，使口厉爽；五曰趣舍滑心，使性飞扬。此五者，皆生之害也。"③ 可见，庄子认为"五色""五声""五臭""五味""趣舍"会让人失去本性。在庄子看来，人一旦失去了本性就会违背自然之道，故人应自在宽容，因为"在之也者，恐天下之淫其性也；宥之也者，恐天下之迁其德也"④，比如"昔尧之治天下也，使天下欣欣焉人乐其性，是不恬也；桀之治天下也，使天下瘁瘁焉人苦其性，是不愉也。夫不恬不愉，非德也。非德也而可长久

---

① 陈鼓应主编：《道家文化研究》（第二十五辑），北京：生活·读书·新知三联书店，2010年，第31页。
② 杨恩寰主编：《美学引论》，北京：人民出版社，2005年，第265页。
③ 陈鼓应注译：《庄子今注今译》（中），北京：中华书局，2009年第2版，第359页。
④ 陈鼓应注译：《庄子今注今译》（中），北京：中华书局，2009年第2版，第293页。

者,天下无之"①。这里庄子对尧和桀的治天下方法持否定态度,他认为尧的方法是对人性的放纵,而桀的方法则是对人性的压抑,这两种都是违背常德的,因为"人大喜邪?毗于阳;大怒邪?毗于阴。阴阳并毗,四时不至,寒暑之和不成,其反伤人之形乎!使人喜怒失位,居处无常,思虑不自得,中道不成章,于是乎天下始乔诘卓鸷,而后有盗跖、曾、史之行"②。可见,庄子认为对人性的放纵和对人性的压抑都只能让人失去本性,换句话说,也就是会摧残人内心的情感。在《庄子》中,庄子常用"乐""苦""喜""怒""忧"等词语来表达人的内心情感,如:"夫天下之所尊者,富贵寿善也;所乐者,身安厚味美服好色音声也;所下者,贫贱夭恶也;所苦者,身不得安逸,口不得厚味,形不得美服,目不得好色,耳不得音声;若不得者,则大忧以惧,其为形也,亦愚哉!"③ 这里庄子用了"尊""乐""下""苦""忧""惧"来表述世人不同的内心情感,旨在说明它们与身形的关系,最后庄子得出结论:这些对待身形的做法极为愚蠢。从这可以看出,庄子的"形"不仅指人的肉体,而且还指人的"乐""苦""惧""忧"等内心情感,也就是说"形"包含物质与精神两个层面,物质层面指的是人的肉体,而精神层面指的是人的内心情感。因此,"离形去知"中的"离形"就是指对人肉体与精神的超越,对人肉体的超越指的是"堕肢体,黜聪明",亦即人的形体以及听觉、视觉感官都彻底退除,而对精神的超越指的是对人内心情感的超越,这种超越的最高境界为"至

---

① 陈鼓应注译:《庄子今注今译》(中),北京:中华书局,2009年第2版,第293页。
② 陈鼓应注译:《庄子今注今译》(中),北京:中华书局,2009年第2版,第293页。
③ 陈鼓应注译:《庄子今注今译》(中),北京:中华书局,2009年第2版,第480页。

乐无乐，至誉无誉"①，换句话说，"离形"就是"忘形"与"忘心"的有机结合。此外，如前所述，庄子处在一个战乱的时代，他看到了统治者的凶暴贪婪，社会动荡不安，纷争不断。在他看来，人世间的种种纷争都根源于求名用智，故《庄子》里有许多地方都提到了"心""知""仁"。例如，在《庄子·天地》中，庄子说："夫子曰：'夫道，覆载万物者也，洋洋乎大哉！君子不可以不刳心焉。无为为之之谓天，无为言之之谓德，爱人利物之谓仁，不同同之之谓大，行不崖异之谓宽，有万不同之谓富。'"② 这里的"刳心"就是"弃除成心"③，也就是排除心中各种有为的欲望。再如，在《庄子·胠箧》中，庄子说："将为胠箧探囊发匮之盗而为守备，则必摄缄滕固扃鐍，此世俗之所谓知也。然而巨盗至，则负匮揭箧担囊而趋，唯恐缄滕扃鐍之不固也。然则乡之所谓知者，不乃为大盗积者也？"④ 这里的"知"指的是聪明，也即智慧。由此看来，"离形去知"中的"去知"就是摒弃自己已有的心智，也就是摒弃自己各种有为的欲望以及智慧，换句话说，就是对自我的超越。

从上可以看出，庄子的"坐忘"是以人的本性为基础，以与大道融通为一为目的，强调"心境向外放——由忘仁义、忘礼乐而超越形体的拘限、超越智巧的束缚，层层外放，通向大道的

---

① 陈鼓应注译：《庄子今注今译》（中），北京：中华书局，2009年第2版，第480页。
② 陈鼓应注译：《庄子今注今译》（中），北京：中华书局，2009年第2版，第323页。
③ 陈鼓应注译：《庄子今注今译》（中），北京：中华书局，2009年第2版，第324页。
④ 陈鼓应注译：《庄子今注今译》（中），北京：中华书局，2009年第2版，第276—277页。

境界（'同于大通'）"①。这种心境是一种超越，即对肉体与精神以及自我的超越。从美学层面上看，"坐忘"就是审美主体的忘我状态以及超功利的最大自由程度。

小　结

道教作为中国的一种传统宗教，距今已有1800多年的发展历史，其间经过历代无数道教代表人物和具有道教情怀的思想家的共同努力，道教拥有了自己独特的思想理论基础，也就是道教哲学。"从内在说，道教哲学是为其教义服务的，是其教理教义的思想理论基础，换句话说，对道教教义的哲学论证就是道教哲学，在这里道教神学和哲学几乎是浑然一体的"②；"从外在说，道教哲学就是站在一定的哲学立场上，通过哲学性的描述、分析和论证，揭示道教信仰中的哲学思想，并吸取其中有营养的成分"③。

作为一种思想体系，道教哲学并不是凭空产生的，它有自己的理论来源。从思想内容上讲，道教哲学主要是对道家哲学的继承和发展。继承是指道教哲学吸取了道家哲学中一些理论内核，而发展是指道教从宗教神学的角度对道家哲学一些思想观点做了新的阐释。例如，在人与自然关系上，道家强调"道法自然"，即"人法地，地法天，天法道，道法自然"④，而道教虽吸取了道家的"自然"观点，亦即"古之为道者，莫不由

---

① 陈鼓应主编：《道家文化研究》（第二十五辑），北京：生活·读书·新知三联书店，2010年，第31页。
② 李刚：《汉代道教哲学》，成都：巴蜀书社，1995年，第13—14页。
③ 李刚：《汉代道教哲学》，成都：巴蜀书社，1995年，第14—15页。
④ 陈鼓应：《老子注译及评介》，北京：中华书局，2009年第2版，第159页。

自然"①，但道教更强调"我"，即"我命在我，不属天地"②。再如，在万物的起源上，道家主张由天地的阴阳和合产生万物，即"道生一，一生二，二生三，三生万物"③，而道教虽也主张天地产生万物，即"道生一，一生天地，天地生万物"④，但道教更强调"气"生万物，如《西升经》所说："气为生者地，聚合凝稍坚。"⑤由此看来，道教美学思想也应主要是对道家美学思想的继承和发展。依此逻辑，我们不难看出，作为道教美学思想的一部分，道教"物化"美学思想应主要是对作为道家美学思想一部分的道家"物化"美学思想的继承和发展，也就是说，道家"物化"美学思想是道教"物化"美学思想的主要理论来源。

  道家"物化"美学思想主要指的是老子和庄子的"物化"美学思想。老子和庄子生活的时代是一个动荡的时代，这种时代背景促使他们不得不关心人自身的发展。老子创造了"道论"来促进人们积极向上，追求身心的健康发展。在他看来，"道"美是世界上最大之美，道是无形、无声、无迹的，即"视之不见，名曰'夷'；听之不闻，名曰'希'；搏之不得，名曰'微'"⑥。因此，"道"美构成了老子整个美学思想的核心，也就是说，老子在其《老子》中谈的所有问题都是围绕"道"美而

---

① 《西升经》卷中《为道章第十八》，《道藏》第11册，北京：文物出版社，上海：上海书店，天津：天津古籍出版社，1988年，第503页。
② 《西升经》卷下《我命章第二十六》，《道藏》第11册，北京：文物出版社，上海：上海书店，天津：天津古籍出版社，1988年，第507页。
③ 陈鼓应：《老子注译及评介》，北京：中华书局，2009年第2版，第225页。
④ 《西升经》卷中《虚无章第十五》，《道藏》第11册，北京：文物出版社，上海：上海书店，天津：天津古籍出版社，1988年，第502页。
⑤ 《西升经》卷上《道象章第五》，《道藏》第11册，北京：文物出版社，上海：上海书店，天津：天津古籍出版社，1988年，第492页。
⑥ 陈鼓应：《老子注译及评介》，北京：中华书局，2009年第2版，第113页。

展开的。从这个角度上讲,老子的"万物将自化"表面上谈的是为政之道,实际上讲的是感悟"道"美的问题。在老子看来,宇宙万物尽管各不相同,但都会自然而然地发展,其最终都会"复命"①。老子认为现实社会中的人有各种贪欲,故要实现自化,就必须从主观上"涤除玄览",而实现"涤除玄览"的关键在于"致虚极"和"守静笃"。从这可以看出,老子的"万物将自化"实际上指的是万物在宇宙中存在的方式。从他的"道"论来看,这种存在方式也是对"道"的体验,故老子强调体"道"的主观条件——"涤除玄览",突出的是审美机制的问题,强调了审美的主体性。因此,从审美的角度来看,老子的"万物将自化"已有"物化"美学思想的萌芽。

继老子之后,庄子拓展了老子的"道",赋予"道"以生命情怀,故庄子一生都在致力于对"道"的体验,力求"通过对这种'道'的体验来达到一种理想化的生命生存状态和契合于大化宇宙的生命境界,而他的这种体道工夫却在无主观自觉意识的情况下,不期然而然地通向了艺术与审美体验之路"②。庄子认为"物""必是纯净化了以后之物。对于不能洗涤干净的人间污秽,有如政治及与政治相关联的物,庄子只有摒除于物化之外,而宁愿'曳尾于泥中'。因此,庄子的物化,于不知不觉之中,便落到人间以外的自然之物上面去了"③。所以,庄子的"物化"之物都是有情之自然物,而这种"物""都是人格化、有情化,以呈现出某种新的意味的事物,而顺着这种新的意味自身体味下去,都是深、远、玄,都是当下通向无限,用庄子的

---

① 陈鼓应:《老子注译及评介》,北京:中华书局,2009年第2版,第121页。
② 杨鹏飞:《庄子审美体验思想阐释》,沈阳:辽宁大学出版社,2010年,第9页。
③ 徐复观:《中国艺术精神》,桂林:广西师范大学出版社,2007年,第86页。

名词说，每一事物的自身都可以看出即是'道'"①。在"化"方面，庄子说："万物皆出于机，皆入于机。"② 这句话的意思是：万物从自然中产生，最后都要回归自然。可见，庄子认为天地万物都离不开"化"。在庄子看来，天地虽大，但其运动变化却是有规律、匀而不乱的，万物虽多，但其最终的归宿却是相同的，即"天地虽大，其化均也；万物虽多，其治一也"③。在《庄子·齐物论》中，庄子通过讲故事的形式直接提出了"物化"这个概念。在庄子看来，梦境中的庄子并非真实世界的庄子，庄子的人性得以丧失，所面临的世界是超现实的虚幻世界。在这个虚幻世界里，"庄周"和"胡蝶"在形与情方面相互融合，终为一体，难以区分，这就是"物化"。在该故事的结尾处，庄子指出"庄周"与"胡蝶"是有区别的，也就是说，庄子的"物化"指的是两种不同种类的物的互化。从庄子对"物化"的整个论述来看，庄子"物化"的内涵主要指"物自化""外化而内不化""指与物化"。在庄子看来，"指与物化"是"物化"的最高境界，突出的是庄子的艺术创造美的思想。从这可以看出，庄子的"物化"是"因主客合一，不知有我，即不知有物，而遂与物相忘"④。在庄子看来，要真正做到这一点，审美主体还需具备一定的条件，那就是"心斋"和"坐忘"。"心斋的'未始有回'，坐忘的'堕肢体，黜聪明'，都是'无己'、'丧我'。而无己、丧我的真实内容便是'心斋'；心斋的意境，便是坐忘的意境。……而心斋、坐忘，正是美的观照得以成立的精神主

---

① 徐复观：《中国艺术精神》，桂林：广西师范大学出版社，2007年，第82页。
② 陈鼓应注译：《庄子今注今译》（中），北京：中华书局，2009年第2版，第494页。
③ 陈鼓应注译：《庄子今注今译》（中），北京：中华书局，2009年第2版，第320页。
④ 徐复观：《中国艺术精神》，桂林：广西师范大学出版社，2007年，第66页。

体,也是艺术得以成立的最后根据。"① 可见,庄子的"物化"突出的是主体的超越。这种超越其实就是"所谓'即自的超越',是即每一感觉世界中的事物自身而看出其超越的意味,落实了说,也就是在事物的自身发现第二的新的事物。从事物中超越上去,再落下来而加以肯定的,必然是第二的新的事物"②。由此看来,庄子的"物化"美学思想不仅包括庄子对"物化"这种现象的看法,而且还包括庄子对"物化"的过程以及最高境界的看法,也就是说,庄子"物化"美学思想指的是庄子对"物化"现象、"物化"的过程以及"物化"的最高境界的一系列观点的系统化、理论化的总结。

事实上,道家美学思想发展到庄子已形成了独特的审美心胸理论以及物态化审美创造理论,而"庄子代表的古代学者型美学思想,经过数百年流传和再造,经过早期道教各派的宗教化处理,经过葛洪以及众多魏晋玄学家、神仙家和道教学者的改造、创新、推展,到隋唐时期,终于百川归海,形成了比较成熟的道教美学思想系统。并且,这条道家—道教美学思想线索,一直贯串于整个中国传统美学思想史之中"③。

---

① 徐复观:《中国艺术精神》,桂林:广西师范大学出版社,2007年,第54页。
② 徐复观:《中国艺术精神》,桂林:广西师范大学出版社,2007年,第79页。
③ 潘显一、李裴、申喜萍等:《道教美学思想史研究》,北京:商务印书馆,2010年,第1页。

第二章

道教"物化"美学思想的基本概念

道教哲学与道家哲学的继承和发展关系曾一度让人难以区分。"在中国,自魏晋以来,对道家和道教这两个概念的使用便混乱不清,或不加区分,或有所区分也很模糊。"① 尽管如此,道教哲学与道家哲学还是有区别的。最根本的一点是道教哲学是一种宗教哲学,其理论归宿为得道成仙。正是这种差异性使道教哲学具有自己的独特性,从而使道教"物化"美学思想具有自己的思想体系。

第一节 道教"物化"的基本概念

我国现代美学家朱光潜先生在其《诗论》中说:"想明白一件事物的本质,最好先研究它的起源;犹如了解一个人的性格,

---

① 李刚:《汉代道教哲学》,成都:巴蜀书社,1995年,第17页。

最好先知道他的祖先和环境。诗也是如此。"① 这里，朱光潜先生谈的是诗的问题，其实道教"物化"美学思想的问题也是这样，这也是本书第一章对道教"物化"美学思想的主要理论来源进行梳理的原因。事实也确实如此，只有在了解了道教"物化"美学思想的主要理论来源后，我们才能对道教"物化"美学思想做进一步的研究。

一、道教"物"与"化"

从其产生之初，道教就致力于对生存境界的追求，渴望有一种超人的力量让人摆脱现实苦境。在道教看来，这个超人的力量就是"道"，所以道教从一开始就大力宣传救世济民、扶助万物的思想。由此看来，若要从理论上进一步了解道教的"物化"，我们还必须对道教的"物"、道教的"化"有一个清楚的了解。

（一）道教的"物"

《辞海》把"物"的意思归结为"事物""内容""人""颜色""古时杂色旗名""相""殁"。② 尽管"物"有这么多不同的含义，但道教是以"道"为最高信仰的人为宗教。因此，在道教经典中，"物"首先指的是宇宙内的一切事物，由"道"产生。例如《太平经》说："夫道何等也？万物之元首，不可得名者。六极之中，无道不能变化。元气行道，以生万物，天地大小，无不由道而生者也。"③ 再如《西升经》说：

---

① 朱光潜：《朱光潜美学文学论文选集》，长沙：湖南人民出版社，1980年，第151页。
② 参见辞海编辑委员会编：《辞海·语词分册》（下），上海：上海辞书出版社，1977年，第1531页。
③ 王明：《太平经合校》（上），北京：中华书局，2014年第2版，第16页。

"道非独在我，万物皆有之。万物不自知，道自居之。"① 可见，在道教看来，宇宙万物都是由"道"产生的，即"道"为"万物之首"。这说明道教继承了老庄的"道"生万物的思想，但道教既然是一种宗教，它就必然要深深打上宗教的烙印。在《西升经》中，道教一方面把"道"作为主本体，一方面把"气"作为亚本体。如《道虚章第二十》所说："天者受一气，荡荡而致清气，下化生于万物，而形各异焉。"② 再如《道象章第五》所说："气为生者地，聚合凝稍坚。"③ 这两种本体其实并不矛盾，说到底，修道者是要进行修炼的，以气作亚本体，就会使修炼变得切实可行，就会激发修道者本身的修道潜力。从这可以看出，道教的"物"既然指与"道"相对的事物，当然也包括人在内，故《在道章第三十二》说："人在道中，道在人中。"④ 这样，道教就从理论的高度为道教修道提供了合理的解释，同时也让修道具有实际的操作性，从而吸引更多的道教教徒。

其次，"物"在道教中常被用来指与人相对应的事物，如葛洪所说："俗民既不能生生，而务所以煞生。夫有尽之物，不能给无已之耗；江河之流，不能盈无底之器也。"⑤ 这句话的意思是："世俗中人既不能长生不老，而且还致力于杀生。有限度的

---

① 《西升经》卷下《皆有章第三十四》，《道藏》第11册，北京：文物出版社，上海：上海书店，天津：天津古籍出版社，1988年，第510页。
② 《西升经》卷中《道虚章第二十》，《道藏》第11册，北京：文物出版社，上海：上海书店，天津：天津古籍出版社，1988年，第504页。
③ 《西升经》卷上《道象章第五》，《道藏》第11册，北京：文物出版社，上海：上海书店，天津：天津古籍出版社，1988年，第492页。
④ 《西升经》卷下《在道章第三十二》，《道藏》第11册，北京：文物出版社，上海：上海书店，天津：天津古籍出版社，1988年，第509页。
⑤ 王明：《抱朴子内篇校释·极言》（增订本），北京：中华书局，1985年第2版，第240页。

生物,不能供给无休止的消耗;江河的流水,不能装满无底的容器。"① 可见,葛洪这里的"物"指的是与人相对应的生物,也就是说,葛洪这里的"物"是有生命的与人相对的生物。再如,成玄英(生卒年不详)在其《庄子疏》篇中说:"物我双遣,妙得其宜,不却我外有物,何裁非之有,斯至义。"② 这里,成玄英把"物"当作与人相对应的东西,而这个东西往往指人的物质欲望,如财富、名利、地位等,也就是说,成玄英这里的"物"指的是与人相对的无生命的东西——"欲"。

最后,"物"在道教中常指"道",如唐代道士司马承祯(647—735)所说:"夫道者,神异之物,灵而有性,虚而无象,随迎不测,影响莫求。不知所以然而然,通生无匮,谓之道。"③ 这里,司马承祯把"道"神圣化、超自然化,他把"道"看作"神异之物",也就是说,这里的"物"就是指的"道"。再如,唐代道士张万福(生卒年不详)曾说:"道者,有而无形,无而有情,变化不测,通神群生,在人之身,则为神明,所谓'心'也。"④ 这里,张万福把"道"看成人的"心"。当然,这个"心"并非人的器官,而是指人的内在精神。从逻辑上看,"心"是物,而张万福这里把"道"说成是"心",故"道"也是"物"。当然,这是道教作为宗教的必然结果,因为"宗教本质上是把支配人们日常生活的异己力量,用幻想的方式予以超自然

---

① 邱凤侠注译:《抱朴子内篇今译》,北京:中国社会科学出版社,1996年,第49页。
② 《南华真经注疏》卷二十五,《道藏》第16册,北京:文物出版社,上海:上海书店,天津:天津古籍出版社,1988年,第570页。
③ 《坐忘论·得道七》,《道藏》第22册,北京:文物出版社,上海:上海书店,天津:天津古籍出版社,1988年,第896页。
④ 《传授三洞经戒法箓略说》卷下,《道藏》第32册,北京:文物出版社,上海:上海书店,天津:天津古籍出版社,1988年,第192页。

化、超人间化的结果"①。

从上可以看出，尽管"物"在具体使用中有不同的含义，但在道教中，其含义主要是"事物"。这个"物"处于"道"和人之间，它既可被看作与"道"相对应的一切事物，也可以被看作与人相对应的事物。在被看作与"道"相对应的一切事物时，"物"既指有形、有貌、有声、有色的存在者，又指其他的东西，如财富、名利、地位等，同时还指人。在被看作与人相对应的事物时，"物"既可指有生命的东西，又可指生命以外的东西，如财富、名利、地位等。不仅如此，在道教的发展过程中，"物"还被有的道教学者如司马承祯、张万福等直接、间接看作"道"。由此看来，道教的"物"不是普通的"物"，而是被道教赋予了"道"的"物"，因而从审美观照的角度看，这个"物"可以作为审美观照的对象。

（二）道教的"化"

"化"这个词与"物"一样有不同的意思，《辞海》把"化"的意思归结为"变""转移人心风俗""融解""死""烧""化生""造化""表示转变成某种性质或状态""风俗""求讨""姓"②。可见，《辞海》中"化"有十一种意思。尽管"化"有这么多的含义，但道教对"化"的使用主要体现在这几个方面。首先，"化"是"变化"的意思，例如，《太平经》说："自然守道而行，万物皆得其所矣。天守道而行，即称神而无方。上象人君父，无所不能制化，实得道意。地守道而行，五方合中央，万物归焉。三光守道而行，即无所不照察。雷电守道而行，故能

---

① 吕大吉：《宗教学通论新编》（下），北京：中国社会科学出版社，1998年，第461页。
② 参见辞海编辑委员会编：《辞海·语词分册》（上），上海：上海辞书出版社，1977年，第182页。

感动天下，乘气而往来。四时五行守道而行，故能变化万物，使其有常也。"① 这里有两处提到"化"，即"无所不能制化"和"故能变化万物"。从"化"在这两处的基本意思讲，"化"就是变化的意思。再如，葛洪说："其次有《玉女隐微》一卷，亦化形为飞禽走兽，及金木玉石，兴云致雨方百里，雪亦如之，渡大水不用舟梁，分形为千人，因风高飞，出入无间，能吐气七色，坐见八极，及地下之物，放光万丈，冥室自明，亦大术也。"② 这里，葛洪把"化"既看成变化，又看成变化术。

其次，"化"在道教里指的是"衍化"。例如，《太平经》说："纯守天第一生之气，其为行，当随天道意也。故地者主辱杀，主藏，不当随地意也。夫道者，乃大化之根，大化之师长也。故天下莫不象而生者也。"③ 这里，"道"被看成"大化之根"，亦即宇宙万物都是"道"衍化而来的。再如，谭峭（生卒年不详）在其《道化》中写道："道之委也，虚化神，神化气，气化形，形生而万物所以塞也。道之用也，形化气，气化神，神化虚，虚明而万物所以通也。是以古圣人穷通塞之端，得造化之源，忘形以养气，忘气以养神，忘神以养虚。虚实相通，是谓大同。"④ 这里，谭峭指出了"虚"为万物之源，同时也是万物的最终归宿。在他看来，"虚"产生"神"，"神"又产生"气"，"气"又产生"形"，而"形"生万物，这就是万物产生的过程，亦即"道之委也"；反之，"形"产生"气"，"气"又产生"神"，"神"又产生"虚"，这是万物归"道"的过程，亦即

---

① 王明编：《太平经合校》（上），北京：中华书局，2014年第2版，第21页。
② 王明：《抱朴子内篇校释·遐览》（增订本），北京：中华书局，1985年第2版，第337页。
③ 王明编：《太平经合校》（下），北京：中华书局，2014年第2版，第680页。
④ [五代] 谭峭：《化书》卷一《道化》，丁祯彦、李似珍点校，北京：中华书局，1996年，第1页。

"道之用也"。因此,从整个思想来看,这里的"化"应是"衍化"的意思,这里的"衍化"含有"化育"的意思,也就是谭峭这里的"得造化之源"中的"造化"意思。

最后,"化"在道教里指的是"道化",也就是有关大道的教化。例如,葛洪说:"道化凌迟,流遁遂往,贤士儒者,所宜共惜,法当扣心同慨,矫而正之。"[①] 再如谭峭把其《化书》的第一卷称为《道化》。从这一卷的内容来看,谭峭从他的"道"生万物的观点出发,突出"虚"生万物。因此,《道化》也就是有关大道的教化。众所周知,道教以"道"为自己的最高信仰,故道教的重要任务之一就是在道徒中开展道化教育。无数事实证明,道化教育是道教得以发展的有力武器。虽然道化教育的内容、形式等不同时期要求不一样,但有一点是共同的,可以说贯穿了道教的始终,那就是对"道"的审美体验,故从这个角度上讲,"道化"的意思就可以理解为"与道相融",这是体道的最高境界。

从上可以看出,历代不同的道教经典、道教学者都对"化"提出了自己的看法,这说明"化"在道教思想中与"物"同样重要。从词意来看,尽管"化"在道教中还有"转化""造化""变化术"等意思,但其基本意思主要是"变化""衍化""道化"。从审美的角度看,"化"在道教美学中突出了审美的主体性和本体性。

二、道教"物化"的基本概念

从表面上看,道教的"物化"这个概念是由"物"和"化"

---

① 张松辉、张景译注:《抱朴子外篇》(下),北京:中华书局,2013年,第591页。

道教"物化"美学思想研究

两个词合在一起构成，但从前面对道教的"物"和"化"的论述来看，道教的"物化"并不是道教的"物"和道教的"化"的简单相加。我们知道，道教是以"道"为最高信仰，以成仙不死为目的，故道教认为人、人类社会以及自然都由"道"产生，都是以"道"为变化发展的归宿。

在道教看来，"道"已成为彼岸性存在，它不仅是绝对的，而且还是超生存的、神秘的存在。从道教思想的发展来看，《太平经》对"道"的看法奠定了道教"道"的基础，尤其是它认为"元气行道，以生万物"①，使道教修道有了理论来源。《太平经》的这一思想被后世道教学者所继承，在众多的道教学者中，东晋葛洪应是这方面杰出的代表。在葛洪看来，"若谓受气皆有一定，则雉之为蜃，雀之为蛤，壤虫假翼，川蛙翻飞，水蛎为蛉，荇苓为蛆，田鼠为驾，腐草为萤，鼍之为虎，蛇之为龙，皆不然乎？若谓人禀正性，不同凡物，皇天赋命，无有彼此，则牛哀成虎，楚妪为鼋，枝离为柳，秦女为石，死而更生，男女易形，老彭之寿，殇子之夭，其何故哉？苟有不同，则其异有何限乎？"②这里，葛洪认为宇宙万物都是接受元气而成，故宇宙同一物种以及不同物种之间可以相互转化，如"野鸡变成大蛤，鸟雀变成蛤蜊，幼虫长出美丽的翅膀，河里的虾蟆上下翻飞，水蛋变成青蜓，荇苓生出蛆虫，田鼠化成鹌鹑鸟，腐草生出萤火虫，鼍变成虎，蛇变成龙"③。同时，葛洪还认为人既然也是"道"的产物，具有纯正的天性，那么人也可以发生转变，如"……则

---

① 王明编：《太平经合校》（上），北京：中华书局，2014 年第 2 版，第 16 页。
② 王明：《抱朴子内篇校释·论仙》（增订本），北京：中华书局，1985 年第 2 版，第 14 页。
③ 邱凤侠注译：《抱朴子内篇今译》，北京：中国社会科学出版社，1996 年，第 6 页。

牛哀成虎，楚妪为鼋，枝离为柳，秦女为石，死而更生，男女易形"①。这句话的意思是："公牛哀变成老虎，楚地老妇变成大鼋，支离叔肘上生出柳枝，秦国女子变成石头，死去的人活过来，男女相互改变外形性别。"② 从这可以看出，葛洪认为"物化"就是宇宙间人与人、人与物、物与物之间的相互转化，也就是说，葛洪认为"道"产生的万物可以互相转化，这是宇宙万物存在的一种现象。

当然，葛洪的上述"物化"思想总体上是为他的神仙思想服务的，也就是说，他根据不同物种间以及同一物种间的转化现象说明了这样一个道理：人作为生命中最有灵性的动物，是可以修道成仙的。葛洪的这一"物化"思想被后世道教的许多学者所接受。其中，唐末五代时期的道士谭峭的"化化不间"思想最为引人注目。在《化书》110篇中，谭峭从"道"的角度，颇为详尽地论述了宇宙间万物之化的基本原理，突出了"虚"与"实"之间的转化。在谭峭看来，"道之委也，虚化神，神化气，气化形，形生而万物所以塞也。道之用也，形化气，气化神，神化虚，虚明而万物所以通也。是以古圣人穷通塞之端，得造化之源，忘形以养气，忘气以养神，忘神以养虚。虚实相通，是谓大同"③。这里，谭峭认为"虚"—"神"—"气"—"形"的过程是"道之委"；而"形"—"气"—"神"—"虚"的过程则是"道之用"。同时，谭峭还认为"道之委"和"道之用"的运动方向刚好相反，但它们其实是互通的，共处于一个大的统一

---

① 王明：《抱朴子内篇校释·论仙》（增订本），北京：中华书局，1985年第2版，第14页。
② 邱凤侠注译：《抱朴子内篇今译》，北京：中国社会科学出版社，1996年，第6页。
③ [五代] 谭峭：《化书》卷一《道化》，丁祯彦、李似珍点校，北京：中华书局，1996年，第1页。

体中。在此基础上,谭峭进一步指出了自然界中的各种变化现象,如"虚化神,神化气,气化血,血化形,形化婴,婴化童,童化少,少化壮,壮化老,老化死。死复化为虚,虚复化为神,神复化为气,气复化为物。化化不间,由环之无穷"①。这里,谭峭指出了人的生命演化过程。再如,"水火相勃,所以化云也;汤盎投井,所以化雹也;饮水雨日,所以化虹霓也"②。这里,谭峭指出了宇宙中的某些自然现象如"云""雹""虹霓"的转化过程。除了这两种转化过程外,谭峭还指出了另外两种变化现象,如"蛇化为龟,雀化为蛤。彼忽然忘屈曲之状,而得蹒跚之质;此倏然失飞鸣之态,而得介甲之体"③。这里,谭峭指出了除人之外的不同种类的物之间的转化。再如,"老枫化为羽人,朽麦化为蝴蝶,自无情而之有情也。贤女化为贞石,山蚯化为百合,自有情而之无情也。是故土木金石,皆有情性精魄。虚无所不至,神无所不通,气无所不同,形无所不类。孰为彼,孰为我?孰为有识,孰为无识?万物,一物也;万神,一神也,斯道之至矣"④。这里,谭峭指出了"自无情而之有情也"和"自有情而之无情也"两种不同的转化,同时还指出了这两种转化的原因在于"虚""神""气""形"。通过对自然界的各种转化现象的论述,谭峭进一步提出了"神化之道",其目的是论证人是可以"化"为仙的。在谭峭看来,既然"虚"与"实"是相通的,

---

① [五代] 谭峭:《化书》卷一《道化·死生》,丁祯彦、李似珍点校,北京:中华书局,1996年,第13页。
② [五代] 谭峭:《化书》卷二《术化·动静》,丁祯彦、李似珍点校,北京:中华书局,1996年,第26页。
③ [五代] 谭峭:《化书》卷一《道化·蛇雀》,丁祯彦、李似珍点校,北京:中华书局,1996年,第2页。
④ [五代] 谭峭:《化书》卷一《道化·老枫》,丁祯彦、李似珍点校,北京:中华书局,1996年,第2—3页。

共处于一个统一体中，那么"故藏之为元精，用之为万灵，含之为太一，放之为太清。是以坎离消长于一身，风云发泄于七窍，真气熏蒸而时无寒暑，纯阳流注而民无死生，是谓神化之道者也"①。这里，谭峭的"神化之道"是道教内丹学之原理，其中的"坎离消长""纯阳流注"是内丹用语，也就是说，谭峭认为人可以通过修炼而发生生命状态的转化。在谭峭看来，人的生命状态转化的关键在于"得天地之纲"和"善用五行之精"，如他所说："得天地之纲，知阴阳之房，见精神之藏，则数可以夺，命可以活，天地可以反覆。"②又说："所以大人善用五行之精，善夺万物之灵，食天人之禄，驾风马之荣。"③同时，谭峭还认为，人若要使生命状态发生转化，还需禁欲、清心，如他所说："是以大人录精气，藏魂魄，薄滋味，禁嗜欲，外富贵。虽天地老而我不倾……"④为了进一步说明这个道理，谭峭还阐释了"道""德""仁""义""礼""智""信"的演化过程，其目的是说，人类社会和自然界一样，都有一个"化"的过程，如他所说："虚化神，神化气，气化形，形化精，精化顾盼，而顾盼化揖让，揖让化升降，升降化尊卑，尊卑化分别，分别化冠冕，冠冕化车辂，车辂化宫室，宫室化掖卫，掖卫化燕享，燕享化奢荡，奢荡化聚敛，聚敛化欺罔，欺罔化刑戮，刑戮化悖乱，悖乱化甲兵，甲兵化争夺，争夺化败亡。其来也势不可遏，其去也力

---

① ［五代］谭峭：《化书》卷一《道化》，丁祯彦、李似珍点校，北京：中华书局，1996年，第1页。
② ［五代］谭峭：《化书》卷二《术化·转舟》，丁祯彦、李似珍点校，北京：中华书局，1996年，第22页。
③ ［五代］谭峭：《化书》卷二《术化·琥珀》，丁祯彦、李似珍点校，北京：中华书局，1996年，第29页。
④ ［五代］谭峭：《化书》卷一《道化·天地》，丁祯彦、李似珍点校，北京：中华书局，1996年，第11页。

不可拔。"① 这里，谭峭阐释了人类社会的演化过程。至此，谭峭就建构出自己完整的"物化"体系。在这个体系中，"虚形之化"是基础，而"自然之化""人之神化""社会之化"则是"虚形之化"的具体表现形式。不仅如此，谭峭还认为事物向其反面转化需要一定的条件，如他所说："仁义者常行之道，行之不得其术，以至于亡国。忠信者常用之道，用之不得其术，以至于获罪。廉洁者常守之道，守之不得其术，以至于暴民。财辩者常御之道，御之不得其术，以至于罹祸。盖拙在用于人，巧在用于身。使民亲稼则怨，诫民轻食则怨。夫饵者鱼之嗜，膻者蚁之慕，以饵投鱼鱼必惧，以膻投蚁蚁必去，由不得化之道。"② 他又说："止人之斗者使其斗，抑人之忿者使其忿；善救斗者预其斗，善解忿者济其忿。是故心不可伏，而伏之愈乱，民不可理，而理之愈怨。水易动而自清，民易变而自平。其道也在不逆万物之情。"③ 这里，谭峭指出了事物向其反面的转化需要一定的条件，亦即"由不得化之道"，并且还需遵循一定的规律，亦即"其道也在不逆万物之情"。从道教思想的发展来看，谭峭的这一思想对后世道教内丹学产生了重大的影响。

从上可以看出，道教认为，"物化"是宇宙存在的一种普遍现象，其根源在于宇宙万物包括自然界、人、人类社会都是由"道"产生的，如《太平经》所说："夫道者，乃大化之根，大化之师长也。故天下莫不象而生者也。"④ 从道教思想的发展来

---

① ［五代］谭峭：《化书》卷一《道化·大化》，丁祯彦、李似珍点校，北京：中华书局，1996年，第9页。
② ［五代］谭峭：《化书》卷三《德化·常道》，丁祯彦、李似珍点校，北京：中华书局，1996年，第35页。
③ ［五代］谭峭：《化书》卷四《仁化·止斗》，丁祯彦、李似珍点校，北京：中华书局，1996年，第50页。
④ 王明编：《太平经合校》（下），北京：中华书局，2014年第2版，第680页。

看，《太平经》的这一思想被东晋的葛洪直接继承并加以发展。在葛洪看来，"物化"是宇宙中存在的一种普遍现象，故葛洪认为人是可以成仙的，换句话说，葛洪的"物化"思想是为其神仙思想服务的，并且葛洪把"物化"这种现象界定为人与人、人与物、物与物之间的相互转化。从道教思想的发展来看，自葛洪之后，道教"物化"思想得到进一步发展，许多道教学者直接从葛洪的"物化"思想中吸取营养，最典型的就是唐末五代的道士谭峭。谭峭在其"物化"思想中不仅说明"物化"是宇宙存在的一种现象，而且还指出了"物化"是一个"虚"与"形"的互化过程，即"虚"—"神"—"气"—"形"以及"形"—"气"—"神"—"虚"。总之，谭峭在继承葛洪"物化"思想的基础上系统地论述了"物化"所涵盖的方面、"物化"的根源、"物化"的过程等相关问题，使道教"物化"思想上到一个新的台阶，也就是说，如果说葛洪的"物化"思想使道教的"物化"思想得以成熟，那么谭峭的"物化"思想则使道教的"物化"思想更加系统化、理论化。自谭峭以后，道教的内丹学使道教走上新的发展道路，但不管怎样，"物化"一直被道教看成宇宙普遍存在的一种转化现象，它包括自然界同一物种以及不同物种的各种转化现象、人体本身的各种变化以及人类社会的各种演化。

第二节　道教美学思想的基本概念

"作为宗教一般性的彼岸性，在道教是以此岸性的形态体现出来的；道教所建构的宗教世界，是融铸着彼岸理想的此岸世界。我称此为道教的此岸性。尽管虚妄仍然是虚妄，但自由追求的现实化、此岸化，却使道教获得了艺术的性质、审美的性质，被压抑的生命自由在现实性的道教里获得了宗教现实性的实现。"[1] 从这可以看出,道教其实是一种"审美型的宗教"[2]。事实也确实如此,道教追求"道"美的过程其实就是一个内审美的过程,也就是说,在虚静状态下所观之物是审美之物而不是欲念之物。

一、道教美学思想的相关概念

从词语上讲,"道教美学思想"由"道教"和"美学思想"构成,而"美学思想"由"美学"和"思想"构成。因此,如果我们要给"道教美学思想"下一个定义,那么我们必须先要了解几个最基本的概念:道教、美学、思想。

(一) 道教

对于道教的定义,目前学界多种著作都提出了自己的看法,有的认为"道教是我国主要宗教之一。道教因以'道'为最高信仰,主张道化生万物,是宇宙的本原,故名"[3];有的认为"道教是一种以生为乐,贵生恶死,追求长生不死的宗教"[4];有的认为"道教是我国古代不可抗拒的自然力与社会力对于我国古人沉重压迫的结果,是被压迫心灵自由追求的虚幻满足。这种虚幻的满足,主要是实现于芸芸众生对于道教教主和道教学者们所营建的道教虚幻世界的顶礼膜拜之中"[5];如此等等,不胜枚举。在众多道教定义中,笔者认为江苏人民出版社 2006 年出版的

---

[1] 高楠:《道教与美学》,沈阳:辽宁人民出版社,1989 年,前言第 2—3 页。
[2] 高楠:《道教与美学》,沈阳:辽宁人民出版社,1989 年,前言第 3 页。
[3] 王毅:《道教基本常识》,西安:陕西师范大学出版总社有限公司,2012 年,第 2 页。
[4] 张立文、张绪通、刘大椿主编:《玄境——道学与中国文化》,北京:人民出版社,2005 年第 2 版,第 60 页。
[5] 高楠:《道教与美学》,沈阳:辽宁人民出版社,1989 年,第 31 页。

《道教史》对道教的定义较为全面。在该书中，道教"是指在中国古代宗教信仰的基础上，沿袭方仙道、黄老道的某些宗教观念和修持方法而逐渐形成，以'道'为最高信仰，相信人通过某种实践经过一定修炼有可能长生不死、成为神仙的中国本民族的传统宗教"①。从这我们可以看出，这个定义不仅指出了道教的宗教来源，而且还指出了道教的信仰以及修道的目的。相比之下，前述三种关于道教的定义就不那么全面了。在前述第一种道教定义中，《道教基本常识》是从信仰的视角入手的；在前述第二种道教定义中，《玄境——道学与中国文化》是从目的的视角入手的；在前述第三种道教定义中，《道教与美学》是从道教产生的根源入手的。可见，在这些著作中作者对道教的定义仅从某一视角入手，也就是说，他们对道教的定义不太全面。因此，在本书中，笔者采用的是江苏人民出版社2006年出版的《道教史》中的道教定义。

"宗教信仰展示的是信仰者精神生活的深层面，是信仰者所追求的某种神圣的体验，这种体验的升华与结晶就表现为宗教哲学，这是信仰者的宗教哲学。"② 可见，从上述《道教史》中的道教定义来看，道教首先应是中国本土的宗教，也就是说，道教是在继承中国传统文化的基础上发展而来的。在道教主要吸收的那些思想中，道家思想和神仙家的思想尤为突出，"如果说道家主要为道教的形成提供了宇宙论、人生哲学以及修行方法的基础，那么神仙家则为道教的建构树立了理想典型，从而使道教信奉者有了追求的根本目标"③。当然，儒家思想、墨家思想、易

---

① 卿希泰、唐大潮：《道教史》，南京：江苏人民出版社，2006年，第1页。
② 李刚：《汉代道教哲学》，成都：巴蜀书社，1995年，第5页。
③ 卿希泰主编，詹石窗副主编：《中国道教思想史》（第一卷），北京：人民出版社，2009年，第70页。

学和阴阳五行思想以及中国古代宗教思想和巫术等都对道教思想理论的形成产生过一定的影响。其次，道教以"道"为最高信仰。在道教看来，"道"具有无限性和永恒性，如吴筠所说："道者何也？虚无之系，造化之根，神明之本，天地之源，其大无外，其微无内，浩旷无端，杳冥无对。至幽靡察，而大明垂光；至静无心，而品物有方。混漠无形，寂寥无声。万象以之生，五音以之成。生者有极，成者必亏，生生成成，今古不移。此之谓道也。"① 这里的"造化之根"指的是宇宙万物的根源；"浩旷无端，杳冥无对"指的是"道"的无限性；"今古不移"指的是"道"的永恒性。在无限性和永恒性问题上，道教的"道"和道家的"道"是一样的，没有多大的区别，也就是说，道教的"道"和道家的"道"一样都具有无限性和永恒性，但道教的"道"因其宗教属性而具有神性和意志性，这一点是道家的"道"不具备的。例如，《太平经》说："老子者，得道之大圣，幽显所共师者也。应感则变化随方，功成则隐沦常住。住无所住，常无不在。不在之在，在乎无极。无极之极，极乎太玄。太玄者，太宗极主之所都也。老子都此，化应十方。敷有无之妙，应接无穷，不可称述。近出世化，生乎周初，降迹和光，诞于庶类，示明胎育，可以学真，虽居下贱，无累得道。周流六虚，教化三界，出世间法，在世间法，有为无为，莫不毕究。"② 这里，《太平经》把"道"人格化为老子，从而使"道"具有神性和意志性。再如，《混元皇帝圣纪》说："老子者，老君也，

---

① 《宗玄先生玄纲论·道德章第一》，《道藏》第23册，北京：文物出版社，上海：上海书店，天津：天津古籍出版社，1988年，第674页。
② 王明编：《太平经合校》（上），北京：中华书局，2014年第2版，第10页。

此即道之身也。元气之祖宗，天地之根本也。"① 这里把老子看成了"道"的化身。可见，早期道教把"道"人格化，这是其宗教性的体现。第三，道教需要有某种实践。从道教的发展来看，道教的实践活动可以从大的方面分为两种实践方式：修道、修炼。修道这种实践活动主要是从南北朝以后一直到隋唐"重玄"学派，它要求修道者采取虚静无为的方式去感悟大道之美，而修炼这种实践活动则主要指"重玄"学派以后的内丹修炼。尽管修道讲的是"道法自然"，而修炼讲的是"逆返成仙"，但二者最终都以"道"为自己的归宿。最后，道教以追求长生不死为目标。道教从创教开始就追求长生不老，一直到东晋的葛洪为止，道教的神仙思想进一步系统化和理论化。从道教理论的发展来看，葛洪的神仙思想奠定了道教神仙思想的基础，自葛洪以后，道教神仙思想随道教的发展而又出现新的发展动向，如唐末五代道士杜光庭（850—933）对魏晋南北朝以及隋唐以来的道教神仙思想加以系统的归纳，并创造性地提出了修道成仙的四种情况："飞升""隐化""尸解""鬼仙"，从而使道教神仙思想更加系统化。

从上述"道教"的定义来看，道教具有与其他宗教相似的特点，但又有其独特性，其独特之处在于"此岸与彼岸的双根存在"②。这就是说，"在中国古代文化结构中产生的道教，是此岸与彼岸相融合的双根共体。它的彼岸性，是见之此岸的彼岸性；它的此岸性又融合着神秘的彼岸力量"③。

---

① 《云笈七签》卷一〇二《混元皇帝圣纪》，《道藏》第22册，北京：文物出版社，上海：上海书店，天津：天津古籍出版社，1988年，第690页。
② 高楠：《道教与美学》，沈阳：辽宁人民出版社，1989年，第51页。
③ 高楠：《道教与美学》，沈阳：辽宁人民出版社，1989年，第103页。

（二）美学

"美学"又称为"感性学"，其德文是"Aesthetik，英译为Aesthetics"①，它是由18世纪德国的启蒙思想家、哲学家、美学家鲍姆嘉通（A. G. Baumgarten，1714—1762）于1735年在其博士论文《关于诗的若干前提的哲学默想录》中首次提出的。因1750年出版《美学》第一卷，故学界通常认为美学作为一个独立的学科名称是在1750年提出的。② 从这可以看出，西方美学自产生起至今也不过260多年，是比较年轻的一门学科。相比之下，美学这门学科在中国的发展就晚一些。据资料记载，西方的"Aesthetics"在近代传入日本，"日本学者首先将其翻译成'佳趣论'。1904年，日本著名的哲学家中江肇民把它译成'美学'"③，后被留学日本的王国维（1877—1927）和留学德国的蔡元培（1868—1940）引入中国，距今也不过100多年的历史。可见，作为一门年轻学科，美学在西方的发展要比在中国的发展早一百多年。但若从对审美意识的研究算起，中西方的美学思想则源远流长，有两千多年的历史。在西方，柏拉图（Plato，公元前427--公元前347）是第一个从哲学的高度谈美的。在中国，老子应是第一个讨论美的人。目前，西方美学思想的发展通常被分为六大阶段："希腊罗马美学、中世纪和文艺复兴美学、17—18世纪美学、德国古典美学、19世纪和20世纪初期美学（近代美学）、20世纪直至当今的美学（现当代美学）。"④ 在这六大阶段中，有无数的西方美学家、哲学家、艺术家对美学提出过自己的看法，甚至还提到了各种各样的美学问题，进而还提出过相应的

---

① 陈望衡：《当代美学原理》，武汉：武汉大学出版社，2007年，第1页。
② 参见叶朗：《美学原理》，北京：北京大学出版社，2009年，第1页。
③ 陈望衡：《当代美学原理》，武汉：武汉大学出版社，2007年，第5页。
④ 叶朗：《美学原理》，北京：北京大学出版社，2009年，第2页。

范畴概念等,例如,"在美学上,毕达哥拉斯学派提出了美是和谐、美在对称和比例的命题,以及音乐理论问题和艺术的心理净化作用等问题,建立了最早的美学理论。其特点是从数的哲学出发对一切美学问题作出宇宙论的解释"①。再如,黑格尔将美学定义为艺术哲学。总体上讲,西方美学发展到今天已取得了重大的成就,留给后人一大批丰富的材料,这正如恩格斯(Friedrich Von Engels,1820—1895)所说:"历史思想家(历史在这里只是政治的、法律的、哲学的、神学的——总之,一切属于社会而不仅仅属于自然界的领域的集合名词)在每一科学部门中都有一定的材料,这些材料是从以前的各代人的思维中独立形成的,并且在这些世代相继的人们的头脑中经过了自己的独立的发展道路。"②

与西方美学六大阶段不同,中国美学思想的发展通常被分为四大阶段:从先秦一直到清朝前期、从1840年一直到1919年五四运动前、从1919年五四运动一直到1949年中华人民共和国成立以前、从1949年一直到现在。在学界,从先秦一直到清朝前期被称为古典美学时期,从1840年一直到1919年五四运动前被称为近代,从1919年五四运动一直到1949年中华人民共和国成立以前被称为现代,从1949年中华人民共和国成立一直到现在被称为当代。③ 在中国美学史上,中国古典美学有三个黄金时代:先秦、魏晋南北朝、清朝前期。这三个黄金时代出现了大量的美学重要概念、范畴、命题,如先秦时期老子的"'道'、

---

① 李醒尘:《西方美学史教程》,北京:北京大学出版社,2005年第2版,第11页。
② 中共中央马克思恩格斯列宁斯大林著作编译局编:《马克思恩格斯选集》(第四卷),北京:人民出版社,1972年,第501页。
③ 参见叶朗:《美学原理》,北京:北京大学出版社,2009年,第3—10页。

'气'、'象'、'有'、'无'、'虚'、'实'、'味'、'妙'、'虚静'、'玄鉴'、'自然'等等"①。再如魏晋南北朝时期的"'气'、'妙'、'神'、'意象'、'风骨'、'隐秀'、'神思'、'得意忘象'、'声无哀乐'、'传神写照'、'澄怀味象'、'气韵生动'等等"②。一句话,"从老子、孔子、《易传》、庄子一直到王夫之、叶燮、石涛,中国古代思想家提出了一系列重要的美学范畴和命题,贡献了极其丰富的、极具原创性的美学思想"③。在近代,最著名的美学家是梁启超(1873—1929)、王国维、蔡元培。这三位美学家对中国美学的发展都做出了不可磨灭的贡献,其中王国维是第一个于1904年在《〈红楼梦〉评论》中使用"美学"这个概念的人,其在中国近代美学界的影响也是最大的,其"境界说"与《人间词话》《红楼梦评论》《宋元戏曲考》等至今仍有很大的影响。在现代,朱光潜和宗白华(1897—1986)应是中国最著名的美学家。叶朗在其2009年版的《美学原理》中指出:"他们的美学思想有两个特点最值得我们重视:第一,他们的美学思想都在不同程度上反映了西方美学从'主客二分'的思维模式走向'天人合一'的思维模式的趋势;第二,他们的美学思想都反映了中国近代以来寻求中西美学融合的趋势。"④ 在当代,中国出现了两次美学高潮:第一次美学高潮出现在20世纪50年代至60年代中期;第二次美学高潮出现在20世纪70年代后期至80年初期。在第一次美学高潮中形成了四大美学派别:以吕荧(1915—1969)和高尔太(1935—)为代表的主观派,以蔡仪(1906—1992)为代表的客观派,以朱

---

① 叶朗:《美学原理》,北京:北京大学出版社,2009年,第3页。
② 叶朗:《美学原理》,北京:北京大学出版社,2009年,第4页。
③ 叶朗:《美学原理》,北京:北京大学出版社,2009年,第5页。
④ 叶朗:《美学原理》,北京:北京大学出版社,2009年,第6页。

光潜为代表的主客观统一派,以李泽厚为代表的客观性和社会性相统一派①。第二次美学高潮出现在"文革"之后的"文化热"期间,人们对美学问题的研究视角发生了转换。有的学者立足中国传统美学;有的学者从心理学、社会学的角度等研究美学;有的学者从诗歌、小说、电影、音乐等视角研究美学;有的学者专门翻译、介绍、研究西方当代美学……总之,伴随"文化热"的兴起,当代美学研究朝多元化发展,拓宽了美学研究的视野。然而,"实际上,美学理论建设的真正进展,正是在'美学热'消退之后,即从80年代末一直到21世纪初"②。

从上面的简单介绍中,我们可以清楚地看到,无论是西方还是中国,美的本质问题一直是美学关注的核心问题。从这个层面上讲,中国第一次美学高潮也可以称作"美的本质问题的大讨论"。对于美的本质问题,尽管不同的人有不同的看法,但笔者认为高楠(1949—)关于美的本质的看法是合理的。在高楠看来,"无论是历史的人还是现实的人,又都是社会性与自然性,心理性与生理性的统一,因此,各分一枝地研究又必然共为一体。于是,美的实践性就是实现于自然性的实践性,美的自然性又是见之于实践性的自然性,是生命的实践,是实践着的生命,是这样的实践和这样的生命在合规律性与合目的性的统一中见出的自由形式"③。因此,高楠认为"美是社会人与自然人的自由实现"④。在《道教与美学》中,高楠指出:"美的本质规定之一,在于它是人的社会力量或是社会人的自由实现。"⑤他还指

---

① 参见叶朗:《美学原理》,北京:北京大学出版社,2009年,第10页。
② 叶朗:《美学原理》,北京:北京大学出版社,2009年,第11页。
③ 高楠:《道教与美学》,沈阳:辽宁人民出版社,1989年,第160页。
④ 高楠:《道教与美学》,沈阳:辽宁人民出版社,1989年,第160页。
⑤ 高楠:《道教与美学》,沈阳:辽宁人民出版社,1989年,第165页。

出:"美的本质的另一个基本规定性在于,它又是生命的实现,即自然人或人的自然力量的实现。"① 由此看来,要探讨道教与美学的问题,我们还必须从道教的社会性本质和自然性本质入手才行。值得一提的是,美的本质问题只是美学的一个核心问题,美学还有其他的问题,如审美对象、审美存在、审美本体、审美经验、审美机制、审美个性、审美欣赏、审美创造、审美教育、审美文化、审美起源等。可见,美学应是一门人文学科,正如叶朗所说:"美学属于人文学科,从大的范围来说,它的研究对象是人的生活世界,是人的意义世界和价值世界。"② 由此看来,美学有两大特征:"第一,美学与人生有着十分紧密的联系。美学的各个部分的研究,都不能离开人生,不能离开人生的意义和价值。美学研究的全部内容,最后归结起来,就是引导人们去追求一种更有意义、更有价值和更有情趣的人生,也就是引导人们去努力提升自己的人生境界。第二,美学和每个民族的文化传统有着十分紧密的联系。美学研究人的生活世界,而人的生活世界和各个民族的文化传统有紧密的联系,所以,研究美学要注意各个民族的文化传统的差异。"③ 从这两大特征中,我们不难看出,美学是哲学的一个分支,而哲学表现为理论形态的世界观,故美学应是一门交叉的人文理论学科。

(三) 思想

从词的用法上看,"思想"最开始指的是"思",如《论语·为政》写道:"子曰:'学而不思则罔,思而不学则殆。'"④ 这里,孔子实际上是讲了学习与思考的问题。在他看来,学习与

---

① 高楠:《道教与美学》,沈阳:辽宁人民出版社,1989年,第168页。
② 叶朗:《美学原理》,北京:北京大学出版社,2009年,第16页。
③ 叶朗:《美学原理》,北京:北京大学出版社,2009年,第16—17页。
④ 王文锦译注:《论语·孟子译注》,北京:中华书局,2010年,第18页。

思考二者关系紧密,一个人只学习而不善于思考,那么这个人就容易被欺骗。同理,一个人只思考,而不学习,那么这个人一定会缺乏信心。可见,这里的"思"从词性上讲是动词,其意思是"思考",也就是指人的心智活动。再如,《荀子·劝学》写道:"吾尝终日而思矣,不如须臾之所学也;吾尝跂而望矣,不如登高之博见也。"① 这里,荀子(约公元前313—公元前238)突出了学习的重要性。在他看来,他一整天思考所得的东西,还不及他片刻学习的东西多。可见,荀子也是把"思"当作动词,其意思是人的心智活动,亦即"思考"。后来,"思"和"想"就连在一起,称"思想",如《三国志·蜀书》注引《魏略》王朗与文休书:"时闻消息于风声,托旧情于思想,眇眇异处,与异世无以异也。"② 这里,"思想"是名词,其基本意思是"想念"。

从上面对"思想"一词的简单介绍来看,"思想"至今已发展成为一个哲学名词,亦称"观念"。我们知道,在人类发展中,随着语言和文字的发展,许多"观念"被记载和传播下来,成为人类文化的一部分,从而形成历史,尽管我们对未来知之甚少,但我们可以通过对过去的某些思想及其相关历史的梳理来增强我们了解未来的信心。正如雷蒙·威廉斯(Raymond Henry Williams,1921—1988)所说:"一种文化,在它正被体验的时候,永远是部分的未知、部分的未实现的。一个社群的形成永远是一种探索,因为意识不可能先于创造,而且对于未知的经验不存在规则。一个好的社群,一个现存的文化,将会因此而为所有

---

① [清]王先谦:《荀子集解·劝学篇第一》(上),沈啸寰、王星贤点校,北京:中华书局,2013年第2版,第4页。
② [晋]陈寿:《三国志·蜀书》(四),[宋]裴松之注,北京:中华书局,1982年第2版,第968页。

和任何能够有意识地贡献于这种进步的人让位,并且积极地鼓励他们,这是一种共同的需求……我们需要用全部的注意力考虑每一个附属物、每一种价值观;因为我们不知道未来,我们也许永远不能确定什么可以使之更丰富。"① 由此看来,在人类生活中,"思想"是多方面的,但应是文化的一部分。有了这样的认识,我们就不难得出,道教思想其实是道教文化在不同时期的具体反映。因此,我们对道教"物化"美学思想的研究就离不开对道教思想文化的研究。

二、道教美学思想的基本概念

从系统论的角度看,在道教、美学、思想这个系统中,道教、美学、思想可以构成道教思想、道教美学、道教美学思想。在道教思想、道教美学、道教美学思想这三者中,道教美学指的是学科,而道教思想和道教美学思想则指的是对相应学科的系统化、理论化的学说。

(一)道教思想

"宗教里的苦难既是现实的苦难的表现,又是对这种现实的苦难的抗议。宗教是被压迫生灵的叹息,是无情世界的感情,正象它是没有精神的制度的精神一样。宗教是人民的鸦片。"② 从这可以看出,"现实的苦难"是宗教产生的根源,而"人民的鸦片"则是宗教的功能。从目前世界几大宗教的发展来看,宗教之所以是"鸦片",其根本原因在于社会产生的"现实的苦难"。从文化的层面看,宗教使人类摆脱了现实社会的枷锁,促进了人

---

① [英]特瑞·伊格尔顿:《文化的观念》,方杰译,南京:南京大学出版社,2003年,第137页。
② 中共中央马克思恩格斯列宁斯大林著作编译局编:《马克思恩格斯选集》(第一卷),北京:人民出版社,1972年,第2页。

类的发展,正如布伦尼斯洛·马林诺夫斯基(Bronislaw Kaspar Malinowski,1884—1942)所说:"宗教的需要,是出于人类文化的绵续,而这种文化绵续的涵义是:人类努力及人类关系必须打破鬼门关而继续存在。在它的伦理方面,宗教使人类的生活和行为神圣化,于是变为最强有力的一种社会控制。在它的信条方面,宗教与人以强大的团结力,使人能支配命运,并克服人生的苦恼。"①

从早期道教的产生来看,"社会现实的苦难"是道教产生的直接原因。中国历史发展到秦汉时期,当时的统治者为了巩固自己的统治地位,纷纷借用宗教神学来为自己的统治辩护。秦汉时期的统治者对鬼神的崇信促进了宗教神学的发展,这一时期,儒家的继承者董仲舒创造了"天人感应"理论。同时,这一时期,专以求仙为务的"方仙道"道士们将神仙之说依托于黄帝和老子。东汉末年,政治黑暗,灾害不断,汉朝统治者的残忍与无能,让广大劳苦大众渴望所谓的"太平盛世"。在这种时代背景下,沛国丰(今江苏省丰县)人张陵(道门内又叫张道陵)(生卒年不详)利用老子的"无为"思想创造了最早的道教组织——"五斗米道",又称"天师道"。巨鹿(今河北平乡)人张角(?—184)利用自西汉就开始形成的《太平经》中有关"太平"等盛世的思想创立了另一个最早的道教组织——"太平道"②。五斗米道和太平道为早期的民间宗教组织,后因统治者的镇压,道教逐渐分化,一部分转向为统治阶级服务,对原有道义进行修改整理,使道教的神仙信仰系统化、理论化。隋唐至北

---

① [英]马林诺夫斯基:《文化论》,费孝通等译,北京:中国民间文艺出版社,1987年,第78—79页。
② 参见卿希泰、唐大潮:《道教史》,南京:江苏人民出版社,2006年,第33—37页。

宋是道教的兴盛和发展时期，明代中叶至中华人民共和国成立之前是道教的衰落时期。与其他宗教一样，道教有自己的思想。当然，从理论上讲，道教思想的发展是与道教的发展一致的。事实上，道教思想"是通过各个时代的道教经典、各个道派的具体活动以及具体的道教人物的言行、著述表现出来的"①，它经历了从不成熟、成熟到世俗化的发展道路，"杂而多端"是其主要特征，是道教文化的具体体现。

(二) 道教美学

从词语的构成来看，道教美学由"道教"和"美学"构成，但并非二者的简单相加。从理论上讲，道教美学是道教哲学的一个分支，是作为道教世界观组成部分的审美观、艺术观的系统化、理论化的学说。从系统论来看，道教美学是中国美学这一大系统的一个子系统，故道教美学除应体现中国美学的一般性特点外，还应有其自身独特的特点。为了弄清楚这个问题，我们有必要了解道教美学的研究对象。

在前面的论述中，我们对中西美学的发展做了一个简单的回顾，并最后得出应从道教的社会性本质和自然性本质两个方面探讨道教与美学的问题。虽说那样的回顾有利于我们对美学这门年轻的学科有一定的认识，但笔者并未对美学的研究对象做进一步说明。因此，我们在讨论道教美学的研究对象之前，有必要对美学的研究对象做一定的说明。对于美学的研究对象问题，至今我国美学界仍没有达成共识。例如，叶朗在其《美学原理》中把中国美学界对美学研究的对象的看法做了一个归纳。在他看来，中国美学界对美学研究的对象，"归纳起来，主要有以下几种看

---

① 卿希泰主编，詹石窗副主编：《中国道教思想史》（第一卷），北京：人民出版社，2009年，第8页。

法：（1）美学研究的对象是美（美的本质，美的规律）；（2）美学研究的对象是艺术；（3）美学研究的对象是美和艺术；（4）美学研究的对象是审美关系；（5）美学研究的对象是审美经验；（6）美学研究的对象是审美活动"①。在对这六种看法做一定的剖析之后，叶朗认为第六种观点较为合理，换句话说，叶朗认为美学研究的对象是审美活动。再如，陈望衡在其《当代美学原理》中把对美学研究的对象的看法归纳为："感性认识"说、"美以及美感"说、"艺术"说、"审美关系和审美活动"说、"三部分"说②。在指出这五种看法的不足之后，陈望衡指出："说得直接一点，美学研究的对象是人的情感世界——人对世界的情感关系与情感活动。"③ 从叶朗和陈望衡对美学的对象的看法来看，叶朗的"审美活动"说和陈望衡的"情感世界"说尽管表述不一样，但二者都突出了审美活动的精神性。在笔者看来，美离不开人的活动，也就是说，若离开了人的活动，美也就没有存在的价值。正如王朝闻（1909—2004）主编的《美学概论》所说："美是社会实践的产物；人们的审美意识是为人们的社会实践所决定的对于客观世界的美的反映，同时它又反作用于社会实践。"④ 因此，笔者认为美学研究的对象应是审美活动，因为"审美活动是人类的一项不可缺少的精神—文化活动，是人类的一种基本的生存活动，是人性的一项基本的价值需求"⑤。这正如米盖尔·杜夫海纳（Mikel Dufrenne，1910—1995）所说："审美经验揭示了人类与世界的最深刻和最亲切的关系，他需要

---

① 叶朗：《美学原理》，北京：北京大学出版社，2009年，第12—13页。
② 参见陈望衡：《当代美学原理》，武汉：武汉大学出版社，2007年，第6—7页。
③ 陈望衡：《当代美学原理》，武汉：武汉大学出版社，2007年，第8页。
④ 王朝闻主编：《美学概论》，北京：人民出版社，1981年，第6页。
⑤ 叶朗：《美学原理》，北京：北京大学出版社，2009年，第13页。

美,是因为他需要感到自己存在于世界。"① 所以,道教美学的研究对象应是道教的审美活动。

综上所述,我们可以得出,道教的审美活动首先是一种对"道"美、"仙"美的人生体验活动,它并不等同于道教的实践活动,如修炼、斋醮等,它是对个体生命有限存在的超越,因而它是一种精神活动。在道教看来,"道"美是只能用心感悟的朦胧美,因为"夫道,有情有信,无为无形;可传而不可受,可得而不可见;自本自根,未有天地,自古以固存;神鬼神帝,生天生地;在太极之先而不为高,在六极之下而不为深;先天地生而不为久,长于上古而不为老"②。再如,葛洪说:"眇昧乎其深也,故称微焉。绵邈乎其远也,故称妙焉。"③ 同时,道教还认为,"道"美是天地之大美,是崇高之美,亦即"天地有大美而不言,四时有明法而不议,万物有成理而不说。圣人者,原天地之美而达万物之理,是故至人无为,大圣不作,观于天地之谓也"④。再如,葛洪说:"其高则冠盖乎九霄,其旷则笼罩乎八隅。光乎日月,迅乎电驰。或倏烁而景逝,或飘滭而星流,或滉漾于渊澄,或雾霏而云浮。因兆类而为有,托潜寂而为无。沦大幽而下沉,凌辰极而上游。金石不能比其刚,湛露不能等其柔。"⑤ 此外,"道"美在道教中被看成万物之美的绝对本源,如《太平经》写道:"道者,天也,阳也,主生;德者,地也,阴

---

① [法]米盖尔·杜夫海纳:《美学与哲学》,孙非译,台北:五洲出版社,1987年,第3页。
② 李安纲编著:《南华经》,北京:中国社会出版社,2004年第3版,第93—94页。
③ 王明:《抱朴子内篇校释·畅玄》(增订本),北京:中华书局,1985年第2版,第1页。
④ 李安纲编著:《南华经》,北京:中国社会出版社,2004年第3版,第305页。
⑤ 王明:《抱朴子内篇校释·畅玄》(增订本),北京:中华书局,1985年第2版,第1页。

也,主养;万物多不能生,即知天道伤矣;其有不生者,即知天克有绝者矣。"① 再如,葛洪在《畅玄》中写道:"玄者,自然之始祖,而万殊之大宗也。"② 从这些可以看出,道教的"道"美具有非感性和非理性的特点。因此,道教认为"道"美只能靠感悟。其次,道教的审美活动应是一种文化活动。道教是一种人为宗教,其不同时期的发展状况折射出不同时期的社会意识形态,故道教的审美意识必然要受到时代、民族、阶级、社会政治经济制度、文化传统、风俗习惯等因素的影响,其"沿用'道、气、化'的观念,都与中国古代传统文化有关,同时又成为道教神人合一神学思想的联结点;反过来,它无疑又构成中国传统文化中不可分割的部分"③。

"在道教哲学里,宇宙论和认识论是其人生论的装饰品和论证工具,而人生论的核心则是神仙学。道教追求神仙不死也是中国文化实用理性的体现,一切都须务实切用,虚渺的天国远不如肉体长存那样诱人。"④ 围绕神仙学,道教哲学形成了自己特有的范畴,如"道""玄""重玄""有无""无极""太极""动静""三一""元气""精气神""一""心性"等,而这些范畴是需要个人去感悟、去体验的。由此看来,道教美学的独特性在于其研究对象的特殊性。所以,道教美学也可以说是一门专门研究"道"美、"仙"美的学科。

(三) 道教美学思想

道教在中国本土的发展已有近2000年的历史,准确地说,

---

① 王明编:《太平经合校》(上),北京:中华书局,2014年第2版,第227页。
② 王明:《抱朴子内篇校释·畅玄》(增订本),北京:中华书局,1985年第2版,第1页。
③ 卿希泰主编:《道教与中国传统文化》,福州:福建人民出版社,1990年,第47页。
④ 李刚:《汉代道教哲学》,成都:巴蜀书社,1995年,第23页。

至少有1800多年的历史。在这一漫长的历史长河中，许多道教学者和有道教情怀的思想家、文学家以及艺术家等都提出了自己对"道"美、"仙"美等相关问题的看法，最终形成了系统化、理论化的道教美学思想。如本书绪论所说，1997年出版的《大美不言——道教美学思想范畴论》奠定了我国系统研究道教美学思想的基础。此书出版距今也不过短短的24年时间，因而道教美学在中国是一门非常年轻的学科。尽管如此，也不能说，道教美学思想在中国的发展只有24年。这二者的关系如同中国美学和中国美学思想的关系。在中国美学和中国美学思想的关系上，叶朗说："'美学'学科的名称是近代才由西方传入中国的。但是，我们不能说，在近代之前中国没有美学。也不能说，中国古代有'美'无'学'。"[1] 所以，我们可以说，道教美学思想早就有了，它随道教思想的发展而发展。事实上也确实如此，历代道教经典以及道教学者的著述等都蕴含了丰富的美学观点，而那些美学观点"构成了一部从语言表达到思想内容，都十分富于中国色彩的、富于发展性的宗教美学思想史"[2]。

从范畴论上讲，道教美学思想有自己独特的范畴体系。在我国最早论述道教美学思想范畴体系的《大美不言——道教美学思想范畴论》中，道教美学思想的范畴体系被分为四大部分：核心范畴——"道—美"；辩证论范畴——"美—恶（丑）"对立；趣味论范畴——"道法自然"；文艺美学核心范畴——"真文"。[3] 从学科的发展来看，"这一成果既拓展了中国美学史研究

---

[1] 叶朗：《美学原理》，北京：北京大学出版社，2009年，第3页。
[2] 潘显一：《大美不言——道教美学思想范畴论》，成都：四川人民出版社，1997年，第3页。
[3] 参见潘显一：《大美不言——道教美学思想范畴论》，成都：四川人民出版社，1997年，目录第1—3页。

的视野，又使道教思想的分类研究向前迈进了一大步，奠定了道教美学版块研究的理论基础"①。从涉及的内容上讲，道教美学思想涉及了美的本质、美的本源、美的特征、审美心理、审美创造、审美欣赏、文艺美学思想等相关的宗教美学问题。2010年，《道教美学思想史研究》由商务印书馆出版发行。该书共有十一章，以时间为轴，详细论述了我国从魏晋一直到明清的道教美学思想，涉及的道教学者以及有道教情怀的人士近50位。总体上看，该书"对道教美学思想进行了系统化的研究工作，开展了道教史、道教思想史与美学思想史的交叉研究，并形成了自成体系的专著，填补了道教思想史研究中道教审美思维和美学思想史的空白。这既开拓了道教研究的新领域，有'补空'意义，也有运用辩证唯物史观占领道教美学思想研究这一特殊思想文化阵地的意义"②。

总之，道教美学思想作为道教思想的一个分支，理应具有道教思想的特点——"杂而多端"，同时还具有自己独特的特点，"它的以'真'、'善'为'美'的人格修养要求，以反映'性—命'之人性本质为'美'的审美判断，崇尚'素朴'美的艺术审美观点，以'浑沌'喻'道—美'、以'氤氲'喻美感和审美快感的朦胧美论，以及它善于汲取时代思想营养而展现出'多变—不变'的特点等等，不仅是中国美学历史发展固有的部分，也应该成为今天建立健康审美思想意识的基础和借鉴"③。

---

① 蔡钊：《道教美学探索——内丹与中国器乐艺术研究》，成都：四川大学出版社，2014年，第13页。
② 潘显一、李裴、申喜萍等：《道教美学思想史研究》，北京：商务印书馆，2010年，序第1页。
③ 潘显一、李裴、申喜萍等：《道教美学思想史研究》，北京：商务印书馆，2010年，序第3—4页。

第三节　道教"物化"美学思想的基本概念

"物化"这个词在没有上下文的情况下含义模糊,既可指一种现象,又可指一种过程,甚至还可以指结果。在前面的论述中,笔者从宗教的角度讨论了道教中的"物化",并得出结论:道教认为"物化"是宇宙中的一种普遍现象。这就从理论上为我们下一步的讨论打下了基础。在讨论中,虽然我们列举了东晋的葛洪以及唐末五代的谭峭对"物化"的看法,但我们的论述只停留在宗教术语的普通含义上,并未从美学的角度对"物化"下定义。同时,美学中的"物化"与宗教里的"物化"是不一样的,换句话说,道教美学中的"物化"与道教中的"物化"是不一样的。

一、美学中的"物化"

从词的来源上讲,美学中的"物化"有两个来源:外来语、本民族语。作为外来语,"'物化'（objectification）"是"德文 Vergegenständlichung 的意译,亦译'客体化'"[①],其基本意思首先是"劳动转化为产品的过程"[②],其次是"'物态化'、'外在化'。指人在实践中将思想观念转化为物质形态的现实存在的过程和结果"[③]。后来,美学家、文艺理论家将这一哲学概念引申到美学和艺术研究中,认为"物化的前提是化物,认识事物的审

[①] 朱立元主编:《美学大辞典》（修订本）,上海:上海辞书出版社,2014年,第25页。
[②] 朱立元主编:《美学大辞典》（修订本）,上海:上海辞书出版社,2014年,第25页。
[③] 朱立元主编:《美学大辞典》（修订本）,上海:上海辞书出版社,2014年,第25页。

美特性，融化为自己的血肉，形成创造的动机并掌握一定的物质手段和技巧，然后再物化，转化为具体感性的形象。它是审美创造、艺术创造第三阶段的主要工作，是对审美意象进行筛选、集中、概括、加工、提炼和加以表现、传达的过程，是审美意识、心理的外在化、物质化、客观化"①。由此可以看出，"物化"是从德文引进来的一个概念，由最开始的"物态化、外在化"的纯哲学概念转变为"审美意识、心理的外在化、物质化、客观化"②的美学概念。同时，"物化"强调的是过程，其前提是"化物"，而所谓的"化物"指的就是"认识事物的审美特性，融化为自己的血肉，形成创造的动机并掌握一定的物质手段和技巧"③。

作为本族语，"物化"是中国古典美学的一个范畴，由庄子在其《庄子·齐物论》中最先提出。在《庄子·齐物论》中，庄子说："昔者庄周梦为胡蝶，栩栩然胡蝶也，自喻适志与！不知周也。俄然觉，则蘧蘧然周也。不知周之梦为胡蝶与，胡蝶之梦为周与？周与胡蝶，则必有分矣。此之谓'物化'。"④ 从第一章的论述来看，庄子的"物化"指的是一种境界，它包含两个方面：生存境界、艺术境界。在庄子看来，这两个方面的境界都指的是物我界限的泯灭，精神得到绝对的自由。在朱立元（1945—）主编的《美学大辞典》（修订本）中，"物化"被看

---

① 朱立元主编：《美学大辞典》（修订本），上海：上海辞书出版社，2014年，第25页。
② 朱立元主编：《美学大辞典》（修订本），上海：上海辞书出版社，2014年，第25页。
③ 朱立元主编：《美学大辞典》（修订本），上海：上海辞书出版社，2014年，第25页。
④ 陈鼓应注译：《庄子今注今译》（上），北京：中华书局，2009年，第101—102页。

成"包含着梦境中审美幻觉、幻象、幻境、幻影的内容,是幻梦中的主客体转化"[1]。从这可以看出,庄子的"物化"突出的是主体物化,也就是主客体的转化。

从上可以看出,外来语的"物化"与本族语的"物化"尽管有许多相同的地方,如二者都认为"物化"的实现需一定的条件,二者都认为"物化"就是转化等,但从根本上说,二者是不完全一样的。首先,外来语的"物化"主要突出的是艺术审美创造,而本族语的"物化",亦即庄子的"物化"突出的是生存境界和艺术境界,也就是说,外来语的"物化"只相当于庄子的"指与物化"。其次,外来语的"物化"侧重的是美的创造而不是美的欣赏。从现代美学审美机制来看,美既有审美创造,又有审美欣赏,而且美的创造者和美的欣赏者处于平等的主体地位。第三,外来语的"物化"强调的是过程,亦即"对审美意象进行筛选、集中、概括、加工、提炼和加以表现、传达的过程,是审美意识、心理的外在化、物质化、客观化"[2],而本族语的"物化"则既强调过程,又强调结果,亦即"昔者庄周梦为胡蝶,栩栩然胡蝶也,自喻适志与!不知周也。俄然觉,则蘧蘧然周也。不知周之梦为胡蝶与,胡蝶之梦为周与?周与胡蝶,则必有分矣"[3]。最后,外来语的"物化"需要主体借助一定的物质手段以及一定的技巧,也就是说,外来语的"物化"需要主体借助一定的外在条件才能使具体感性形象的转化得以实现,而本族语中的"物化"虽也要借助一定的条件,亦即

---

[1] 朱立元主编:《美学大辞典》(修订本),上海:上海辞书出版社,2014年,第172页。

[2] 朱立元主编:《美学大辞典》(修订本),上海:上海辞书出版社,2014年,第25页。

[3] 陈鼓应注译:《庄子今注今译》(上),北京:中华书局,2009年,第101页。

"梦",但这个条件并不是外在的,而是主体自身所处的状态,这种状态是物我界限泯灭,互化为一,亦即庄子的"不知周之梦为胡蝶与,胡蝶之梦为周与?"①

当然,如果我们对外来语的"物化"和本族语的"物化"做进一步的研究,我们还可以得出二者的其他不同点,但这不是本书研究的重点。通过上面的介绍,我们可以看出,外来语的"物化（objectification）"② 与本族语的"物化"是有区别的。

二、道教美学中的"物化"

从学科属性来看,道教美学是中国美学的一个分支学科,它是"20世纪90年代兴起的一门新兴学科,它旨在研究道家、道教中的美学思想（当然也包括开掘其他领域所蕴含的道家、道教美学思想）,以认识和评价道教美学思想在中国传统文化中的影响和地位,使之在'中华民族伟大复兴'的社会主义'文化强国'建设中发挥文化上的铺路石之用"③。可见,道教美学中的"物化"不应属于现代美学"物化"的范畴,而应属于中国古典美学思想中"物化"的范畴。有了这个认识,我们就不难对道教美学的"物化"做一个合理的界定。

（一）"物化"是一种"生道合一"的得道境界

道教是一种以"道"为其最高信仰的宗教,如前所述,道教的"道"美不仅是朦胧的、神圣的,而且还是崇高的、绝对

---

① 陈鼓应注译:《庄子今注今译》（上）,北京:中华书局,2009年,第101页。
② 朱立元主编:《美学大辞典》（修订本）,上海:上海辞书出版社,2014年,第25页。
③ 蔡钊:《道教美学探索——内丹与中国器乐艺术研究》,成都:四川大学出版社,2014年,第13页。

的，具有非感性和非理性的特点。因此，道教认为要感悟"道"之美必须要进行一定的修行。

在道教看来，在"道"与人之间有"神仙"的存在，而"'神仙'中的'仙人'、'真人'，是'人'经过艰苦修炼而与'道'合，或白日飞升，或内外丹成，或德行感天地得仙人度脱，或死而不亡'尸解'而去，终于成为永享逍遥自在大幸福、大快乐的'仙'"①。因此，道教认为，人只有在"仙人""真人"的点悟下才能感悟"道"美。可见，在具体的修行实践活动中，朦胧的"道"美就变为形象化的"仙人"美、"真人"美。这表明，生命之美是道教追求的具体目标。对于这一点，《太平经》曾说："故天地之道，据精神自然而行。故凡事大小，皆有精神，巨者有巨精神，小者有小精神，各自保养精神，故能长存。精神减则老，精神亡则死，此自然之分也。安可强争乎？凡事安危，一在精神。故形体为家也，以气为舆马，精神为长吏，兴衰往来，主理也。若有形体而无精神，若有田宅城郭而无长吏也。"② 这里，《太平经》认为"天地之道"以及"凡事大小"都有"精神"，而"精神减则老，精神亡则死"③。可见，《太平经》认为"精神"是生命之美的体现。再如，葛洪说："天地之大德曰生，生，好物者也。"④ 这里，葛洪认为天地之间最伟大的"德"在于生命，而生之美才是最"美"的。把葛洪的这一观点与他整个神仙理论联系起来，我们可以看出，葛洪认为人一旦使自己的生命与"道"合一，生命就具有永恒性；此

---

① 潘显一：《大美不言——道教美学思想范畴论》，成都：四川人民出版社，1997年，第54页。
② 王明编：《太平经合校》（下），北京：中华书局，2014年第2版，第717页。
③ 王明编：《太平经合校》（下），北京：中华书局，2014年第2版，第717页。
④ 王明：《抱朴子内篇校释·勤求》（增订本），北京：中华书局，1985年第2版，第252页。

时，"生"之美就是"道"之美的具体体现。对于这一点，司马承祯说得非常清楚。在《坐忘论》中，司马承祯说："夫人之所贵者，生；生之所贵者，道。人之有道，若鱼之有水。"① 这里，司马承祯用鱼和水的关系来比喻人和"道"的关系。我们知道，鱼离开水就会死；反之，鱼在水中就会悠然自得，无比幸福、无比快乐。这就是说，司马承祯认为现实中的人只有勤于修道，自己的生命才会与"道"合一，从而达到物我两忘的"至道"境界。在道教看来，要实现这种境界，就必须"守道而不止，乃得仙不死；仙而不止，乃得成真；真而不止，乃得成神；神而不止，乃得与天比其德；天比不止，乃得与元气比其德"②。这里，《太平经》从理论的高度阐述了修道而达长生的过程："守道"—"得仙"—"成真"—"成神"—"与天比其德"—"与元气比其德"。从这可以看出，"守道"是这一过程的起点，而"与元气比其德"是这一过程的最高境界。这种境界"便是人生现实美的终极追求，也就是道教神性美的最高等级和最高境界"③。在具体操作上，《太平经》指出修道的关键在于"守一"，如它所说："古今要道，皆言守一，可长存而不老。人知守一，名为无极之道。人有一身，与精神常合并也。形者乃主死，精神者乃主生。常合即吉，去则凶。无精神则死，有精神则生。常合即为一，可以长存也。常患精神离散，不聚于身中，反令使随人念而游行也。故圣人教其守一，言当守一身也。念而不休，精神自来，莫不相应，百病自除，此即长生久视之符也。"④ 这里，

---

① 《坐忘论》，《道藏》第22册，北京：文物出版社，上海：上海书店，天津：天津古籍出版社，1988年，第892页。
② 王明编：《太平经合校》（上），北京：中华书局，2014年第2版，第82页。
③ 潘显一：《大美不言——道教美学思想范畴论》，成都：四川人民出版社，1997年，第36页。
④ 王明编：《太平经合校》（下），北京：中华书局，2014年第2版，第734页。

《太平经》明确指出了"守一"是"长生久视之符"。在如何"守一"问题上，道教有自己独特的看法。如《太平经》说："守一者，真真合为一也。人生精神，悉皆具足，而守之不散，乃至度世；为良民父母，见太平之君，神灵所爱矣。"① 《太平经》又说："道之生人，本皆精气也，皆有神也。假相名为人，愚人不知还全其神气，故失道也。"② 可见，《太平经》认为，"守一"就是守住"精神"，不让其散发，因为"神者主生，精者主养，形者主成。此三者乃成一神器，三者法君臣民，故不可相无也。故心神动摇，使形不安，存之不置。利其可安即留矣，不用其可安即去矣。始学用其可，安之教之，久久自都安不去矣。阴气阳气更相摩砺，乃能相生。人气亦轮身上下，神精乘之出入。神精有气，如鱼有水，气绝神精散，水绝鱼亡"③。自《太平经》后，葛洪也特别强调"守一"。在《抱朴子内篇·地真》篇中，葛洪把"守一"分为"守真一"与"守玄一"。他认为"玄一之道，亦要法也。无所不辟，与真一同功。吾《内篇》第一名之为《畅玄》者，正以此也。守玄一复易于守真一"④。从这可以看出，"守一"突出的是修道人的内在精神之美。"从美学心理学的角度说，'守一'即是通过自我的心理调整，沟通或泯灭物我，创造出一种和谐宁静、与世无争、恬淡舒展的审美心理状态。在这种心理状态下，不但美感或审美陶醉不必通过审美活动本身，甚至肉体的饮、食的需要，也可以用精神

---

① 王明编：《太平经合校》（下），北京：中华书局，2014年第2版，第735页。
② 王明编：《太平经合校》（下），北京：中华书局，2014年第2版，第741页。
③ 王明编：《太平经合校》（下），北京：中华书局，2014年第2版，第745页。
④ 王明：《抱朴子内篇校释·地真》（增订本），北京：中华书局，1985年第2版，第325页。

的、类审美的自我陶醉来满足。"① 从道教美学的发展来看，正是对这种内在精神之美的追求推动了道教美学的发展，因而产生了唐代道教的内在精神之美与"道"美契合的"修道即修心"的理论，该理论由唐代道士张万福提出。在张万福看来，"道者，有而无形，无而有情，变化不测，通神群生，在人之身，则为神明，所谓'心'也"②。这里，张万福认为"道"在人身上体现为"神明"，亦即"心"。因此，张万福说："所以教人修道即修心也，教人修心即修道也。道不可见，因生以明之也；生不可常，用道以守之。若生亡则道废，道废则生亡。生道合一，则长生不死，羽化神仙。人不能保者，以其不内观于心故也。内观不遗，生道常存。"③ 这里，张万福把内在精神之美与"道"美相结合，主张"生道合一"的观点。这种观点对后世道教影响很大，以至于后世道教多看重内在精神之美而忽略外在之丑，以突出道教那颇具特色的仙格之美。

从上可以看出，"生道合一"的境界就是"以获得精神生命的绝对自由为'至美'境界"④。在这种境界中，"我"与"道"合为一，也就是"我"在"道"中，"道"在"我"中，"我"就已不是原来的"我"。这时的"我"已处于"忘我"的境地：一方面，生理欲望得以消解，精神极度自由；另一方面，与"道"相接时，更具体地说，与"元气"相接时，不对"元气"

---

① 潘显一、李裴、申喜萍等：《道教美学思想史研究》，北京：商务印书馆，2010年，第149—150页。
② 《传授三洞经戒法箓略说》卷下，《道藏》第32册，北京：文物出版社，上海：上海书店，天津：天津古籍出版社，1988年，第192页。
③ 《传授三洞经戒法箓略说》卷下，《道藏》第32册，北京：文物出版社，上海：上海书店，天津：天津古籍出版社，1988年，第192页。
④ 潘显一：《大美不言——道教美学思想范畴论》，成都：四川人民出版社，1997年，第40页。

做分解性的、概念性的知识活动，从而获得精神的高度自由。由此看来，"生道合一"的得道境界也就是道教的"物化"。

（二）"物化"是"物我兼忘"的艺术境界

从道教思想的发展来看，道教美学艺术理论的发展是随着道教的发展而发展的，并且在不同的发展阶段呈现出不同的表现形态。总体说来，从创教之初一直到明清，道教的艺术表现形态有文学、书法、戏剧、音乐、舞蹈、建筑、雕塑、绘画、装饰等。虽然这些表现形态各具特点，且有不同的要求，但它们都必须体现"道"美。当然，这个"道"美并非老庄笔下的"道"美，而是深深打上宗教烙印的"道"美。马林诺夫斯基曾说："人类生活上的每一重要危机，都含有情绪上的扰乱，精神上的冲突，和可能的人格解组。这里成功的希望又须与焦虑和预期等相挣扎着，宗教信仰在乎将精神上的冲突中的积极方面变为传统地标准化。"[1] 以此为据，我们可以说，在道教每一重要危机阶段，道教美学艺术理论就会得到一定的发展。

自东晋葛洪开始，道教神仙信仰进一步系统化、理论化，葛洪甚至认为，"神仙可得不死，可学"[2]。道教后经寇谦之（365—448）、陆修静（406—477）等人的改造，由民间道教登上了官方道教的宝座，极力为统治阶级服务。这说明"道教和世界上的其他宗教一样，是产生于人们对于不可获得的自由的渴望，是发展于人们对于神秘的超人力量的亲和倾向和超越倾向"[3]。从道教艺术的发展来看，东晋葛洪应是道教艺术理论的

---

[1] [英]马林诺夫斯基：《文化论》，费孝通等译，北京：中国民间文艺出版社，1987年，第78页。

[2] [晋]葛洪：《神仙传校释》，胡守为校释，北京：中华书局，2010年，序第1页。

[3] 高楠：《道教与美学》，沈阳：辽宁人民出版社，1989年，第9页。

奠基者。在葛洪看来，一切艺术创造与欣赏都不能离开"玄"，因为"玄者，自然之始祖，而万殊之大宗也。眇眛乎其深也，故称微焉。绵邈乎其远也，故称妙焉"①。这里，"微"和"妙"都有"微妙"，亦即"美"的意思。也就是说，葛洪认为，"玄"美是自然美的源头，是宇宙万物之美的本源。因此，葛洪又说："故玄之所在，其乐不穷。玄之所去，器弊神逝。"②这两句的意思是，有玄在，则其乐无比；玄不在，则神髓消逝。从美感体验的角度看，一旦体验到"玄"美，体验者就会达到无比欢乐的精神绝对自由的境界；反之，一旦体验不到"玄"美，体验者就会神髓消逝。在艺术创作者和欣赏者如何才能体验到"玄"之美问题上，葛洪有自己的看法。葛洪说："夫玄道者，得之乎内，守之者外，用之者神，忘之者器，此思玄道之要言也。"③这就是说，得玄道关键在于内外两方面的结合，一方面要在内心中感悟，而另一方面要在身外守住。在如何"得之乎内，守之者外"问题上，葛洪说："常无心于众烦，而未始与物杂也。"④这就是说，要经常以"无心"面对各种烦恼，从不与外物相混杂，换句话说，自己心中要无杂念。可见，葛洪体"玄"美的境界就是"物化"的境界。从艺术创作和理论欣赏的角度讲，葛洪认为，无论创作还是欣赏，"玄"美的体验是至关重要的。在创作和欣赏过程中，创作者和欣赏者必须要心无杂念，从内心感悟

---

① 王明：《抱朴子内篇校释·畅玄》（增订本），北京：中华书局，1985年第2版，第1页。
② 王明：《抱朴子内篇校释·畅玄》（增订本），北京：中华书局，1985年第2版，第1页。
③ 王明：《抱朴子内篇校释·畅玄》（增订本），北京：中华书局，1985年第2版，第2页。
④ 王明：《抱朴子内篇校释·畅玄》（增订本），北京：中华书局，1985年第2版，第3页。

"玄"之美,也就是说,作品要能触动读者和欣赏者的灵魂,所以作品的外在形式美必须体现作品内在之美,这正如黑格尔(G. W. F. Hegel,1770—1831)所说:"在艺术里,感性的东西是经过心灵化了,而心灵的东西也借感性化而显现出来了。"①值得一提的是,自葛洪以后,道教"物化"艺术理论呈视角多元化的发展趋势,许多道教学者从不同的视角提出了自己对"物化"境界的看法。例如,南北朝时期著名道士陶弘景(456—536)提出了"心随意运,手与笔会"的"物化"书法艺术境界。在他看来,"所奉三纸,伏循字迹,大觉劲密,窃恐既以言发意,意则应言,而心随意运,手与笔会,故益得楷称"②。这里,"心随意运,手与笔会"中的"意"应指的是"书意",也就是"气"。这个"气"指的是书法家主观的"气"经过"物化"成为蕴含于作品中的"气",它应是作品美感力量的源泉,也就是说,"心随意运,手与笔会"之美最终是由"气"美产生的,这个美陶弘景称为"楷称",也就是"谐和"之美。在这种境界里,创作主体达到了物我两忘、主客合一的境界,亦即"物化",换句话说,这个境界就是创作主体精神绝对畅游的美的境界,也就是说,创作主体忘记了自己的存在,获得了美的高峰体验。从这可以看出,陶弘景的"心随意运,手与笔会"的"物化"美学思想秉承了早期道教"气"美的思想。在早期道教看来,"道"美是神圣的,具体化为"气"美。如《太平经》说:"夫道何等也?万物之元首,不可得名者。六极之中,无道不能变化。元气行道,以生万物,天地大小,无不由道而生者也。故

---

① [德]黑格尔:《美学》(第一卷),朱光潜译,北京:商务印书馆,1996年第2版,第49页。
② 《华阳陶隐居集》卷上《又上梁武帝论书启》,《道藏》第23册,北京:文物出版社,上海:上海书店,天津:天津古籍出版社,1988年,第646页。

元气无形，以制有形，以舒元气，不缘道而生。"① 这里，《太平经》把"道"美看成形上的终极之美，而把"气"美则看成"道"美的形下形式。这样，"道"美产生万物之美就可理解为"气"美产生万物之美，亦即"气为生者地，聚合凝稍坚"②。这样"气"与"道"就紧密结合起来了，从而从根本上确定了"气"为道教美学的基本范畴。在道教美学中，"气"常指"精气""元气""一气""清气""真气"等，这是道教的独创。"就思维的实际过程来看，是它的根在人的生命力，而不是人的生命力之根在它。"③ 因此，道教美学中的"气"的美学意义"就不可能仅止于作品，仅止于创作主体，或者仅止于欣赏主体。它应该既是创作主体论，又是艺术价值论，同时，又是欣赏趣味论"④。再如，唐代道教学者成玄英提出了"物我兼忘"的"物化"境界思想。在成玄英看来，"是知物我兼忘，故能冥会自然之道也"⑤。这里，成玄英强调"忘"的境界，这个"忘"有两层含义：一指"忘我"，一指"忘物"。他认为，只有做到既"忘我"，又"忘物"，才能感悟到自然大"道"之美。从审美的角度讲，成玄英的"物我兼忘"突出的是创作主体和欣赏主体的主体性。它揭示了"物化"的基本过程：由"我"及"物"，由"物"及"我"，"物"和"我"同一。如前所述，道教的"物"与普通的物不同，它被赋予"道"的特性，可作审美观照的对象。从这个角度来看，由"我"及"物"和由"物"及

---

① 王明编：《太平经合校》（上），北京：中华书局，2014年第2版，第16页。
② 《西升经》卷上《道象章第五》，《道藏》第11册，北京：文物出版社，上海：上海书店，天津：天津古籍出版社，1988年，第492页。
③ 高楠：《道教与美学》，沈阳：辽宁人民出版社，1989年，第315页。
④ 高楠：《道教与美学》，沈阳：辽宁人民出版社，1989年，第315页。
⑤ 《南华真经注疏》卷十四，《道藏》第16册，北京：文物出版社，上海：上海书店，天津：天津古籍出版社，1988年，第434页。

"我"指的是主体与对象之间发生形、情之化,也就是说,主体和对象在形、情方面的互化。要使"物"与"我"之间的互化得以实现,关键在于主体能否进入"凝神观照"的状态,这个"凝神观照"是由"我"及"物"和由"物"及"我"相互转化的原动力,也就是说,这个原动力最终会让"物"与"我"达到同一的境界,这种境界就是"物"与"我"的界限泯灭的境界,也就是庄子说的"不知周之梦为胡蝶与,胡蝶之梦为周与"①的境界。这个动力成玄英叫"忘",且是"物"与"我"都"忘",亦即"忘我""忘物"。在成玄英看来,"夫太上淳和之世,遂初至德之时,心既遭于是非,行亦忘乎物我。所以守真内足,填填而处无为;自不外求,颠颠而游于虚淡"②,因为"大道无不在,而所在皆无,故处处有之,不简秽贱"③。可见,成玄英认为在艺术创作和欣赏中,创作主体和欣赏主体只有进入"物我兼忘"的境界中才能体"道"之美。从道教艺术理论的发展来看,成玄英的这一"物化"思想继承了庄子的"忘"的思想,并把它用于道教美学思想之中。从严格意义上讲,成玄英的"物我兼忘"的"物化"思想对后世道教"物化"艺术理论的发展产生了重大的影响。例如,北宋著名文学家、书画家苏轼(1037—1101)提出的"其身与竹化"论就是"从庄子到'重玄学派'所推崇的主体'物化'要求,在文艺美学上的具体化和通俗化"④。

---

① 陈鼓应注译:《庄子今注今译》(上),北京:中华书局,2009年,第101页。
② 《南华真经注疏》卷十一,《道藏》第16册,北京:文物出版社,上海:上海书店,天津:天津古籍出版社,1988年,第399页。
③ 《南华真经注疏》卷二十四,《道藏》第16册,北京:文物出版社,上海:上海书店,天津:天津古籍出版社,1988年,第550页。
④ 潘显一:《大美不言——道教美学思想范畴论》,成都:四川人民出版社,1997年,第105页。

从上可以看出，随着道教"神仙"思想的系统化、理论化，道教的"物化"艺术理论也随之系统化、理论化。从道教思想的发展来看，葛洪应是道教"物化"艺术理论的奠基者。在葛洪看来，"玄"美才是艺术创作和艺术欣赏的灵魂。自葛洪以后，不断有道教学者在继承道教传统思想的基础上提出自己对道教"物化"艺术理论的看法。在众多的看法中，成玄英的"物我兼忘"尤为引人注目。在成玄英看来，"物我双遣，妙得其宜，不却我外有物，何裁非之有，斯至义"①。这里，成玄英认为美就是"得其宜"。从审美体验的角度，成玄英的"物我兼忘"强调的是"我"和"物"之间的融合，"它是超越现实功能和物质需求的一种自由的心灵体验，人在这种心灵体验中建构一个具有独特生命意味的诗意世界，使生命处于自由之中"②。从道教思想的发展来看，成玄英的"物我兼忘"对后世道教的"物化"艺术理论的发展产生了巨大的影响。

三、道教"物化"美学思想的基本概念

道教哲学其实就是人生哲学。"在道教哲学里，宇宙论和认识论是其人生论的装饰品和论证工具，而人生论的核心则是神仙学。"③ 同时，道教认为人、人类社会、自然界都是由"道"产生的，故"道教自然哲学以人的生命为中心，体现了有机的生命整体观，这是灵与肉的统一，人与自然的统一。统一则生，分开

---

① 《南华真经注疏》卷二十五，《道藏》第16册，北京：文物出版社，上海：上海书店，天津：天津古籍出版社，1988年，第570页。
② 潘显一、李裴、申喜萍等：《道教美学思想史研究》，北京：商务印书馆，2010年，第202页。
③ 李刚：《汉代道教哲学》，成都：巴蜀书社，1995年，第23页。

或对立都意味着死"①。所以，从美学思想建设来看，道教"物化"美学思想是道教美学思想的一部分，因而也是整个道教思想文化创构中的一个有机组成部分。

通过本章前面的论述，我们对道教美学思想与中国美学思想之间的关系以及道教美学思想与道教思想之间的关系有了一个清楚的了解。在此基础上，我们可以得出，道教"物化"美学思想指的就是历代道教代表人物以及那些有道教情怀的思想家、文学家、艺术家对"物化"所提出的一系列观点的系统化、理论化的总结。我们知道，道教美学中"物化"主要体现的是"道"美的境界。在道教看来，"道"美的境界既是一种生存境界，又是一种艺术境界。因此，道教美学中的"物化"从实质上讲就是指的"道化"，亦即"与道合一"，也就是"生道合一""与道合真""与道冥一"等。同时，道教致力于对神仙的追求，因而"道化"又具体演化为"仙化"，这使道教的"物化"更具体化，也就是由朦胧之美化为可感之美。可见，"道化"是"物化"的核心，而"仙化"则是"物化"的目标。我们知道，道教美学思想的思想体系是完整的，具有典型的民族宗教特色。以此逻辑，我们可以进一步得出，作为道教美学思想的一部分，道教"物化"美学思想也应有自己的范畴、自己的发展阶段、自己的特点。如第一章所述，庄子的"物化"思想是道教"物化"思想的直接理论来源。在庄子看来，"物化"是需要一定的心境才能实现的。这个心境就是庄子的"知天乐"的心境，而"知天乐者，其生也天行，其死也物化，静而与阴同德，动而与阳同波"②。这里，庄子认为"天乐"体现的是人与"道"的物质体

---

① 李刚：《汉代道教哲学》，成都：巴蜀书社，1995年，第24页。
② ［晋］郭象注，［唐］成玄英疏：《南华真经注疏》（上），曹础基、黄兰发点校，北京：中华书局，1998年，第267页。

现——"天"的和谐之美。此外,庄子还进一步说:"故万物一也。是其所美者为神奇,其所恶者为臭腐;臭腐复化为神奇,神奇复化为臭腐。"① 这里,庄子认为"物化"的"化"可指美与丑之间的相互转化,也就是说,庄子强调对立面之间的同一与转化。从庄子的整个"物化"思想来看,这应是庄子"物化"思想的理论内核。事实上,道教在承袭庄子"物化"思想的同时,自然也继承了庄子的这一理论基础。在道教看来,人若要得到自己的安全立足点,只有"修道"来突破死亡局限。从道教思想的发展来看,道教对转化契机的看法可分不同的阶段。若以"重玄"学派为分水岭,道教对转化契机的看法可以分为两大阶段:"重玄"学派以前的时期、"重玄"学派以后的时期。"重玄"学派以前的时期主要指隋唐"重玄"学派以前的时期,而"重玄"学派以后的时期主要指隋唐"重玄"学派以后的时期。在"重玄"学派以前的时期,道教力主"修道",所谓"修道"指的是"对作为万物之本源的'道'的体悟,通过虚静无为的修养而达于物我一体、与道合一的得道境界"②。到了葛洪时期,葛洪还强调"仙药"的功效,说它是成仙的良药,如他所说:"《神农》四经曰,上药令人身安命延,升为天神,遨游上下,使役万灵,体生毛羽,行厨立至。"③ 后来,成玄英从"重玄"的视角,极力主张对立面转化的主观性,进而否定了对立面转化的客观性,如他所说:"违其心者,遂起憎嫌,名之为恶;顺其意者,必生

---

① [晋]郭象注,[唐]成玄英疏:《南华真经注疏》(下),曹础基、黄兰发点校,北京:中华书局,1998年,第421—422页。
② 戈国龙:《道教内丹学溯源》,北京:中央编译出版社,2012年,第8页。
③ 王明:《抱朴子内篇校释·仙药》(增订本),北京:中华书局,1985年第2版,第196页。

爱染，名之为美。不知诸法，即有即空，美恶既空，何憎何爱。"① 又说："顺意为善，违心为恶，逮顺即空，善恶安寄？且唯阿出自一口，善恶源乎一心，忘者知其不殊，执者肝胆楚越，然有为之学，迷执者多，是非善恶之中，喜怒唯阿之内，适为患累之本，绝之所以无忧，此两对略举执学须绝之状也。"② 这里，成玄英借用佛教的"空"来讲述"美"与"丑"、"善"与"恶"之间转化的问题。在他看来，心中对"美"与"丑"、"善"与"恶"的界限的泯灭是实现转化的关键，也就是说，实现转化的条件在于"心"。成玄英的这个观点对后来内丹学的发展有一定的积极影响。从理论上讲，"不管是修道还是炼丹，其根本的原理是通过修心而进入一种静定的境界，修道由无为坐忘而入于与道合一的得道境界，而内丹之修炼也必须由静定之境实现精气神之转化"③，如《玉清金笥青华秘文金宝内炼丹诀》所说："心惟静则不外驰，心惟静则和，心惟静则清，一言以蔽之曰：静，精气神始得而用矣。"④

从上可以看出，道教"物化"美学思想涉及转化的心境问题，也就是审美心境问题，这应是道教"物化"美学思想的重要问题。同时，道教"物化"美学思想在继承老庄"物化"美学思想的基础上，有自己的思想体系和发展规律。一定程度上讲，道教"物化"美学思想是道教美学思想的核心部分，也就是说，离开了道教"物化"美学思想，道教美学思想就不完善。事实也确实如此，道教"物化"美学思想探讨的是道教美学的

---

① 蒙文通：《道教甄微》，蒙默编：《蒙文通全集》（五），成都：巴蜀书社，2015年，第124页。
② 蒙文通：《道教甄微》，蒙默编：《蒙文通全集》（五），成都：巴蜀书社，2015年，第146页。
③ 戈国龙：《道教内丹学溯源》，北京：中央编译出版社，2012年，第42页。
④ 洪丕谟编：《道藏气功要集》（上），上海：上海书店，1991年，第336页。

最基本问题:"道"美、"仙"美。由此看来,对道教"物化"美学思想的研究不仅可以推动道教"美学"思想的发展、拓宽道教思想和道教文化的研究视角,而且还有利于我们正确地理解道教文化在中国传统文化中的地位。

小　结

道教在其1800多年的发展中,逐渐形成了自己的思想体系。从来源上讲,道教思想继承了中国传统文化,具有民族特色,其主要思想来源有道家思想、儒家思想、易学和阴阳五行思想、墨家思想、神仙思想和神仙方术、古代宗教思想和巫术。[1] 其中,道家思想的"道"对道教思想的影响最大,但道教的"道"与道家的"道"已有根本的不同。具体而言,道家的"道"不具有人格性,只是宇宙本体,而道教的"道"从一开始就被神化为老子,具有人格性、神圣性。在道教看来,那些所谓的"得道者"就是在"虚静无为"的状态下"与道合一"的人,具有永恒性,因此,道教人生的终极目标就是成仙不死。由此看来,道教的"修道"其实就是"得道"的途径,这才是道教强调"修道"的目的。

从学科的发展来看,美学在中国的发展距今也不过短短的100多年的历史,而道教美学思想研究的发展历史更短,距今也不过24年。20世纪,虽然有学者探究过道教美学的相关问题,如高楠在其1989年出版的《道教与美学》中就对道教从美学的角度做了一个新的认识:"道教是审美型的宗教。"[2] 如果说高楠

---

[1] 参见卿希泰、唐大潮:《道教史》,南京:江苏人民出版社,2006年,第12—26页。
[2] 高楠:《道教与美学》,沈阳:辽宁人民出版社,1989年,前言第3页。

的《道教与美学》涉及了道教美学思想研究的问题，那么，潘显一（1951—）的《大美不言——道教美学思想范畴论》则是道教美学思想系统研究的开端。在1997年出版的《大美不言——道教美学思想范畴论》中，潘显一从道教原典出发，详尽地论述了道教美学思想的四大范畴：核心范畴——"道—美"、辩证论范畴——"美—恶（丑）"对立、趣味论范畴——"道法自然"、文艺美学核心范畴——"真文"①。这四大范畴从理论的高度揭示了道教美学思想的根本：人与"道"的对立统一。自此以后，相继有学者从不同的视角对道教美学思想做了深入的研究，专著方面有《隋唐五代道教美学思想研究》《南宋金元时期的道教文艺美学思想》《隋唐五代道教诗歌的审美管窥》等。2010年，潘显一主持下"道教美学思想史研究"课题成果得以问世。其同名著作《道教美学思想史研究》从时间上对道教美学思想做了深入细致的梳理，全书分为六大部分：前道教美学思想、早期的道教美学思想、隋唐五代时期的道教美学思想、北宋时期的道教美学思想、南宋金元时期的道教美学思想、明清时期的道教美学思想。②这一成果的问世，不仅拓宽了道教研究的视角，而且还填补了道教审美思维以及道教美学思想史的空白。继这一成果之后，道教美学思想的研究更注重学科专业化，如专著方面有《隋唐五代道教审美文化研究》《道教美学探索——内丹与中国器乐艺术研究》等。总体说来，目前我国的道教美学思想研究已形成体系，呈多元化发展趋势，其研究的视角越来越细化。从这个角度看，道教"物化"美学思想的研究就是道教美

---

① 参见潘显一：《大美不言——道教美学思想范畴论》，成都：四川人民出版社，1997年，目录第1—3页。
② 参见潘显一、李裴、申喜萍等：《道教美学思想史研究》，北京：商务印书馆，2010年，序第3页。

学思想研究视角细化的又一尝试。

从美学思想建设上看,道教美学思想是道教思想的一部分,是道教思想在美学上的体现。因此,道教美学思想理应具有道教思想的一般性特征,但同时也具有自己独有的特征。如果说道教思想是"杂而多端",那么道教美学思想也应是"杂而多端"的。事实上也是如此,如成玄英的美学思想中就含有佛教"空"的美学思想,陈景元的美学思想中有儒家的美学思想成分,如此等等。这从一个侧面折射出道教美学思想是随道教思想的发展而发展的,换句话说,道教的发展直接影响道教思想以及道教美学思想的发展。同理,道教"物化"美学思想是道教美学思想的一部分,故道教"物化"美学思想不仅具有道教美学思想的三大民族特色:最高美的朦胧性与神性美的"此岸"化、思想的多源性与民族"伦理"化、人性"内省"要求的民族化[①],而且还具有自己独特的特色,最根本的一点就是人与"道"的对立统一。在如何实现人与"道"的对立统一问题上,道教认为只有"物化"才能实现人与"道"的对立统一。"物化"在道教中被看成宇宙存在的一种普遍现象,从理论建构上看,东晋葛洪应是"物化"思想的建构者,唐末五代的谭峭应是"物化"思想的完善者。从美学层面上,葛洪、谭峭以及其他道教代表人物都把"物化"看成一种境界,这种境界也就是"道化"的境界,一句话,就是与"道"融为一体的境界。在这种境界里,人实现了自我的超越,精神绝对自由,进入了一个"道"的世界,就像《庄周梦蝶》故事中"庄周"变成了"胡蝶"自由飞翔。这个"道"的世界就是道教为人类寻找的安全立足点——一个

[①] 参见潘显一:《大美不言——道教美学思想范畴论》,成都:四川人民出版社,1997年,第247—251页。

彼岸世界，这个彼岸世界必然含有信仰者心灵的情感、思维方式、文化经验等，正如马林诺夫斯基所说："宗教是和人类基本的，即生物的，需要有内在的，虽为间接的联系。好像巫术一样，它的祸根是在于人类的预侧（测）和想象，当人类一脱离兽性，它便开始萌芽。只有在这里，关于个人及社会的完整一更大的问题才会出现，而那些直接的，应付实际急需的临机举动，反无多大相干。只要人们一旦不仅和他们的同代人，而和他们的前人与后裔开始作共同活动，许多关于人类命运在宇宙中的地位的忧虑，预侧（测）和其他各问题便都发生了。"① 马林诺夫斯基在这里其实突出的是宗教信仰的功能。可见，从本质上看，道教也应是这样的。因此，道教的"物化"美学思想首先应体现一种得"道"的生存境界。在"物化"下的生存境界又有其独特之处，那就是由"道"的朦胧之美、崇高之美、神圣之美、绝对之美转化为可感的具体之美——"仙"美。在道教看来，"仙"美体现为人格之美的"朴"，"朴"其实指的就是"真"，亦即"朴，真也。真散则百行出，殊类生，若器也。圣人因其分散，故为之立官长。以善为师，不善为资，移风易俗，复使归于一也"②。其次，艺术和宗教紧密相连，都是人类情感经验的活动，如马林诺夫斯基说："在巫术和宗教两种仪式中，人们都必须诉诸最有效和最有力的方法，以造成强烈的情感经验。……艺术的创造，正是产生这种强烈的情感经验的文化活动。因此，我们常常见到丧葬的礼节和仪式化的哭泣，輓（俛）歌，殡殓，

---

① ［英］马林诺夫斯基：《文化论》，费孝通等译，北京：中国民间文艺出版社，1987年，第75页。
② 《道教三经合璧》，慕容真点校，杭州：浙江古籍出版社，1991年，第19页。

以及戏剧性的表演，相连在一起。"① 因此，道教"物化"美学思想体现的是一种艺术境界，这种境界是"物"与"我"两忘的境界，也就是成玄英的"物我兼忘"的境界。这种境界的原动力是"忘"，这个"忘"继承了庄子的"坐忘"思想。因此，"物化"的这种艺术境界其实讨论的是"道"与"技"之间的关系问题。也就是说，在"忘"的境界下，"心"与"物"的对立消解了，故这种境界也就是"道"在人生中实现的情境，也正是道教艺术精神在人生中呈现的情境。值得一提的是，不论道教"物化"是一种得"道"的境界还是一种艺术境界，其必然涉及审美心境的问题。具体而言，得"道"的心理境界是"知天乐"的心境，而艺术境界是"忘"的心境。从文字上看，似乎二者不一样，但从"物化"思想的主要来源看，这二者并无差别，"知天乐"的心境指的是与"道"合一的心境，而"忘"的心境指的也是与"道"合一的心境。因此，我们完全可以说，道教"物化"美学思想着力追求与"道"合一的境界。

总之，道教认为人、人类社会、自然都是由"道"产生的，因而"物化"在道教思想中被看成宇宙普遍存在的一种转化现象。随着道教的发展，道教思想不断得到丰富和发展，道教美学思想也得以进一步升华。在道教美学思想中，道教"物化"美学思想占据主导地位，其涉及的领域具体主要有两大方面：修道、道教艺术。道教美学方面的"物化"是以道教宗教方面的"物化"为理论基础的，它不仅是一种得"道"的境界，而且也是一种"忘"的艺术境界。从本质上讲，道教"物化"美学思想体现的是道教独特的文化现象，随道教、道教思想、道教美学

---

① ［英］马林诺夫斯基：《文化论》，费孝通等译，北京：中国民间文艺出版社，1987年，第87页。

思想的发展而发展。与道教思想和道教美学思想一样,道教"物化"美学思想也应有自己的范畴体系、发展阶段、基本特征、文化价值。这些问题,本书将在后面的章节中加以详尽的阐释。

第三章

道教"物化"美学思想的范畴体系

在1985年出版的《中国美学史大纲》中,叶朗说:"每个时代的审美意识,总是集中地表现在每个时代的一些大思想家的美学思想中。而这些大思想家的美学思想,又往往凝聚、结晶为若干美学范畴和美学命题。美学范畴和美学命题是一个时代的审美意识的理论结晶。例如,唐代美学中'境'这个范畴就是唐代审美意识的理论结晶,宋代美学中'韵'这个范畴就是宋代审美意识的理论结晶。一部美学史,主要就是美学范畴、美学命题的产生、发展、转化的历史。"① 由此看来,研究道教"物化"美学思想,我们就应了解道教"物化"美学思想的范畴。何为范畴?《现代汉语词典》(修订本)解释为:"人的思维对客观事物的普遍本质的概括和反映。"② 这就是说,"范畴是理论创造的最高表现形式,是思想的精华和理论的内核,也是一种思想和学

---

① 叶朗:《中国美学史大纲》,上海:上海人民出版社,1985年,第4页。
② 中国社会科学院语言研究所词典编辑室编:《现代汉语词典》,北京:商务印书馆,1996年第3版,第352页。

说中最富魅力的骨肉,是思想体系建立的基本概念和基本用词"①。

第一节 道教"物化"美学思想之"一"

"一"是老庄哲学中一个重要的概念,后被道教吸收成了道教哲学的一个重要范畴,同时也是道教美学的一个重要范畴。虽然道教美学思想的核心范畴是"道",但道教"物化"美学思想侧重的是人与"道"的融合,亦即与"道"合一,故"一"在道教"物化"美学思想的范畴体系中应处于核心地位。

一、"一"的概述

在《老子·四十二章》中,老子说:"道生一,一生二,二生三,三生万物。万物负阴而抱阳,冲气以为和。"② 这里,老子指出了"道"生万物的过程是由简到繁,亦即一分为三,化生万物。老子的这一数字模式对后世道教产生了重大的影响。早期道教经典《太平经》说:"故君为父,象天;臣为母,象地;民为子,象和。天之命法,凡扰扰之属,悉当三合相通,并力同心,乃共治成一事,共成一家,共成一体也,乃天使相须而行,不可无一也。"③ 这里,《太平经》指出了"君""臣""民"三位一体,为道教哲学的数字结构模式奠定了基础,从而也掀开了道教讲"守一""守三一"的新篇章。

东晋葛洪是最早发展道教"三一"思想的人,他以"道起于一"为立论点,从长生不死的角度深入论述了"守玄一"以

---

① 金雅:《梁启超美学思想研究》,北京:商务印书馆,2005年,第89页。
② 陈鼓应:《老子注译及评价》,北京:中华书局,2009年第2版,第225页。
③ 王明编:《太平经合校》(上),北京:中华书局,2014年第2版,第156页。

及"守真一"。当然,"葛洪所说的守一和三一,多侧重于神仙方术,具体操作,较少玄理的思辨。与此不同,南北朝重玄学者所讲三一,则充满了哲理,而不着眼于方术"①。根据《云笈七签》卷四十九《玄门大论三一诀并叙》,大孟法师、宋法师、徐素法师、玄靖法师是著名的四大重玄学者,尽管他们对"三一"的具体阐释各不相同,但他们都从宇宙本体论的视角出发,尽力探求重玄"三一"的内在哲理,从根本上奠定了"一"的本体论的基础。在隋唐之际,重玄学理论的集大成者——成玄英在继承玄靖法师藏矜思想的基础上,对"三一"有自己独到的见解。例如,成玄英对《老子》的"此三者不可致诘,故混而为一"②解释为:"三者即夷、希、微也。致,得也。诘,责也。混,合也。真而应,即散一以为三,应而真,即混三以归一。一三三一,不一不异,故不可致诘也。"③ 这里,成玄英注解了《老子》的夷、希、微,其目的是想论证这三者"第一,明不一而一,散一为三。第二,明不三而三,混三归一"④。可见,成玄英的"三一"观是一分为三,三合为一,而一与三和三与一之间是不同不异的关系。此外,成玄英还从修道的角度注解了老子的"载营魄抱一,能无离乎"⑤。在成玄英看来,"载,运也。营魂是阳神,欲人之善;魄是阴神,欲人之恶。故魂营营然而好生。魄,泊也,欲人之泊著生死。又魂性雄健,好受喜怒;魄性雌柔,好

---

① 卿希泰主编,詹石窗副主编:《中国道教思想史》(第二卷),北京:人民出版社,2009年,第45页。
② 陈鼓应:《老子注译及评介》,北京:中华书局,2009年第2版,第113页。
③ 蒙文通:《道教甄微》,蒙默编《蒙文通全集》(五),成都:巴蜀书社,2015年,第139页。
④ 蒙文通:《道教甄微》,蒙默编《蒙文通全集》(五),成都:巴蜀书社,2015年,第138页。
⑤ 陈鼓应:《老子注译及评介》,北京:中华书局,2009年第2版,第93页。

受惊怖。惊怖喜怒,皆损精神,故修道之初,先须拘魂制魄,使不驰动也"①,而"抱,守也。一,三一也。离,散也。既能拘魂制魄,次须守三一之神,虚夷凝静,令不离散也"②。由此看来,成玄英的"三一"观从本体论的高度出发,探讨了人的存在价值问题,最终又回到修道上。自成玄英之后,李荣(生卒年不详)、王玄览(626—697)、孟安排(生卒年不详)等道教学者也纷纷阐述了自己的重玄思想,从而为道教"三一"思想的发展开辟了道路。

总体上讲,道教的"三一"有不同的含义,早期道教的"三一"指的是"精气神"混融。后随着道教的发展,成玄英将"精气神"与老子的"夷希微"相结合,从本体论和修道的角度来讲"三一";相比之下,李荣则只从"夷希微"的角度来探究"三一"。尽管不同的道教学者对"三一"的看法不一样,但综观道教"物化"美学思想的整个发展过程,我们不难看出,许多道教学者都对"一"提出了自己的看法。

二、"一"美的主要代表思想

从道教"物化"美学思想的整个发展来看,历代都有许多道教学者提出自己对"一"的看法。在众多有关道教"物化"美学思想之"一"的思想中,笔者通过查阅大量原典,反复对比分析,最后认为以下几种有关"一"的思想带有典型性,能够反映道教"物化"美学思想之"一"的特征以及发展情况。下文将以时间为序,逐一对这几种有关道教"物化"美学思想

---

① 蒙文通:《道教甄微》,蒙默编《蒙文通全集》(五),成都:巴蜀书社,2015年,第133—134页。
② 蒙文通:《道教甄微》,蒙默编《蒙文通全集》(五),成都:巴蜀书社,2015年,第134页。

之"一"的主要代表思想进行深入的论述。

(一)"守一"

"守一"是东晋著名的道教学者葛洪提出的道教"物化"审美心境思想。在葛洪看来,"道起于一,其贵无偶,各居一处,以象天地人,故曰三一也。天得一以清,地得一以宁,人得一以生,神得一以灵。金沉羽浮,山峙川流,视之不见,听之不闻,存之则在,忽之则亡,向之则吉,背之则凶,保之则遐祚罔极,失之则命凋气穷。老君曰:忽兮恍兮,其中有象;恍兮忽兮,其中有物。一之谓也"①。从这可以看出,葛洪的"一"是以老子的"一"为基础的,但葛洪又把"一"看成位于人之外的最高尊神,即"一在北极大渊之中,前有明堂,后有绛宫;魏魏华盖,金楼穹隆;左罡右魁,激波扬空;玄芝被崖,朱草蒙珑;白玉嵯峨,日月垂光;历火过水,经玄涉黄;城阙交错,帷帐琳琅;龙虎列卫,神人在傍;不施不与,一安其所;不迟不疾,一安其室;能暇能豫,一乃不去"②。同时,葛洪还认为"一"有姓名服饰,在男人和女人身上的长度不一,其位置在人的下丹田或中丹田或上丹田,因而是人的命脉之所在,不仅如此,"一"还能生阴阳,召示寒暑的交替,即"一有姓字服色,男长九分,女长六分,或在脐下二寸四分下丹田中,或在心下绛宫金阙中丹田也,或在人两眉间,却行一寸为明堂,二寸为洞房,三寸为上丹田也。此乃是道家所重,世世歃血口传其姓名耳。一能成阴生阳,推步寒暑。春得一以发,夏得一以长,秋得一以收,冬得一

---

① 王明:《抱朴子内篇校释·地真》(增订本),北京:中华书局,1985年第2版,第323页。
② 王明:《抱朴子内篇校释·地真》(增订本),北京:中华书局,1985年第2版,第324页。

以藏"①。从这可以看出，葛洪已把"一"神化，同时还具体化，换句话说，把本体的"一"转为方法论的"一"，故葛洪主张"守一"。在《抱朴子内篇·地真》中，葛洪把"守一"分为"守真一"与"守玄一"。他认为："守一存真，乃能通神；少欲约食，一乃留息；白刃临颈，思一得生；知一不难，难在于终；守之不失，可以无穷；陆辟恶兽，水却蛟龙；不畏魍魉，挟毒之虫；鬼不敢近，刃不敢中。此真一之大略也。"② 可见，在葛洪看来，"守真一"不仅能通神，而且能祛祸、避鬼邪。

与"守真一"相比，葛洪认为"守玄一"相对容易一些。他说："玄一之道，亦要法也。无所不辟，与真一同功。吾《内篇》第一名之为《畅玄》者，正以此也。守玄一复易于守真一。……隐之显之，皆自有口诀，此所谓分形之道。左君及蓟子训葛仙公所以能一日至数十处，及有客座上，有一主人与客语，门中又有一主人迎客，而水侧又有一主人投钓，宾不能别何者为真主人也。师言守一兼修明镜，其镜道成则能分形为数十人，衣服面貌，皆如一也。"③ 这里，葛洪以左慈、蓟子训以及葛玄为例，阐述了"守玄一"能思存自己的身体分成三人，且可增至数十人，也就是"分形之道"。在葛洪看来，"形分则自见其身中之三魂七魄，而天灵地祇，皆可接见，山川之神，皆可使役也"④。

---

① 王明：《抱朴子内篇校释·地真》（增订本），北京：中华书局，1985年第2版，第323页。
② 王明：《抱朴子内篇校释·地真》（增订本），北京：中华书局，1985年第2版，第324页。
③ 王明：《抱朴子内篇校释·地真》（增订本），北京：中华书局，1985年第2版，第325—326页。
④ 王明：《抱朴子内篇校释·地真》（增订本），北京：中华书局，1985年第2版，第326页。

从现代审美心境理论的角度看,"'守一'即是通过自我的心理调整,沟通或泯灭物我,创造出一种和谐宁静、与世无争、恬淡舒展的审美心理状态。在这种心理状态下,不但美感或审美陶醉不必通过审美活动本身,甚至肉体的饮、食的需要,也可以用精神的、类审美的自我陶醉来满足"①。

(二)"三一"

"三一"是唐代著名的道教重玄学派学者成玄英提出的道教"物化"审美心境思想。成玄英在继承前辈重玄学者,尤其是玄靖法师藏矜"三一"思想的基础上,对"三一"提出了自己独到的见解。

从成玄英的整体思想来看,成玄英的"三一"应指"夷希微",也即"精气神"。他说:"搏,触也。微,妙也。言体非形质,不可搏触而得,故曰微也。……精者灵智之名,神者不测之用,气者形相之目。总此三法,为一圣人。不见是精,不闻是神,不得是气,既不见、不闻、不得,即应云无色、无声、无形,何为乃言希、夷、微耶?明至道虽言无色,不遂绝无,若绝无者,遂同太虚,即成断见。今明不色而色、不声而声、不形而形,故云夷、希、微也。所谓三一者也。"② 可见,成玄英认为"夷希微"为"道"的三种存在形态。至于它们之间的关系,老子主张这"此三者不可致诘,故混而为一"③。成玄英对此解释说:"三者即夷、希、微也。……真而应,即散一以为三,应而

---

① 潘显一、李裴、申喜萍等:《道教美学思想史研究》,北京:商务印书馆,2010年,第149—150页。
② 蒙文通:《道教甄微》,蒙默编《蒙文通全集》(五),成都:巴蜀书社,2015年,第138页。
③ 陈鼓应:《老子注译及评介》,北京:中华书局,2009年,第113页。

真,即混三以归一。一三三一,不一不异,故不可致诘也。"①从这可以看出,成玄英是把老子的"夷希微"与"精神气"相结合来论述"三一"的,他的"三一"观指的是"一分为三,三合为一,一与三、三与一之间保持一种不同不异的关系"②。

值得指出的是,与成玄英同时代的李荣也有自己的"三一"观。与成玄英不同的是,李荣专论"夷希微",同时在论述方式上吸取佛理。在李荣看来,"希、微、夷,三者也,俱非声色,并绝形名,有无不足诘,长短莫能议,混沌无分,寄名为一。一不自一,由三故一,三不自三,由一故三。由一故三,三是一三,由三故一,一是三一。一是三一,一不成一,三是一三,三不成三。三不成三则无三,一不成一则无一,无一无三,自叶忘言之理,执三执一,翻滞玄通之教也"③。从这可以看出,成玄英和李荣的"三一"都是对老子的"夷希微"观点的拓展,换句话说,都是对老子"一"美特性的阐释,还未涉及对"一"美的直觉体验。

(三)"大一"

"大一"是唐代著名的高道王玄览提出的道教"物化"审美心境思想。受佛学影响,王玄览主张"道"的"空",如他所说:"道体实是空,不与空同。空但能空,不能应物;道体虽空,空能应物。"④

在王玄览看来,体道需要"无心",他说:"一切万物,各

---

① 蒙文通:《道教甄微》,蒙默编《蒙文通全集》(五),成都:巴蜀书社,2015年,第139页。
② 卿希泰主编,詹石窗副主编:《中国道教思想史》(第二卷),北京:人民出版社,2009年,第46页。
③ 蒙文通:《道书辑校十种》,成都:巴蜀书社,2001年,第581页。
④ 《玄珠录》卷上,《道藏》第23册,北京:文物出版社,上海:上海书店,天津:天津古籍出版社,1988年,第625页。

有四句，四句之中，各有其心，心心不异，通之为一，故名大一，亦可冥合为一。将四句以求心，得心会是皮，乃至无皮无心处，是名为大一。谕如芭蕉，剥皮欲求心，得心会成皮，剥皮乃至无皮无心处，是名为正一。故曰：逾近彼，逾远实，若得无近无彼实，是名为真一。"① 王玄览在这里以剥芭蕉皮取心为例来说明心与道的关系。他认为"正一"之道在于剥皮到无皮之处，剥皮求心，只能得到皮，而不会得到真正的心。因此，王玄览说："一法无自性，复因内外有；有复无自性，因一因内外；因又无自性，非一非内外，化生幻灭，自然而尔。"②

从上可以看出，王玄览以老子的"自然"为基础，明确地指出了"一法"的化生幻灭应是自然而然的，故王玄览的"一"是从本体论的角度出发的，但涉及"一"的直觉体验，发展了成玄英和李荣的"一"。

（四）"真一"

"真一"是唐末五代著名的道教学者杜光庭提出的道教"物化"美学思想。杜光庭深受重玄学派的影响，对"一"美提出了自己独到的见解。

杜光庭曾说："道之真一，无色无声，众类群材，资之以立。"③ 这里，杜光庭用"真一"来转换"道"，旨在揭示"真一"的特性。他认为"真一"是没有颜色，没有声音的，即"无色无声"。在他看来，"大道以虚无为体，自然为性，道为妙

---

① 《玄珠录》卷上，《道藏》第23册，北京：文物出版社，上海：上海书店，天津：天津古籍出版社，1988年，第625页。
② 《玄珠录》卷下，《道藏》第23册，北京：文物出版社，上海：上海书店，天津：天津古籍出版社，1988年，第632页。
③ 《道德真经广圣义》卷十一，《道藏》第14册，北京：文物出版社，上海：上海书店，天津：天津古籍出版社，1988年，第369页。

用。散而言之,即一为三;合而言之,混三为一;通谓之虚无,自然大道归一体耳"①。所以,"真一者,杳冥之精,真中之真也"②。可见,杜光庭把"一"发展成"真一"。

事实上,"真一"这一说法并非杜光庭独创。盛唐时期的吴筠曾说:"道者何也?虚无之系,造化之根,神明之本,天地之源。其大无外,其微无内,浩旷无端,杳冥无对。"③ 在吴筠看来,"太虚之先,寂寥何有?至精感激,而真一生焉。真一运神,而元气自化"④。从这可以看出,杜光庭的"真一"明显受吴筠"真一"的影响,只不过,吴筠用"真一"来论述"道"与成仙修炼的关系。在吴筠看来,"真一"是"元气自化"的动力,而杜光庭的"真一"是来论"道"的。

(五)"一气"

"一气"美是北宋著名的道教学者陈景元提出的道教"物化"美学思想。陈景元把《易》学与老庄思想相结合,并以此为据来谈"一"。

陈景元曾说:"虚无生自然,自然生道,道生一气,一气变而有物,故谓之出生;生之极也,变而无形,故谓之入死。"⑤ 这里,陈景元主张"道"生"一气",而"一气"生万物。在他

---

① 《道德真经广圣义》卷二十一,《道藏》第14册,北京:文物出版社,上海:上海书店,天津:天津古籍出版社,1988年,第417页。
② 《道德真经广圣义》卷二十七,《道藏》第14册,北京:文物出版社,上海:上海书店,天津:天津古籍出版社,1988年,第441页。
③ 《宗玄先生玄纲论·道德章第一》,《道藏》第23册,北京:文物出版社,上海:上海书店,天津:天津古籍出版社,1988年,第674页。
④ 《宗玄先生玄纲论·元气章第二》,《道藏》第23册,北京:文物出版社,上海:上海书店,天津:天津古籍出版社,1988年,第674页。
⑤ 蒙文通:《道书辑校十种》,成都:巴蜀书社,2001年,第821页。

看来,"有,一也;一者,元气也。言天下万物皆生于元气"①。这里,陈景元把"一"看成"元气",且"元气"又生宇宙万物。而"元气为大道之子,神明之母,太和之宗,天地之祖,结为灵物,散为光耀;在阴则与阴同德,在阳则与阳同波;居玉京而不清,处瓦甓而不溷;上下无常,古今不二,故曰一也。藏乎心内则曰灵府,升之心上则曰灵台,寂然不动则谓之真君,制御形躯则谓之真宰。卷之则隐入毫窍,舒之则充塞太空"②。可见,陈景元认为"元气"具有可感性。这样,陈景元就把"道"美具体化为"元气"之美。

从上可以看出,陈景元认为"一"美是具体的、可感知的,即"一者,元气也"③,同时"一"美不受时间和空间的限制,即"上下无常,古今不二"④,故陈景元认为"一"美是最高之美,即"有,一也;一者,元气也,言天下万物皆生于元气"⑤。由此看来,陈景元的"一"美既继承了道教的传统理论,又有新的发展,特别是他从"心"的视角来探讨"一"美,即"藏乎心内则曰灵府,升之心上则曰灵台"⑥对后世道教学者研究"一"美产生了很大的影响。

---

① 《道德真经藏室纂微篇》卷六,《道藏》第13册,北京:文物出版社,上海:上海书店,天津:天津古籍出版社,1988年,第692页。
② 《道德真经藏室纂微篇》卷六,《道藏》第13册,北京:文物出版社,上海:上海书店,天津:天津古籍出版社,1988年,第691页。
③ 《道德真经藏室纂微篇》卷六,《道藏》第13册,北京:文物出版社,上海:上海书店,天津:天津古籍出版社,1988年,第692页。
④ 《道德真经藏室纂微篇》卷六,《道藏》第13册,北京:文物出版社,上海:上海书店,天津:天津古籍出版社,1988年,第691页。
⑤ 《道德真经藏室纂微篇》卷六,《道藏》第13册,北京:文物出版社,上海:上海书店,天津:天津古籍出版社,1988年,第692页。
⑥ 《道德真经藏室纂微篇》卷六,《道藏》第13册,北京:文物出版社,上海:上海书店,天津:天津古籍出版社,1988年,第691页。

(六)"一无"

"一无"美是宋末元初著名的道教学者李道纯(1219—1296)提出的道教"物化"审美心境思想。李道纯学识渊博,是一位融摄全真道南北二宗的道士,对《易》学和老子的《道德经》颇有研究。

李道纯曾说:"道本虚无,生太极,太极变而先有一,一分为二,二生三,四象五行从此出。无一斯为天地根。……禅向一中传正法,儒从一字分开阖,老君以一阐真常,曾参一唯妙难量,道有三乘禅五派,毕竟千灯共一光,抱元守一通玄窍……是知一乃真常道。休言得一万事毕,得一持一保勿失,一彻万融天理明,万法归一未奇特,始者一无生万有,无有相资可长久。……至此得一复忘一,可与化元同出没。"① 这里,李道纯把"一"美拓展成"无一"美。他认为"一"在《易》学、儒家、道家、道教、释家中占有极其重要的位置,因为"道本虚无",故"一无"是天地之根,也即最高之美,换句话说,"无一"是道、儒、佛三教共同追求的最高之美。

在李道纯看来,"一无"美主要在于"得一复忘一,可与化元同出没"②,因为"一彻万融天理明,万法归一未奇特"③。可见,李道纯主张道、儒、佛三教是能够在"一无"下进行融合的,换句话说,李道纯的"一无"是道、儒、佛三教融合的理论基础。

---

① 《中和集》卷四,《道藏》第4册,北京:文物出版社,上海:上海书店,天津:天津古籍出版社,1988年,第509—510页。
② 《中和集》卷四,《道藏》第4册,北京:文物出版社,上海:上海书店,天津:天津古籍出版社,1988年,第510页。
③ 《中和集》卷四,《道藏》第4册,北京:文物出版社,上海:上海书店,天津:天津古籍出版社,1988年,第510页。

（七）"先天真一之气"

"先天真一之气"是清朝乾隆、嘉庆年间著名的道士，龙门派第十一代传人刘一明（1734—1821）提出的道教"物化"审美心境思想。在刘一明所处的时代，"道教之'道'论已经过了充分的阐释、发展，似乎再无新意可言。但刘一明试图将先辈各家的道论综合起来，融为一体，因而其道论中'道—美'的含义，兼采道教各宗，旁摄儒、释二家，含义更为丰富"①。

刘一明认为"道"必须通过"气"才能生万物，这个"气"叫"先天真一之气"。他说："先天之气，为生物之祖气，乃自虚无中来，为万象之主，天地之宗。无形无象，无声无臭，视之不见，听之不闻，搏之不得。然虽无形而能生形，无象而能生象。"②他又说："先天真一之气，是生物之祖气，是鸿蒙未判之始气，是混沌初分之灵根。……夫先天真一之气，是混元祖气，生天生地生人物。其大无外，其小无内，动静如一，阴阳混成。在先天而生乎阴阳；在后天而藏于阴阳。"③ 这里，刘一明明确指出了"先天真一之气"为"生物之祖气，是鸿蒙未判之始气，是混沌初分之灵根"④。同时，他还说："非色非空，无形无象，不可以知知，不可以识识，视之不见，听之不闻，搏之不得，恍恍惚惚，杳杳冥冥，不可形容。"⑤ 可见，在刘一明看来，"先天真一之气"其实指的是"那个既不是道又不是物，无形无象，

---

① 潘显一、李裴、申喜萍等：《道教美学思想史研究》，北京：商务印书馆，2010年，第693页。
② 《修真后辨》，《藏外道书》第8册，成都：巴蜀书社，1992年，第496页。
③ 《修真后辨》，《藏外道书》第8册，成都：巴蜀书社，1992年，第497页。
④ 《修真后辨》，《藏外道书》第8册，成都：巴蜀书社，1992年，第497页。
⑤ 《百字碑注》，《藏外道书》第8册，成都：巴蜀书社，1992年，第436页。

无处不在，并能化生万物的那个"气"①。

从上可以看出，刘一明不仅继承了传统的道教理论，而且拓展了道教的"一"美，也就是把"一"美拓展为"先天真一之气"。

（八）"真一"

"真一"是清代著名的道士、龙门派的重要代表人物闵一得（1758—1836）提出的道教"物化"审美心境思想。闵一得从哲学的高度论证他的修道理论，在宇宙本原上继承了刘一明的思想，同时又把刘一明的"先天真一之气"浓缩为"真一"。

闵一得曾说："盖人与地、天并列为三者，同属先天真一所生。若以同类而论，三才还是一气，一而三，三而一者，纵因此身阳极而亏，古哲谓竹破竹补，不向三才生处追寻，果于何处求复？此理昭然，则当念念不舍真一，以一索一，如心使身，一自降充，破补何难！"②这里，闵一得认为人、地以及天都有一个相同的本源——"真一"，而这个"真一"又是先天就有的。那么，"真一"的特性是什么？闵一得说："盖真一无形，所可见者真元。真元者，真一所生之气也。"③又说："群居而不异，独立而不孤，同得而分，各得而合。"④这里，闵一得揭示了"真一"的特性在于"无形"，也即不能通过视觉被感知，同时，"真一"能产生"气"，这个气叫"真元"，也即"真一"是客

---

① 卿希泰主编，詹石窗副主编：《中国道教思想史》（第四卷），北京：人民出版社，2009年，第49页。
② 《修真辨难后编参证》，《藏外道书》第10册，成都：巴蜀书社，1992年，第277页。
③ 《吕祖师三尼医世说述》，《藏外道书》第10册，成都：巴蜀书社，1992年，第349页。
④ 《吕祖师三尼医世说述管窥》，《藏外道书》第10册，成都：巴蜀书社，1992年，第357页。

观存在的，具有物质性；不仅如此，"真一"还具有崇高的人格，也即群居时不显得与众不同，独立时也不感到孤独，分与合顺应自然。可见，闵一得的"真一"美思想突破了先前道教的"一"美思想，不仅认为"真一"美是最高的、无形的、客观存在的美，而且还认为"真一"之美具有崇高的人格美，也即精神美。

从上可以看出，自葛洪开始一直到清代，道教"物化"美学思想的"一"美主要经历了"守一""三一""大一""真一""一气""一无""先天真一之气""真一"这八个发展阶段。这八个发展阶段体现了道教美学思想的发展状况及其特点，同时也表明了在道教"物化"美学思想中，"一"已被具体化、物质化，从而更具有宗教的现实性。在这八大阶段中，只有"真一"重复了三次，但每次的意义是不完全相同的，不仅体现了道教"一"的不同发展历程，而且也折射出"真一"应是"一"发展的主要线索。

三、"一"的基本特征

从本质上讲，道教追求的是人与"道"相融的人生境界，故道教特别注重"一"。在道教中，"一"早已突破了数字符号的"一"，具有新的含义，从而具有自己独有的特征。

（一）"一"是"道"的别称

通过第一章的论述，我们可知，道家"物化"美学思想是道教"物化"美学思想的主要来源，这无形之中说明了道家美学思想是道教美学思想的主要来源，而道家美学思想主要指的是老子和庄子的美学思想。在老子看来，天、地、神、谷、万物、侯王都应遵循"一"，不偏离"一"；否则苍天就会破裂，地就会崩坏，神仙不再有灵，溪谷就要枯竭，万物就会灭绝，即"昔之得一者：天得一以清；地得一以宁；神得一以灵；谷得一以盈；万物得一以生；侯王得一以为天下正。其致之也，谓天无以清，将恐裂；地无以宁，将恐发；神无以灵，将恐歇；谷无以盈，将恐竭；万物无以生，将恐灭；侯王无以正，将恐蹶"①。对"一"的特征，老子有自己独到的见解。老子说："视之不见，名曰'夷'；听之不闻，名曰'希'；搏之不得，名曰'微'。此三者不可致诘，故混而为一。"② 这里，老子认为"一"是看不见、听不到、摸不着的，亦即是无形、无声、无迹的。从这可以看出，老子的"一"应是"道"，即"混而为一"。我国老庄研究学者蒋锡昌（1897—1974）说："道始所生者一，一即道也。自其名而言之，谓之道；自其数而言之，谓之一。然有一即有二，有二即有三，有三即有万，至是巧历不能得其穷焉。老子一二三，只是以三数字表示道生万物，愈生愈多之义。如必以一二三为天地人，或以一为太极，二为天地，三为天地相合之和气，则凿矣。"③ 庄子继承了老子的"一"，他说："泰初有无，无有无名；一之所起，有一而未形。物得以生，谓之德；未形者有分，且然无间，谓之命；留动而生物，物成生理，谓之形；形体保神，各有仪则，谓之性。"④ 庄子在这里以"无"来阐释"道"，他的"一而未形"中的"一"指的是"无形之道"⑤。可见，庄子的"一"也就是"道"。

道教自创教之初就继承和发展了老庄的"一"，这可从早期

---

① 陈鼓应：《老子注译及评介》，北京：中华书局，2009年第2版，第212页。
② 陈鼓应：《老子注译及评介》，北京：中华书局，2009年第2版，第113页。
③ [春秋] 李耳：《老子》，译注者不详，北京：中国文史出版社，2003年，第93—94页。
④ 陈鼓应注译：《庄子今注今译》（中），北京：中华书局，2009年第2版，第335页。
⑤ 陈鼓应：《老子注译及评介》，北京：中华书局，2009年第2版，第228页。

道教经典《太平经》和《西升经》中找到明证。《太平经》说："天地开辟贵本根，乃气之元也。欲致太平，念本根也。不思其根，名大烦，举事不得，灾并来也。此非人过也。失根基也。离本求末，祸不治，故当深思之。夫一者，乃道之根也，气之始也，命之所系属，众心之主也。"① 又说："一者，数之始也；一者，生之道也；一者，元气所起也；一者，天之纲纪也。"② 可见，《太平经》把"一"看成"道"之根，同时又认为"一"是数的开始，是天之纲纪，因而君、臣、民应当三合相通，共成一体。《西升经》说："道生一，一生天地，天地生万物。"③ 又说："万物抱一而成，得微妙气化。"④ 这里，《西升经》认为"一"就是"气"。在它看来，"天者受一气，荡荡而致清气，下化生于万物，而形各异焉"⑤，而"气行有多少，强弱果不均。同出异名色，各自生意因"⑥。这里，《西升经》明确指出"气"为万物生长之源。由此看来，早期道教经典从万物的本源来探究"一"，继承了老庄的"一"，但它们从宗教的视角对"一"做了新的阐释，从而奠定了早期道教"一"美的理论基础。从历代道教经典和道藏中，我们不难看出，道教对"道"美的追求主要是通过修真悟道来实现的，也即通过具体的修道行为来感悟大道之美。从汉代到清代，历代道教学者都在致力对"道"美的

---

① 王明编：《太平经合校》（上），北京：中华书局，2014年第2版，第12页。
② 王明编：《太平经合校》（上），北京：中华书局，2014年第2版，第64页。
③ 《西升经》卷中《虚无章第十五》，《道藏》第11册，北京：文物出版社，上海：上海书店，天津：天津古籍出版社，1988年，第502页。
④ 《西升经》卷中《虚无章第十五》，《道藏》第11册，北京：文物出版社，上海：上海书店，天津：天津古籍出版社，1988年，第502页。
⑤ 《西升经》卷中《道虚章第二十》，《道藏》第11册，北京：文物出版社，上海：上海书店，天津：天津古籍出版社，1988年，第504页。
⑥ 《西升经》卷上《道象章第五》，《道藏》第11册，北京：文物出版社，上海：上海书店，天津：天津古籍出版社，1988年，第492页。

探究。从探究方式来看，他们主要采用本体论、方法论两种方式。

从本体论来看，自东晋葛洪开始，历代都有许多道教学者致力"道"美的探究。有的学者把"道"美称为"玄"美，有的学者把"道"美称为"一"美，有的学者把"道"美称为"德"美等。综观道教中"道"美思想的发展历程，笔者认为"一"美比"玄"美、"德"美等更能体现道教美学思想的发展状况。从理论来源上看，"一"美、"玄"美以及"德"美都来源于老子的《道德经》。据笔者统计，在《道德经》81章中，"德"字出现的频率最高，但"德"不是造化之根，而老子眼中造化之根是"一"和"玄"，因而"一"美和"玄"美才是老子美学思想的"道"美。以此为据，我们不难得出："一"美和"玄"美在道教美学思想中占据了极其重要的地位，属于道教美学思想的主要理论内核。尽管"一"美和"玄"美在道教美学思想中的地位相同，但相比之下，历代道教学者对"一"美的论述比对"玄"美的论述要详细得多。自东晋葛洪提出"玄"美后，其后多数道教学者从对老子、庄子思想的诠释中论及"玄"美，且基本上是从本体论的角度出发。相反，对于"一"美，多数道教学者除了从本体论的角度论及"一"美，还从方法论的角度对"一"美做了深入的探究。从方法论上看，"守一"这一美学思想被历代多数道教学者看成追求"道"美的具体指导思想。从来源上讲，"守一"源于老子"载营魄抱一，能无离乎？"①，因而《太平经》把"守一"称为"古今要道"②。《太平经》说："古今要道，皆言守一，可长存而不老。人知守

---

① 陈鼓应：《老子注译及评介》，北京：中华书局，2009年第2版，第93页。
② 王明编：《太平经合校》（下），北京：中华书局，2014年第2版，第734页。

一，名为无极之道。人有一身，与精神常合并也。形者乃主死，精神者乃主生。常合即吉，去则凶。无精神则死，有精神则生。常合即为一，可以长存也。常患精神离散，不聚于身中，反令使随人念而游行也。故圣人教其守一，言当守一身也。念而不休，精神自来，莫不相应，百病自除，此即长生久视之符也。"① 这里，《太平经》把"守一"看成"长生久视之符"，并认为圣人常教人"守一"。可见，《太平经》已把"守一"看成追求"道"美的一种途径。但真正把"守一"上升为审美心理学说的是东晋的葛洪。葛洪从理论上把"守一"分为"守真一"与"守玄一"，从而为道教美学思想中的审美心理奠定了基础。自葛洪以后，历代都有许多著名的道士从不同角度对"守一"这一审美心理阐述了自己的观点，不断丰富"守一"这一审美心理学说的发展。举其要者，如成玄英把老子的"载营魄抱一，能无离乎"②解释为"载，运也。营魂是阳神，欲人之善；魄是阴神，欲人之恶。故魂营营然而好生。魄，泊也，欲人之泊著生死。又魂性雄健，好受喜怒；魄性雌柔，好受惊怖。惊怖喜怒，皆损精神，故修道之初，先须拘魂制魄，使不驰动也"③。同时又"次须守三一之神，虚夷凝静，令不离散也"④。这里，成玄英认为在修炼中修道者只有去除各种杂欲，守"三一"，保持内心安静，才能感悟"道"之美。再如，唐代著名炼丹家张果（生卒年不详）说："真乃人之神，一者人之气，长以神抱于气，气抱于神，神气相抱，固于气海，……二气相吞，贯通一气，流

---

① 王明编：《太平经合校》（下），北京：中华书局，2014年第2版，第734页。
② 陈鼓应：《老子注译及评介》，北京：中华书局，2009年第2版，第93页。
③ 蒙文通：《道教甄微》，蒙默编《蒙文通全集》（五），成都：巴蜀书社，2015年，第133—134页。
④ 蒙文通：《道教甄微》，蒙默编《蒙文通全集》（五），成都：巴蜀书社，2015年，第134页。

行上下,无所不通,真抱元守一之道也。"① 这里,张果从"神""气"两个方面揭示了修道者感悟"道"美的审美心境——"抱元守一"。

从上可以看出,在道教美学思想的发展过程中,多数道教学者从本体论和方法论两个方面探究了"道"美。从本体论上看,多数学者把"道"美称为"一"美,从而体现"与道合一"的生命美学观。从方法论看,东晋葛洪率先提出"守一"为体"道"美之审美心境,自此以后,历代众多学者从不同角度探究了"守一"这一审美心境,从而形成了"守一"的道教审美心境论。由此看来,"一"美不仅贯穿道教美学思想之始终,而且体现了道教美学思想中的生命美学观和审美心境论。如第二章所述,道教"物化"美学思想是道教美学思想的一部分,二者是部分与整体的关系。这种关系是动态的而不是静态的,其根本原因在于,道教"物化"美学思想需以道教美学思想的理论内核为准绳,也就是说,道教"物化"美学思想的理论内核与道教美学思想的理论内核是一致的。因此,"一"美既然在道教美学思想中是"道"美的别称,那么自然在道教"物化"美学思想中也应是"道"美的别称。

(二)"一"体现道教美学中"物化"的本质

道教产生于中国东汉时期,汉顺帝时期的五斗米道和汉灵帝时期的太平道为早期的道教。从汉代到清代,道教从本质上分为两大派别:符箓派、金丹派。这两大派别尽管修道的方式不一样,但都以"道"为其最高信仰,因而在"道教美学思想中,统领它的美的本质论、美感论、艺术美学论的所有观点的核心观

---

① 《太上九要心印妙经》,《道藏》第4册,北京:文物出版社,上海:上海书店,天津:天津古籍出版社,1988年,第311页。

点，是它的'至道—至美'的美的本质论"①。这就是说，"道"美是道教美学思想之核心。通过第二章所述，我们知道，道教美学中的"物化"既是一种得"道"的生存境界，又是一种得"道"的艺术境界，也就是说，"物化"是得"道"的境界。当然，从现象学的角度讲，"物化"也是一种现象之美，这种美是"被感知的存在在被感知时直接被感受到的完满（即使这种感知需要长时间的学习和长时间的熟悉对象）"②。在杜夫海纳看来，"在人类经历的各条道路的起点上，都可能找出审美经验，它开辟通向科学和行动的途径"③。从这可以看出，道教"物化"美学思想突出的是审美经验。

在现代美学中，审美经验"不是单一的经验，而是一种系统复合经验。从客体看，它必须有一个与之对应的审美客体的形式结构。从主体看，它必须有一种动力性因素，即审美需要的驱动，推动感悟性、构建性、体验性心理机能谐调运动，还必须有一种因素，即审美观念、审美理想的引导、规范与控制"④。因此，"审美经验（美感）不是一般经验（认识），认识的结果是获得概念，而审美的结果是获得意象。因此，无论是审美欣赏还是创作最终都要营构一个意象，而不是得出抽象概念"⑤。由此看来，道教"物化"美学思想侧重意象的获得。在道教美学"物化"中，对意象的获得由"道"美的世界变为"一"美的世

---

① 潘显一：《大美不言——道教美学思想范畴论》，成都：四川人民出版社，1997年，第11页。
② [法] 米盖尔·杜夫海纳：《美学与哲学》，孙非译，台北：五洲出版社，1987年，第24页。
③ [法] 米盖尔·杜夫海纳：《美学与哲学》，孙非译，台北：五洲出版社，1987年，译者序言第3页。
④ 杨恩寰主编：《美学引论》，北京：人民出版社，2005年，第161页。
⑤ 杨恩寰主编：《美学引论》，北京：人民出版社，2005年，第162页。

界,换句话说,道教美学"物化"所建构的世界是"一"美的世界。这从一个侧面说明了道教美学的"物化"折射了道教的彼岸世界向此岸世界的转化,这也是道教与佛教、基督教以及其他宗教的区别之一。同时,道教的"道"美是看不见、听不见、摸不着的,只能靠心感悟,因而虽然道教认为"道"美客观存在,但从心理学上讲,这个"一"美世界比朦胧的"道"美世界更容易从情感上把握,因为"第一,情感——这是关于世界上所发生的对人具有着意义的事物的信号系统。无数作用于感官的刺激物,由于情感的产生而把其中某些刺激物分出来并把它们相互融合在一起……第二,情感及其多种多样的体验形式不仅执行着信号机能,而且也执行着调节机能。它们在一定的程度上决定着人的行为,成为人的活动和各种动作(以及动作完成的方法)的持久的或短时的动机,从而产生追求所提出的和所想到的目的的意向和欲望"①。所以,道教对的"道"的情感是感性人与理性人的桥梁。在这种情况下,如果说"情感是知与意的桥梁或中介这一基本观点可以被发挥、发展或改造,从而形成美的实践论理论体系的话;那么,情感是感性人与理性人的桥梁或中介这一观点的合理性,也就同样应该被发挥、发展,从而形成美的自然性(生命)的理论体系。而且这两种理论体系应该在情感桥梁这里相融汇,从而构成一个更大的、也似乎更合理一些的美学理论整体"②。从这个角度出发,我们完全可以认为,道教"物化"美学思想中的"一"一旦得以实现,实践就得到了肯定,成为对象化的"一"。同时,"一"一旦被人所掌握,与人发生关系,就会成为人化的"一"。在这种情况下,这个对象化的"一"与

---

① [苏]彼得罗夫斯基主编:《普通心理学》,朱智贤、伍棠棣、卢盛忠、张世臣、龚浩然、孙晔、王明辉译,北京:人民教育出版社,1981年,第395页。
② 高楠:《道教与美学》,沈阳:辽宁人民出版社,1989年,第114页。

人化的"一"就是"一"美。它的客观性、具体性让人们看到自己本质力量的对象化,看到自己的审美理想得以实现,因此会带来审美的愉悦。

从上可以看出,道教"物化"美学思想中的"一"美强调的是意象的获得。从审美经验来看,"一"美体现的是道教的"道"的情感。值得一提的是,在道教看来,"道"美是最高之美,也是宇宙所有美的源泉,虽然"道"美只能用心感悟,但"道"美是客观存在的,其存在的物质表现形式就是"一",所以在道教的不同阶段,"一"进一步拓展为"三一""大一""真一""一气"等不同的物质表现形式。因此,道教"物化"美学思想中对"道"美的追求无论是修道还是内丹修炼都突出人与"道"的融合,这种融合总离不开"一",在道教的不同发展阶段,这种人与"道"相融的"物化"境界有不同的称谓,如早期道教的"与道合一"、张万福的"生道合一"、司马承祯的"与道冥一"等,这说明"一"美体现了道教美学中"物化"的本质,进而也反映了道教不同时期的文化发展。

第二节 道教"物化"美学思想之"心"

如前所述,道教"物化"美学思想的核心范畴是"一",而"一"是道教"道"的物质表现形式,故道教的"道"美从一定程度上具体表现为"一"之美。从审美层面看,"一"美容易被主体的感官所感知,而主体感官感知"一"美的关键在于"心"。可见,"心"在道教"物化"美学思想中占有重要的地位。

一、"心"的概述

从中国哲学的发展来看,"心"经历了不同的发展历程,从而具有不同的含义。在《管子·心术上第三十六》中,管子(约公元前723—公元前645)说:"心之在体,君之位也。"① 这里,管子把"心"在人身体中的地位喻为"君位",也就是说,"心"在身体中起统帅作用。不仅如此,管子还认为"心也者,智之舍也,故曰宫"②。这里,管子把"心"看成是智慧的诞生之地,亦即"宫"。管子把"心"在人体之中的地位喻为"君位"的思想被荀子(约公元前313—公元前238)所继承。荀子说:"耳目鼻口形能,各有接而不相能也,夫是之谓天官。心居中虚以治五官,夫是之谓天君。"③ 这里,荀子把"心"比喻成"天君"。从这可以看出,管子和荀子都认为"心"在人身体中起统帅作用。尽管如此,孟子(约公元前372—公元前289)是儒家有影响的"心性"本体论者。孟子曾说:"仁,人心也。义,人路也。舍其路而弗由,放其心而不知求,哀哉!人有鸡犬放,则知求之,有放心而不知求,学问之道无他,求其放心而已矣。"④ 这里,孟子突出了"心"的内在认识作用。然而,从孟子的整个思想来看,他并未把"心"与人生相联系,而真正做到这一点的是庄子。

---

① 黎翔凤:《管子校注》(中),梁运华整理,北京:中华书局,2004年,第759页。
② 黎翔凤:《管子校注》(中),梁运华整理,北京:中华书局,2004年,第770页。
③ [清]王先谦:《荀子集解》(下),沈啸寰、王星贤点校,北京:中华书局,2013年第2版,第365—366页。
④ [清]焦循:《孟子正义》(下),沈文倬点校,北京:中华书局,1987年,第786页。

庄子虽说继承了老子的思想，但在"《老子》典籍中，'心'的范畴并未形成独立的议题，更未建立任何体系之论述"①。因此，从严格意义上讲，庄子是把"心"与人生相联系的第一人。庄子认为，"道"美是最高之美、绝对之美，故对"道"只能用"体"而不能"论"，如他在《庄子·知北游》中借弇堈吊之口所说："夫体道者，天下之君子所系焉。今于道，秋毫之端万分未得处一焉，而犹知藏其狂言而死，又况夫体道者乎！视之无形，听之无声，于人之论者，谓之冥冥，所以论道，而非道也。"② 所以庄子认为体"道"的关键在于修"心"，因而他提出了"心斋"。在《庄子·人间世》中，庄子借孔子之口说："若一志，无听之以耳而听之以心，无听之以心而听之以气！耳止于听，心止于符。气也者，虚而待物者也。唯道集虚。虚者，心斋也。"③ 这里庄子把"虚"称为"心斋"，而这种"心斋"正是美的观照得以实现的原动力。"至魏晋南北朝，嵇康、阮籍又将庄子的'心'落实到文学实践中。在玄言、游仙和山水诗等艺术中实现'游心'之美：如'游心太玄'、'游心于寂寞'、'游心大象'等。至唐代，禅宗提出'即物即心'，心物一元，融物于心的物我统一之'心'。对当时美学有很深影响，如张璪：'外师造化，中得心源。'"④

从上可以看出，"心"来源于儒、道两家，"而儒道心学成

---

① 陈鼓应主编：《道家文化研究》（第二十五辑），北京：生活·读书·新知三联书店，2010年，第41页。
② 陈鼓应注译：《庄子今注今译》（中），北京：中华书局，2009年第2版，第617页。
③ 陈鼓应注译：《庄子今注今译》（上），北京：中华书局，2009年第2版，第129页。
④ 朱立元主编：《美学大辞典》（修订本），上海：上海辞书出版社，2014年，第147页。

为思想界主要议题，乃兴盛于战国中期，从《孟》、《庄》两部典籍中充分反映出两者各自建立起完整系统的心学，而《庄子》心学之丰富多彩，可谓超出于诸子之上"①。可见，庄子的心学应是道教"物化"美学思想之"心"的主要来源，这是因为道教"物化"美学思想的主要来源是老庄"物化"美学思想，而在庄子看来，"心"既是思维的物质器官，又是主体进行自由想象与情感活动的场域。庄子的这一思想被道教所继承，不同时期的道教学者都提出过有关"心"的思想观点，从不同方面拓展了庄子"心"的思想。

二、"心"的主要代表思想

总体上讲，道教"物化"美学思想之"心"在发展过程中往往强调虚、静，后又受佛教的影响强调"空"。从文字的使用来看，"心"直接与"虚"或"静"或"虚静"合并使用，甚至"心"虽未直接与"虚"或"静"或"虚静"合并使用，但与其他词合并使用所表达的意思仍是"虚""静"。从道教"物化"美学思想的整个发展来看，历代有许多道教学者对"心"提出过自己的看法。在众多有关道教"物化"美学思想之"心"的思想中，笔者查阅大量原典，反复对比分析，认为以下六种思想带有典型性，能够反映道教"物化"美学思想之"心"的主要基本特征以及发展情况。下文将以时间为序，逐一对这六种主要代表思想进行深入论述。

---

① 陈鼓应主编：《道家文化研究》（第二十五辑），北京：生活·读书·新知三联书店，2010年，第41页。

（一）"游心虚静"

"游心虚静"是南北朝时期著名的道教学者陶弘景提出的"物化"审美心境思想。在陶弘景看来，"道为生命之要"①，而"道者，有而无形，形而有情，变化不测，通于群生，在人之身为神明，所以为心也。所以教人修心即修道也，教人修道即修心也"②。所以，他说："凡质像所结，不过形神，形神合时，是人是物；形神若离，则是灵是鬼；其非离非合，佛法所摄；亦离亦合，仙道所依。"③ 这里，陶弘景强调了形神对于审美主体——人的重要性，他认为仙道讲究的是形神的"亦离亦合"，因为"人所贵者，盖贵为生。生者，神之本；形者，神之具。神大用则竭，形大劳则毙。若能游心虚静，息虑无为，服元气于子后，时导引于闲室，摄养无亏，兼饵良药，则百年耆寿，是常分也"④。由此看来，从体"道"美的角度看，陶弘景主张人体"道"美的关键在于形神，若对形神使用过度，人的生命就不会存在，也就谈不上体"道"美了。

在如何恰当使用形神来体"道"美上，陶弘景提出了"游心虚静"的主张。在这个主张里，陶弘景把"心"与"虚"合起来使用，但表达的是两个意思：一是"游心"，一是"虚静"。如他所引严君平（公元前86—公元10）《老子指归》说："游心于虚静，结志于微妙，委虑于无欲，归计于无为，故能达生延

---

① 《养性延命录》卷上，《道藏》第18册，北京：文物出版社，上海：上海书店，天津：天津古籍出版社，1988年，第477页。
② 《上清经秘诀》，《道藏》第32册，北京：文物出版社，上海：上海书店，天津：天津古籍出版社，1988年，第732页。
③ 《华阳陶隐居集》卷上《答朝士访仙佛两法体相书》，《道藏》第23册，北京：文物出版社，上海：上海书店，天津：天津古籍出版社，1988年，第646页。
④ 《养性延命录·序》，《道藏》第18册，北京：文物出版社，上海：上海书店，天津：天津古籍出版社，1988年，第474页。

命,与道为久。"① 从字面上看,陶弘景的"游心"直接继承了老庄的审美心境思想,是对老庄审美心境思想的道教诠释。按照老庄的"游心"思想,"游心"是与乐紧密联系在一起的,也即"游心"的过程就是乐的过程。尽管老子的"游心"与庄子的"游心"侧重点有所不同,但二者的"游心"都是指体"道"之美所需的精神高度自由。由此看来,陶弘景的"游心"应是修道者的神的畅游,亦即内心精神的绝对自由。但陶弘景的"游心"并不是漫无目的,而是以"虚静"为前提,即"游心于虚静",也就是说,"游心"需要以"虚静"为条件。可见,在"游心"与"虚静"的关系上,陶弘景强调的是"虚静",故他引《列子》说:"静神灭想,生之道也。"②

在如何实现"游心虚静"问题上,陶弘景主张修道者要斩断情欲,因为"情欲之感,男女之想也"③。但"爱欲之大者,莫大于色。其罪无外,其事无赦。赖其有一,若复有二,普天之民,莫能为道者也"④。不仅如此,陶弘景还主张修道者要去除贪欲,因为"如恣意以耽声色,役智而图富贵,得丧恒切于怀,躁挠未能自遣,不拘礼度,饮食无节,如斯之流,宁免夭伤之患也?"⑤ 同时,陶弘景还主张修道者要控制自己的情感,因为"夫喜怒损志,哀戚损性,荣华惑德,阴阳竭精,皆学道之大忌,仙

---

① 《养性延命录》卷上,《道藏》第18册,北京:文物出版社,上海:上海书店,天津:天津古籍出版社,1988年,第476页。
② 《养性延命录》卷上,《道藏》第18册,北京:文物出版社,上海:上海书店,天津:天津古籍出版社,1988年,第475页。
③ 《真诰》卷六《甄命授第二》,《道藏》第20册,北京:文物出版社,上海:上海书店,天津:天津古籍出版社,1988年,第526页。
④ 《真诰》卷六《甄命授第二》,《道藏》第20册,北京:文物出版社,上海:上海书店,天津:天津古籍出版社,1988年,第524页。
⑤ 《养性延命录·序》,《道藏》第18册,北京:文物出版社,上海:上海书店,天津:天津古籍出版社,1988年,第474页。

法之所疾也"①。可见，陶弘景的"虚静"与老子的"涤除玄鉴"、庄子的"心斋"是一脉相承的。从美学的角度看，陶弘景的"游心虚静"本身就有审美的意蕴，它体现了审美主体的主体性。

（二）"无心则无知"

"无心则无知"是唐代著名的高道王玄览提出来的"物化"审美心境思想。在王玄览看来，在"物化"的过程中，审美主体（修道者）的"心"起着主导作用，而"境"则处于从属地位，亦即"心之与境，常以心为主"②，但王玄览并非认为"境"只对"心"起消极作用；相反，王玄览主张"心"与"境"是相互依存、相互影响的。如他所说："将心对境，心境互起。境不摇心，是心妄起。心不自起，因境而起。无心之境，境不自起；无境之心，亦不自起。"③ 可见，在"心"与"境"的关系上，尽管王玄览肯定了主客体的存在，但他突出了"心"的作用。

从美的本质来看，王玄览主张美是主观的，如同中国当代美学家高尔太所说："美，只要人感受到它，它就存在，不被人感受到，它就不存在，要想超美感地去研究美，事实上完全不可能。"④ 尽管从现代美学的角度看，王玄览的这一观点不会被多数人接受，但至少王玄览认识到审美主体在审美过程中的积极作用，从理论上为他的"无心无知"的审美心境观打下了基础。

---

① 《真诰》卷五《甄命授第一》，《道藏》第20册，北京：文物出版社，上海：上海书店，天津：天津古籍出版社，1988年，第519页。
② 《玄珠录》卷下，《道藏》第23册，北京：文物出版社，上海：上海书店，天津：天津古籍出版社，1988年，第627页。
③ 《玄珠录》卷上，《道藏》第23册，北京：文物出版社，上海：上海书店，天津：天津古籍出版社，1988年，第622页。
④ 高尔太：《论美》，兰州：甘肃人民出版社，1982年，第4页。

在审美心境上,王玄览说:"心解脱即无心,无心则无知。"① 在他看来,"一本无我,合业为我。我本无心,合生为心。心本无知,合境为知。合时既无,外入有者,并悉是空。空则无我、无生、无心、无识。既无所有,谁当受生灭者哉?"② 这里,王玄览认为,人开始是没有"我""心""知"的,后与"业""生""境"相合,才分别产生了"我""心""知",因而人只有达到"空"的境界,才能"无我""无生""无心""无知"。可见,王玄览把"我"分成两种:本之"我"、现实之"我"。在他看来,本之"我"是"无我",而现实之"我"是"有我";相比之下,"无我"是"无心"的,即"心解脱",也就是没有任何念想,而"有我"是"有心"的,也就是有各种念想。以此为据,王玄览进一步说:"非心则不知,非眼则不见,此知既非心,则是知无所知;此见既非眼,则知见无所见。故曰:能知无知,道之枢机。"③ 这里,王玄览从"心"与"眼"的角度出发,得出了体"道"美的关键在于真正了解"无知",即"能知无知,道之枢机"④。

从现代美学的角度来看,王玄览的"无心则无知"的最终目的是感悟"道"之美。具体而言,王玄览的"无心则无知"主要讲的是审美主体在"物化"过程中,要排除现实的一切杂欲,回到本来的"我",才能做到"无知",只有这样,审美主

---

① 《玄珠录》卷下,《道藏》第23册,北京:文物出版社,上海:上海书店,天津:天津古籍出版社,1988年,第630页。
② 《玄珠录》卷下,《道藏》第23册,北京:文物出版社,上海:上海书店,天津:天津古籍出版社,1988年,第630—631页。
③ 《玄珠录》卷上,《道藏》第23册,北京:文物出版社,上海:上海书店,天津:天津古籍出版社,1988年,第625页。
④ 《玄珠录》卷上,《道藏》第23册,北京:文物出版社,上海:上海书店,天津:天津古籍出版社,1988年,第625页。

体才能得到"道"美,也就是"一"美。

(三)"安静心王"

"安静心王"是唐末五代著名的道教学者杜光庭提出来的"物化"审美心境思想。在杜光庭看来,"修身理国,先己后人,故近修诸身,远形于物,立根固本,不倾不危,身德真纯,物感自化矣"①。这里,杜光庭认为要实现"物感自化"必先修其身,使自己的"德"保持"真纯",进而才能治国。从这一前提出发,杜光庭进一步说:"理身者以心为帝王,藏府为诸侯,若安静心王,抱守真道,则天地元精之气纳化身中。……则身无危殆之祸,命无殂落之期,超登上清,泛然若川谷之赴海而无滞着也。"②所以,"理身之道,先理其心,心之理也,必在乎道。得道则心理,失道则心乱。心理则谦让,心乱则交争"③。这里,杜光庭把"心"比喻为帝王,认为只要"心"静,人的生命就会像川谷之水自由地流向大海,从而就能得到"道"美,因为"夫罪之与祸,皆起于身。身之生恶,由于心想。故身、心、口为三业焉。三业之中,共生十恶。十恶之内,贪罪愈深,故生死忿争,皆因贪致。贪者,心业之一也"④。这里,杜光庭认为"身""心""口"产生十恶,而这十恶中由"心"而生的"贪罪"是"生死忿争"的罪魁祸首。从这可以看出,杜光庭主张"安静心王"是获"道"美之关键。

---

① 《道德真经广圣义》卷三十八,《道藏》第14册,北京:文物出版社,上海:上海书店,天津:天津古籍出版社,1988年,第509页。
② 《道德真经广圣义》卷二十七,《道藏》第14册,北京:文物出版社,上海:上海书店,天津:天津古籍出版社,1988年,第443—444页。
③ 《道德真经广圣义》卷十九,《道藏》第14册,北京:文物出版社,上海:上海书店,天津:天津古籍出版社,1988年,第404页。
④ 《道德真经广圣义》卷三十五,《道藏》第14册,北京:文物出版社,上海:上海书店,天津:天津古籍出版社,1988年,第490页。

在如何使"心"安静的问题上,杜光庭有自己的独到见解。杜光庭说:"室者,心也,视有若无,即虚心也。心之虚矣,纯白自生。纯白者,大通明白之貌也。"① 从审美的角度看,这段话揭示"虚心"是产生"纯白"之美的前提条件。"由于心之虚,才能在审美观照中心无旁骛、聚精会神,才能使观照者与被观照物之间一刹那发生碰撞,生发出纯白那样至为素朴、至为恬淡,又与道相合、极度自由的美。"② 可见,在杜光庭看来,"安静心王"的关键在于"虚心"。杜光庭曾说:"夫机械之心,藏于胸中,即纯白不粹,神德不全,存身者不和,此有欲也;若欲害之心忘于中,即虎尾可履而况于人乎?此无欲也。有欲者任耳目以视听,劳心虑以为理,视听逾迷,为理愈乱,可谓见边徼矣。无欲者神合于虚,气合于无,无所不达,无所不通,与天地同功,乃合乎大通,可谓观其妙矣。"③ 这里,杜光庭从感官的角度对"无欲"和"有欲"做了比较,并得出:"无欲"能获得"道"美,即可"观其妙",而"有欲"只会让人劳心,让人混淆视听,从而使理愈乱。

从审美心境的角度讲,杜光庭的"安静心王"强调了审美的静观态度,而这种静观态度正是艺术创作和艺术欣赏的最高境界。

(四)"心心虚寂"

"心心虚寂"是南宋著名的内丹理论家白玉蟾(生卒年不详)提出来的"物化"审美心境思想。白玉蟾的"物化"审美心境思

---

① 《道德真经广圣义》卷八,《道藏》第14册,北京:文物出版社,上海:上海书店,天津:天津古籍出版社,1988年,第353页。
② 潘显一、李裴、申喜萍等:《道教美学思想史研究》,北京:商务印书馆,2010年,第324页。
③ 《道德真经广圣义》卷六,《道藏》第14册,北京:文物出版社,上海:上海书店,天津:天津古籍出版社,1988年,第343页。

想是以他的"至道在心,即心是道"①的宇宙观为基础的。

在白玉蟾看来,"至道在心,即心是道。……心不在耳,孰为之声?心不在目,孰为之色?心不在鼻,孰为之香?心不在口,孰为之言?"②这里,白玉蟾从"心"对人的听觉、视觉、味觉以及人的言语等的作用,得出体"道"的关键在于"心"。在白玉蟾看来,"心即道,道即法,法即术,术即虚无,虚无即自然"③。可见,"心"在白玉蟾的思想中就是"道"。从这一前提出发,白玉蟾说:"法法虚融,心心虚寂,何城市之可喧?何山泽之可静?山静而心常喧者,莫市之若也;市喧而心常静者,莫山之若也。……吾心无所守,则必徇乎事之所夺,任乎物之所营。然则山野之间,亦如市廛,何也?闲花野草可以眩人目,幽禽丽雀可以聒人耳。"④可见,白玉蟾以城市之喧闹和山野之寂静为例,说明体道者只要"心心虚寂",就不会受客观环境的影响,从而获得"道"美。"道"美在白玉蟾看来,就是"一"美,即"夫道,一而已矣"⑤,确切地说,就是有人格意志的神灵之美。因此,白玉蟾主张"道融于心,心融于道也,心外无别道,道外无别物也"⑥。

---

① 《海琼白真人语录》卷三《东楼小参》,《道藏》第33册,北京:文物出版社,上海:上海书店,天津:天津古籍出版社,1988年,第130页。
② 《海琼白真人语录》卷三《东楼小参》,《道藏》第33册,北京:文物出版社,上海:上海书店,天津:天津古籍出版社,1988年,第130—131页。
③ 《传道集·钩锁连环经》,《道藏》第33册,北京:文物出版社,上海:上海书店,天津:天津古籍出版社,1988年,第151页。
④ 《海琼问道集·海琼君隐山文》,《道藏》第33册,北京:文物出版社,上海:上海书店,天津:天津古籍出版社,1988年,第144页。
⑤ 《琼琯白真人集·鹤林问道篇下》,《藏外道书》第5册,成都:巴蜀书社,1992年,第103页。
⑥ 《修真十书杂著指玄篇》卷六《谢张紫阳书》,《道藏》第4册,北京:文物出版社,上海:上海书店,天津:天津古籍出版社,1988年,第624页。

在如何实现"心心虚寂"的问题上,白玉蟾强调"忘"。他说:"于'忘'之一字上做功夫,可以入大道之渊微,夺自然之妙用,立丹基于顷刻,运造化于一身也。"① 可见,从审美的角度看,白玉蟾认为要实现"物化",审美主体必须做到"忘",也就是他在这里说的"运造化于一身也",而且审美主体还要抛开一切杂欲,也就是他说的"无事于心,无心于事"②。由此看来,白玉蟾的"心心虚寂"要求审美主体"无心"。在他看来,"心者,神之舍。心宁则神灵,心荒则神狂。虚其心而正气凝,淡其心则阳和集,血气不挠,自然流通,志意无为,万缘自息。心悲则阴气凝,心喜则阳气散,念起则神奔,念住则神逸"③。从理论上讲,白玉蟾的"心心虚寂"的"物化"审美心境思想继承了道教美学思想中的"虚"与"静",但白玉蟾明确地指出"道"美为"一"美,而"一"美是有人格意志的神灵。同时,白玉蟾还主张"会万化而归一道"④,故白玉蟾的"心心虚寂""物化"审美心境思想是为其"道"美,即"一"美服务的,体现的是超功利的审美愉悦。

(五)"俱在心为"

"俱在心为"是金末元初著名道士、全真道龙门派的祖师丘处机(1148—1227)提出的"物化"审美心境思想。在丘处机看来,"天地本太空一气,静极则动,变而为二。轻清向上,为

---

① 《琼琯白真人集·玄关显秘论》,《藏外道书》第 5 册,成都:巴蜀书社,1992年,第 135 页。
② 《琼琯白真人集·玄关显秘论》,《藏外道书》第 5 册,成都:巴蜀书社,1992年,第 136 页。
③ 《海琼白真人语录》卷三《东楼小参》,《道藏》第 33 册,北京:文物出版社,上海:上海书店,天津:天津古籍出版社,1988 年,第 130 页。
④ 《修真十书杂著指玄篇》卷六《谢张紫阳书》,《道藏》第 4 册,北京:文物出版社,上海:上海书店,天津:天津古籍出版社,1988 年,第 624 页。

阳为天；重浊向下，为阴为地。既分而为二，亦不能静。因天气先动，降下以合地气，至极复升。地气本不升，因天气混合引带而上，至极复降。上下相须不已，化生万物……万物化生，无有穷已"①。这里，丘处机揭示了宇宙万物的生化过程，他认为"一气"产生天地，天为阳，而地为阴，正是这种阳阴不断运动变化而产生万物。对此，丘处机曾说："一阴一阳之谓道，太过不及俱失中。道贯三乘玄莫测，中包万有体无穷。"② 由此看来，丘处机的"道"是客观存在的。至于"道"的特性，丘处机说："道力神功不可言，生成万化独超然。"③ 由此看来，丘处机的"道"论与"重玄学"出现以前的"道"论在宇宙本源问题上以及"道"的特性上的看法是大体一致的。

丘处机所处的时代是以"心""性"论"道"的时代，如全真道祖王重阳是主张"心"就是"道"，故丘处机的"道"论必然受时代因素以及王重阳的影响。因而，丘处机的"道"论除含有传统道教"道"论思想外，还含有心性之"道"的思想。从丘处机整个美学思想来看，他与王重阳一样，特别突出"心"，如他所说："要升天入地，俱在心为。"④。从审美的层面讲，丘处机的"俱在心为"强调了审美的主体性，具有一定的积极意义。那么，如何做到"俱在心为"？在丘处机看来，首先要从主观意识中认识到世间万般皆虚空，如他所说："有情无情

---

① 《大丹直指·序》，《道藏》第4册，北京：文物出版社，上海：上海书店，天津：天津古籍出版社，1988年，第391页。
② 《磻溪集》卷一《师鲁先生有宴息之所》，《道藏》第25册，北京：文物出版社，上海：上海书店，天津：天津古籍出版社，1988年，第815页。
③ 《磻溪集》卷二《太清宫》，《道藏》第25册，北京：文物出版社，上海：上海书店，天津：天津古籍出版社，1988年，第821页。
④ 《磻溪集》卷五《示众》，《道藏》第25册，北京：文物出版社，上海：上海书店，天津：天津古籍出版社，1988年，第834页。

不可穷，大智小智交相攻；不有圣贤开教化，那知动植本虚空?"① 从审美层面看，丘处机的这段话旨在说明审美主体首先要有正确的审美观念，才能在体"道"中获得审美愉悦，其次要抛开一切杂念，因为丘处机认为"道"是"心"，故他说："不向此心觅，更于何处求?"② 从审美层面看，丘处机在这里强调了审美主体应对审美对象采取超脱静观的审美态度。从这可以看出，丘处机的"俱在心为"的审美心境思想侧重的是审美主体的素质要求。他从正确的审美观念和超脱静观的审美态度两方面揭示了审美主体在实现"物化"的过程中要靠对"心"的把握。值得一提的是，丘处机从"动植本虚空"出发，进而得出"是非人我绝谈论，却返生前混沌"③。从审美层面看，丘处机的这个结论突出了外在现实主体化，也即物我界限消失。

从理论上讲，在审美欣赏过程中，审美主体需把自己的审美经验客体化为审美对象，同时还须把审美对象内化为自己的审美经验，也即审美经验与审美对象需互化为一体，如朱光潜说："其实美感经验的特征就在物我两忘，我们只有在注意不专一的时候，才能很鲜明地察觉我和物是两件事。如果心中只有一个意象，我们便不觉得我是我，物是物，把整个的心灵寄托在那个孤立绝缘的意象上，于是我和物便打成一气了。"④ 因此，丘处机的"俱在心为"揭示的是"道"美是无限终极的对象，因而审

---

① 《磻溪集》卷三《登州修真观建黄箓醮》，《道藏》第25册，北京：文物出版社，上海：上海书店，天津：天津古籍出版社，1988年，第825页。
② 《磻溪集》卷四《示众》，《道藏》第25册，北京：文物出版社，上海：上海书店，天津：天津古籍出版社，1988年，第831页。
③ 《磻溪集》卷六《自咏》，《道藏》第25册，北京：文物出版社，上海：上海书店，天津：天津古籍出版社，1988年，第842页。
④ 朱光潜：《朱光潜美学文学论文选集》，长沙：湖南人民出版社，1980年，第52页。

美主体只有保持超脱静观的审美态度，才能通过"心"直接观照到美的本体，从而实现"物化"，获得"道"美。

（六）"心无所知"

"心无所知"是明代著名的道教内丹学者程以宁（生卒年不详）提出的"物化"审美心境思想。在对庄子的《南华真经》作注的过程中，程以宁在吸收成玄英、陈景元、陆西星（1520—1606）等前人的成果基础上，提出了自己独到的见解。从理论来源看，程以宁的"心无所知"的"物化"审美心境思想是建立在他的"道"论基础上的。在他看来，"一即道也，岂劳神明而为者哉？今劳神明，以为一则与不一者，亦无以异矣"①。他又进一步说："一即先天真一之气，金丹也。"② 可见，程以宁继承了道教有关"道"为"一"、为"气"的思想，同时又把"道"称为"金丹"。正是从这一前提出发，程以宁说："道之与我异名同实，即道即我，何有差殊。如可得而有是道，与我为二矣。"③ 这里的"即道即我"，与陆西星的"我即道，道即我"④虽表述不一样，但二者都突出了"我"，可见，程以宁的"道"论直接受陆西星的影响。

既然"道"为"一"，可以具体化为"气"、为"金丹"，那么如何才能得"道"？程以宁说："惟大人与天为徒，无生无死。若凡人则方生方死，方死方生，听其气之聚散以生死，特与人为徒耳。岂惟人为然，万物之出机入机，亦与之为一也。生则神奇，死则臭腐，俄而今者之臭腐化为来者之神奇，俄而来者之神奇复化为后日之臭腐。物异而气不异，故曰通天下一气耳。凡

---

① 《南华真经注疏》，《藏外道书》第 2 册，成都：巴蜀书社，1992 年，第 313 页。
② 《南华真经注疏》，《藏外道书》第 2 册，成都：巴蜀书社，1992 年，第 355 页。
③ 《南华真经注疏》，《藏外道书》第 2 册，成都：巴蜀书社，1992 年，第 423 页。
④ 《南华真经副墨》，《藏外道书》第 2 册，成都：巴蜀书社，1992 年，第 149 页。

人得此一气,听其自聚自散,故有生死。圣人得此一气,聚之而不使散,故贵一耳,非黄帝不能达,不知者之合道,忘言者之近道,而有问有答者之离道。"① 这里,程以宁以"气之聚散以生死"为立论点,以"臭腐化为来者之神奇"以及"来者之神奇复化为后日之臭腐"这两种具体"物化"现象为例,明确指出了"不知"就能"合道"。可见,程以宁与前人一样强调"心"的"不知"。在他看来,"夫人一身,心为王,四肢百骸皆是臣妾,所以供王之役,而神又是王之主宰"②。这就是说,"心"是人身体之"王",而"神"又是"心"的主宰。尽管如此,"神"却受"心"的影响,如程以宁所说:"人心好静,必静而后不牵于欲;人神好清,必清而后不扰于心。无劳汝形,养外以保内也。无摇汝精,固内以壮外也,乃可以长生。神,长生也。目无所见,耳无所闻,则精不摇于耳目,犹有限也。心无所知,斯精不摇于心而神自宁。神守其形,形乃长生。慎汝内则内不出,闭汝外则外不入。"③ 这里,程以宁认为"心无所知"就能让"心"静,而"心"静就能让"神"自宁,从而让"形"长生。在"心""神""形"三者中,程以宁强调"神"的多重主宰作用,他认为"神"不仅主宰"心"而且也对"形"起主宰作用,如他所说:"既有形矣,必有形形者。形形者,神也。形以神为君,神以形为宅。故曰形体保神。神即道家之元神,佛氏之元性也。"④ 可见,程以宁虽主张"神"的主宰作用,但他认为"形"可以保"神"。由此看来,在"心""神""形"三者中,程以宁虽强调"神"的主宰作用,但其根本点在于"心"。

---

① 《南华真经注疏》,《藏外道书》第2册,成都:巴蜀书社,1992年,第428页。
② 《南华真经注疏》,《藏外道书》第2册,成都:巴蜀书社,1992年,第319页。
③ 《南华真经注疏》,《藏外道书》第2册,成都:巴蜀书社,1992年,第358页。
④ 《南华真经注疏》,《藏外道书》第2册,成都:巴蜀书社,1992年,第368页。

在他看来，"万化无极，亦奚足以累吾心，已为道者解乎，此故也。则得至美而游至乐矣"①。从这可以看出，程以宁认为"物化"现象无数，即"万化无极"，要达到"至美而游至乐"的境界关键在于"心"。可见，从程以宁的"道"论以及他的有关"心""神""形"三者关系的观点来看，"心无所知"是他的"物化"审美心境思想。

在如何实现"心无所知"问题上，程以宁有自己独到的见解。在他看来，"好智而无道，天下于是浸浸大乱矣。但以机心生而机事起，机事起而机祸深"②。这里，程以宁认为"机心"是"机事"的根源。可见，程以宁的"心无所知"指的是抛弃一切"机心"，即杂欲，也就是在精神上对自己的超越。在他看来，"俯仰天地，孰为大哉？惟空大也。空能载天地，藏万有，空中有物。物中之至大者，心也。此心超乎天地之上，故可以貌万物，包乎天地之外，故可以陶万物"③。可见，程以宁的"心无所知"强调的是内心的"空"。

三、"心"的基本特征

从属性上讲，道教是一种人为宗教，它的生命哲学重在生，以人为中心，时刻关注人的生命和心灵状态，把彼岸性和此岸性交替融合，从而描绘出一幅完美的人生画卷。从上一小节有关"心"的几种主要代表思想来看，"心"是道教"物化"美学思想的一个重要范畴，具有自己的一些基本特征。

---

① 《南华真经注疏》，《藏外道书》第 2 册，成都：巴蜀书社，1992 年，第 417 页。
② 《南华真经注疏》，《藏外道书》第 2 册，成都：巴蜀书社，1992 年，第 352—353 页。
③ 《南华真经注疏》，《藏外道书》第 2 册，成都：巴蜀书社，1992 年，第 317 页。

（一）"心"的直接体验性

在道教的早期阶段，《西升经》就特别强调"心"的统帅作用，如《生置章第十七》所说："生我者神，杀我者心。"① 这里，《西升经》认为"神"和"心"掌管人的生杀大权，"神"管"生"，而"心"管"杀"。在修炼"形"与"神"上，《西升经》是把"心"摆在首位的，极力主张无心于形神，如《道虚章第二十》说："无为养身，形体全也。"② 再如，《身心章第二十四》说："身之虚也，而万物至；心之无也，而和气归……常以虚为身，亦以无为心。此两者同谓之无身之身，无心之心，可谓守神。守神玄通，是谓道同。"③ 可见，从这里《道虚章第二十》和《身心章第二十四》的论述来看，《西升经》其实是主张"无为"的，它的"无身"其实就是在观念中忘弃形神，这从一个侧面说明，《西升经》高度重视"心"的主控作用。《西升经》的这一思想被陶弘景所继承，但陶弘景并非照搬《西升经》的"心"的思想，而是把《西升经》的"心"拓展为"游心"，这就是精神上的高度自由。在中国古典美学思想中，庄子在其《田子方》中借老子之口把"游"说成是"至美至乐"的境界。这无疑是说，陶弘景继承了庄子的"游"，事实也确实如此，但陶弘景有所发展，他把"游心"与"虚静"并用，提出"游心"的前提条件在于"虚静"，并一再强调"教人修心即修

---

① 《西升经》卷中《生置章第十七》，《道藏》第 11 册，北京：文物出版社，上海：上海书店，天津：天津古籍出版社，1988 年，第 503 页。
② 《西升经》卷中《道虚章第二十》，《道藏》第 11 册，北京：文物出版社，上海：上海书店，天津：天津古籍出版社，1988 年，第 505 页。
③ 《西升经》卷下《身心章第二十四》，《道藏》第 11 册，北京：文物出版社，上海：上海书店，天津：天津古籍出版社，1988 年，第 506—507 页。

道也，教人修道即修心也"①。可见，陶弘景把"修道"看成"修心"，把"修心"看成"修道"，从而奠定了道教"物化"美学思想"心"范畴的理论基础。

自陶弘景之后，道教对"心"的看法进一步拓展，但不管怎样，陶弘景的"游心虚静"中的"游"、杜光庭的"安静心王"中的"安静"以及丘处机的"俱在心为"中的"为"都表现了主体的直接体验性。当然，从理论上讲，道教"物化"美学思想之"心"的这种直接体验性强调向内求，如陶弘景的"游心虚静"、杜光庭的"安静心王"、丘处机的"俱在心为"、王玄览的"无心则无知"、白玉蟾的"心心虚寂"以及程以宁的"心无所知"等都是指的主体在内心下功夫，从而使主体的身心以及人生境界得以提升。

总之，道教"物化"美学思想中的"心"具有直接体验性的特征，这是与道教的具体实践性分不开的。在道教看来，"我"与"物"的根源相同，故"我"与"物"可以相互转化，但"我"是宇宙有生命的物种中最有灵性的，如葛洪所说："有生最灵，莫过乎人。贵性之物，宜必钧一。"②因而"我"与"物"的相互转化过程就是一个直接体验的过程。这一过程的关键在于"心"，因为如杜光庭所说，"心"处于"王"的地位，亦即"心王"，也就是起统帅作用。道教认为，"心"的这种统帅作用要求主体向内求，也就是注重主体身心和人生境界的提升。

---

① 《上清经秘诀》，《道藏》第32册，北京：文物出版社，上海：上海书店，天津：天津古籍出版社，1988年，第732页。
② 王明：《抱朴子内篇校释·论仙》（增订本），北京：中华书局，1985年第2版，第14页。

（二）"心"即"道"的本体性

道教之所以称为道教，其主要原因在于它的"道"本体，也就是说，道教以"道"为宇宙本体。在本章第一节中，本书详细地论述了"一"美为"道"美的别称，同时也说明了"道"美还被称为"玄"美、"德"美等。这一方面说明，"道"在道教中的地位是极其重要的，另一方面说明，道教的"道"与道家的"道"是不同的。

虽然陶弘景的"教人修心即修道也，教人修道即修心也"①突出了"心"的本体性，但陶弘景是从道教的修行视角出发的，也就是说，陶弘景把方法与境界统一了，这从一个侧面说明了道教"物化"美学思想的"心"突出的是审美境界与人生境界的统一。尽管如此，陶弘景并未从字面上把"心"直接称为"道"。换句话说，陶弘景的"教人修心即修道也，教人修道即修心也"②只是奠定了"心"即"道"的理论基础，而真正把"心"直接称为"道"的应是道教南宗诸祖。如白玉蟾所说："心即道，道即法，法即术，术即虚无，虚无即自然。"③可见，白玉蟾强调人的主观意识是宇宙万物的本源。同时，白玉蟾认为"道"就是"一"，如他所说："夫道，一而已矣。……子欲得衣，一与之裳；子欲得食，一与之粮；子欲得饮，一与之浆。"④这样，白玉蟾就把"道""一""心"融合了，也就是说，美具

---

① 《上清经秘诀》，《道藏》第32册，北京：文物出版社，上海：上海书店，天津：天津古籍出版社，1988年，第732页。
② 《上清经秘诀》，《道藏》第32册，北京：文物出版社，上海：上海书店，天津：天津古籍出版社，1988年，第732页。
③ 《传道集·钩锁连环经》，《道藏》第33册，北京：文物出版社，上海：上海书店，天津：天津古籍出版社，1988年，第151页。
④ 《琼琯白真人集·鹤林问道篇下》，《藏外道书》第5册，成都：巴蜀书社，1992年，第103页。

有主观意识性,亦即美是主观的。

  从思想的发展来看,道教"物化"美学思想中的"心"指的就是"道",具有本体性,这是与道教美学思想的发展分不开的。道教美学思想主张"仙"美、"真"美,但在如何获得"仙"美、"真"美上经历了两大发展阶段:肉体成仙、精神成仙。从审美意识来看,肉体成仙向精神成仙的转变表明了道教的美的愉悦感由纯粹的感官向精神的领域推移,在这一过程中,因受儒、佛,尤其是佛教的影响,"心"具有不断衍生性,发展为"虚寂""心无"等,甚至在艺术上发展为"意思",如元代画家黄公望(1269—1354)就提出了"画不过意思而已"① 的主张。黄公望的"意思"应指的是画者的内心情感,亦即心绪,这说明黄公望继承了道教"心"的本体性观念。换句话说,黄公望主张画之美在于画者的主观意识,也就是说,美是主观的。总之,道教"物化"美学思想中的"心"具有"道"的本体性特征,它不仅具有衍生性,而且还突出了方法与境界的同一、审美境界与人生境界的统一。

第三节　道教"物化"美学思想之"忘"

  既然"一"美要靠"心"来感悟,那么"心"就自然离不开"忘",因为"心"和"忘"彼此是分不开的。当然,这个"忘"并非我们日常生活所理解的"忘";相反,这个"忘"有其自己的含义、主要代表思想以及基本特征。

---

① ［元］饶自然、［元］黄公望:《绘宗十二忌·写山水诀》,邓以蛰标点注译,马采标点注译,北京:人民美术出版社,1959年,第6页。

一、"忘"的概述

"忘"最初在中国哲学中被看成体"道"、达"道"的途径，故本书认为这也许就是朱立元（1945—）主编的《美学大辞典》并未把"忘"作为中国美学的一个基本范畴加以收录的原因。但事实上，"忘"在不断的发展中，已逐渐变成了一个美学范畴，这点有学者早就论述过。在《西南民族学院学报》（哲学社会科学版）1999年第6期中，《忘——即自的超越》的作者明确地指出了"'忘'是中国古典美学重要的方法论范畴"[①]。在《衡阳师范学院学报》2005年第5期中，《"忘"在中国古代美学中的价值生成》的作者明确指出了"'忘'在中国古代既是一个哲学范畴，也是一个美学范畴"[②]。

从来源上讲，"忘"是《庄子》中的一个重要概念，被庄子多次用在不同层面上，如"坐忘""忘足""忘要""忘仁义""忘其言""两忘而化其道""忘己""得鱼而忘荃""得意而忘言"等。在庄子看来，"忘"是达到"至人无己""神人无功"以及"圣人无名"境界的途径，如他所说："若夫乘天地之正，而御六气之辩，以游无穷者，彼且恶乎待哉！故曰，至人无己，神人无功，圣人无名。"[③] 从《庄子》的整体思想来看，"忘"有三层含义："忘我""忘年忘义""忘言"。第一，庄子的"忘我"有两层含义：首先，"忘我"指的是忘身、忘形，也就是我的外在形体，用庄子的话说是"堕肢体"；其次，"忘我"指是

---

① 皮朝纲、刘方：《忘——即自的超越》，《西南民族学院学报》（哲学社会科学版），1999年第6期，第96页。
② 周冰：《"忘"在中国古代美学中的价值生成》，《衡阳师范学院学报》，2005年第5期，第52页。
③ 陈鼓应注译：《庄子今注今译》（上），北京：中华书局，2009年第2版，第18页。

"忘"自身，如《庄子·齐物论》说："今者吾丧我，汝知之乎？"① 这里的"吾丧我"就是"我自忘矣"②。其中的"'丧我'的'我'，指偏执的我。'吾'，指真我"③。第二，"忘年忘义"的意思是忘掉生死、忘掉是非，也就是"忘生死忘是非。按：安适之至谓之'忘'。郭象注：'忘年故玄同死生，忘义故弥贯是非'"④。第三，"忘言"指的是"得意而忘言"，也就是要忘掉获得意思所用的语言，如庄子说："荃者所以在鱼，得鱼而忘荃；蹄者所以在兔，得兔而忘蹄；言者所以在意，得意而忘言。"⑤在庄子的思想中，最重要的是"坐忘"。在庄子看来，"坐忘"不外乎是"外则'忘形'，内则'忘心'"⑥。具体而言，就是摆脱形体、语言识见以及世俗杂欲的干扰，从而实现与"道"冥合的境界。可见，从语意上讲，庄子的"坐忘"包含前述"忘"的三个意思。

如第一章所述，庄子的"物化"美学思想是道教"物化"美学思想的直接来源。因此，"忘"在道教"物化"美学思想中因与"心"有紧密联系而占有重要的地位，且是道教"物化"美学思想不断发展中的一个重要范畴。从含义上讲，道教"物化"美学思想的"忘"并没有脱离庄子"忘"的三个含义，也就是说，道教"物化"美学思想的"忘"的含义主要有"忘我"

---

① 陈鼓应注译：《庄子今注今译》（上），北京：中华书局，2009年第2版，第39页。
② ［晋］郭象注，［唐］成玄英疏：《南华真经注疏》（上），曹础基、黄兰发点校，北京：中华书局，1998年，第24页。
③ 陈鼓应注译：《庄子今注今译》（上），北京：中华书局，2009年第2版，第41页。
④ 陈鼓应注译：《庄子今注今译》（上），北京：中华书局，2009年第2版，第99页。
⑤ 陈鼓应注译：《庄子今注今译》（下），北京：中华书局，2009年第2版，第772—773页。
⑥ 陈望衡：《中国古典美学史》（上卷），武汉：武汉大学出版社，2007年，第144页。

"忘年忘义""忘言"。

二、"忘"的主要代表思想

道教的"忘"虽以庄子的"忘"为其理论源泉,但在道教"物化"美学思想的长期发展中,道教的"忘"不断呈现出不同的审美内涵。从文字上讲,"忘"常与"物""我""身""心"连用。同时,因受佛教思想的影响,"忘"甚至拓展为"无",如南宋道士陈显微(生卒年不详)的"无我"。尽管"忘"在道教美学中有很长的历史,但笔者在查阅大量原典的基础上,通过反复对比分析,最后认为道教"物化"美学思想之"忘"的典型代表思想应是"物我兼忘""坐忘""虚夷忘身""无我""身心俱忘"。下文将以时间为序,逐一对这五种典型的道教"物化"美学思想之"忘"的思想进行深入的论述。

(一)"物我兼忘"

"物我兼忘"是唐代著名的道教重玄学派学者成玄英提出的"物化"审美心境思想。在成玄英看来,"圣人,即与天地合德者也,举其高行,楷模群有也。后其身,先度物也;而身先,超三界也。外其身,堕肢体也;而身存,得长生也"①。这里,成玄英对老子的"是以圣人后其身而身先;外其身而身存"②做了详尽的注释。这从一个侧面表明了成玄英对"身"的看法。这就是说,在肉体与精神方面,成玄英是主张精神不朽的。正是立足于此观点,成玄英在《庄子·至乐疏》中说:"观化之理,理

---

① 蒙文通:《道教甄微》,蒙默编《蒙文通全集》(五),成都:巴蜀书社,2015年,第131页。
② 陈鼓应:《老子注译及评介》,北京:中华书局,2009年第2版,第83页。

在忘怀。我本无身，何恶之有也！"① 这就是说，"物化"之理在于"忘怀"，亦即忘掉自身，因为"我"在本质上是"无身"的。从此前提出发，成玄英说："是知物我兼忘，故能冥会自然之道也。"② 这里，成玄英明确提出了"物我兼忘"的"物化"审美心境思想。从美学层面看，这里的"物"指的是审美对象，而这里的"我"则指的是审美主体，故"物我兼忘"就是说消除审美对象与审美主体的界限，而达到审美对象与审美主体的高度融合。

在如何实现"物我兼忘"的问题上，成玄英有自己的见解。从文字上看，成玄英把"物"放在"我"的前面，突出了"物"在"物化"审美心境思想中的地位，符合道教的"造化"理论。在成玄英看来，"大道开阖天地，造化苍生，慈泽无穷而不偏爱，故不为仁，长于上古而不为寿"③。这就是说，大道在造化万物时是没有偏爱的，故成玄英说："夫圣主神人，物我平等，必不多贪滋味而自与焉。"④ 可见，成玄英主张人与物平等，如他所说："人无害物之心，物无畏人之虑。故山禽野兽，可羁系而遨游；鸟鹊巢窠，可攀援而窥望也。"⑤ 也就是说，物与人和谐相处，共同构织出一幅自然和谐的画面。在成玄英看来，"夫天下万物，各有常分。至如蓬曲麻直，首圆足方也，水则冬凝而夏

---

① [晋]郭象注，[唐]成玄英疏：《南华真经注疏》（下），曹础基、黄兰发点校，北京：中华书局，1998年，第360页。
② 《南华真经注疏》卷十四，《道藏》第16册，北京：文物出版社，上海：上海书店，天津：天津古籍出版社，1988年，第434页。
③ 《南华真经注疏》卷十五，《道藏》第16册，北京：文物出版社，上海：上海书店，天津：天津古籍出版社，1988年，第446页。
④ 《南华真经注疏》卷二十六，《道藏》第16册，北京：文物出版社，上海：上海书店，天津：天津古籍出版社，1988年，第575页。
⑤ 《南华真经注疏》卷十一，《道藏》第16册，北京：文物出版社，上海：上海书店，天津：天津古籍出版社，1988年，第399页。

释,鱼则春聚而秋散,斯出自天然,非假诸物,岂有钩绳规矩胶漆缰索之可加乎?在形既然,于性亦尔。故知礼乐仁义者,乱天之经者也"①。这里,成玄英以"蓬""麻""水""鱼"为例,揭示了天下万物皆有天然之真性,指出了儒家的礼、乐、仁、义违背了天然之真性。从这可以看出,成玄英的"物我兼忘"侧重的是物我之真性,包括两方面:"忘物"与"忘我"。"忘物"指的是恢复物的真性,也即物的自然之性,而"忘我"就是忘身忘形。在成玄英看来,只有做到对自己肉体的彻底否定,才能像圣人那样"放任乎自然之境,敖游乎造化之场"②。因此,成玄英说:"随造化之物情,顺自然之本性,无容私作法术,措意治之。放而任之,则物我全之矣。"③由此看来,成玄英的"物我兼忘"讲的是顺应自然。

从审美层面看,"物我兼忘"突出的是审美主体与审美对象高度融合,这种融合其实就是一种超越,即对现实的超越。在这种超越过程中,"我"(审美主体)与"物"(审美对象)都同时回到了原始之天然之性,从而"与道合一",同时这种超越过程也是新意象的生成过程。在此过程中,"我"的精神获得了高度的自由,这时,"我"的情趣与"物"的情趣往复回流,而这种回流就是美学上的移情作用。

---

① 《南华真经注疏》卷十,《道藏》第16册,北京:文物出版社,上海:上海书店,天津:天津古籍出版社,1988年,第393页。
② [晋]郭象注,[唐]成玄英疏:《南华真经注疏》(下),曹础基、黄兰发点校,北京:中华书局,1998年,第369页。
③ 《南华真经注疏》卷九,《道藏》第16册,北京:文物出版社,上海:上海书店,天津:天津古籍出版社,1988年,第384页。

(二)"坐忘"

"坐忘"是唐代著名的道教学者司马承祯提出的"物化"审美心境思想。在司马承祯看来,神仙有两种:一种是"形与道同"的神人,一种是"自然异于俗人"的神仙。他认为神人能够"神性虚融,体无变灭,形与道同,故无生死,隐则形同于神,显则神同于气,所以蹈水火而无害,对日月而无影,存亡在己,出入无间"[①]。相反,对于"自然异于俗人"的神仙,司马承祯却认为"人生时禀得虚气,精明通悟,学无滞塞,则谓之神,宅神于内,遗照于外。自然异于俗人,则谓之神仙,故神仙亦人也"[②]。可见,神人与神仙在司马承祯看来还是有区别的,区别的关键在于形与神。具体而言,神人的形与道相同,也就是不能被人体感官所感知,隐身时,神人的形与神融为一体,而显身时,神与气融为一体,故神人能"出入无间";相反,神仙在形方面与俗人没有什么区别,只是"自然异于俗人",其"宅神于内,遗照于外"。正是因为神人与神仙在形与神方面的不同,司马承祯才提出了"坐忘"的审美心境思想。

从来源上讲,"坐忘"一词最早见于《庄子·大宗师》。在该篇中,颜回说:"堕肢体,黜聪明,离形去知,同于大通,此谓坐忘。"[③] 这句话的意思是:"不着意自己的肢体,不摆弄自己的聪明,超脱形体的拘执,免于智巧的束缚,和大道融通为一,

---

[①] 《坐忘论·得道七》,《道藏》第22册,北京:文物出版社,上海:上海书店,天津:天津古籍出版社,1988年,第896页。
[②] 《天隐子·神仙》,《道藏》第21册,北京:文物出版社,上海:上海书店,天津:天津古籍出版社,1988年,第699页。
[③] 陈鼓应注译:《庄子今注今译》(上),北京:中华书局,2009年第2版,第226页。

这就是坐忘。"① 从这可以看出,"坐忘"是一种静坐心空、物我两忘的境界。在继承前人关于"坐忘"的思想成果的基础上,司马承祯对"坐忘"提出了自己独到的见解。司马承祯说:"夫人之所贵者生,生之所贵者道;人之有道,若鱼之有水。"② 这里,司马承祯认为人最宝贵的是生命,生命最宝贵的是"道",所以人一旦得"道",就犹如鱼得水,因为"原其心体,以道为本,但为心神被染,蒙蔽渐深,流浪日久,遂与道隔。若净除心垢,开识神本,名曰修道。无复流浪,与道冥合,安在道中,名曰归根"③。这就是说,"心体"原以"道"为本,后被"心神"所染、所蒙蔽,久而久之,与"道"不相合,因而只有修道,才能除去"心垢",让"心体"与"道"相合,从而达到"心体"在"道"中,这就叫"归根"。可见,司马承祯的"坐忘"是为了让"心体"与"道"相合。

怎样才能让"心体"与"道"相合?司马承祯说:"夫欲修道成真,先去邪僻之行,外事都绝,无以干心。然后端坐,内观正觉,觉一念起,即须除灭。随起随制,务令安静。其次,虽非的有贪著,浮游乱想,亦尽灭除。昼夜勤行,须臾不替。唯灭动心,不灭照心,但冥虚心,不冥有心。不依一物,而心常住。"④这里,司马承祯认为要让"心体"与"道"相合,必须勤练修道,让"心"不受外界干扰,废除不良行为以及一切杂念,从

---

① 陈鼓应注译:《庄子今注今译》(上),北京:中华书局,2009年第2版,第228页。
② 《坐忘论》,《道藏》第22册,北京:文物出版社,上海:上海书店,天津:天津古籍出版社,1988年,第892页。
③ 《坐忘论·断缘二》,《道藏》第22册,北京:文物出版社,上海:上海书店,天津:天津古籍出版社,1988年,第893页。
④ 《坐忘论·得道七》,《道藏》第22册,北京:文物出版社,上海:上海书店,天津:天津古籍出版社,1988年,第897页。

而使"心"安静,让"心"保持"虚"的状态,这就是说,司马承祯的"坐忘"立足于"心"。事实也确实如此,司马承祯在《坐忘论》中从"敬信""断缘""收心""简事""真观""泰定""得道"七个阶段来阐述他的"坐忘"修心论,这从一个侧面说明司马承祯对"心"的高度重视。所以,从整个《坐忘论》来看,司马承祯从"心"入手,强调了"身与道同",如他所说:"山有玉,草木以之不凋;人怀道,形骸以之永固。资熏日久,变质同神;炼形入微,与道冥一。散一身为万法,混万法为一身。智照无边,形超麈极。总色空而为用,含造化以成功,真应无方,其惟道德。"① 他又说:"神不出身,与道同久,且身与道同,则无时而不存,心与道同,则无法而不通。"② 这里,司马承祯对肉体成仙持肯定态度。在司马承祯看来,修道若能兼从"形"入手,不仅能获得神通,而且能让肉体成仙,故他说:"深则兼被于形,浅则唯及于心。"③ 由此看来,从审美层面看,司马承祯的"坐忘"应是一种物我两忘、与道融为一体、精神高度自由的超越状态,如他所说:"夫坐忘者,何所不忘哉?内不觉其一身,外不知乎宇宙,与道冥一,万虑皆遗。"④

(三)"虚夷忘身"

"虚夷忘身"是唐代著名的道教学者吴筠提出的"物化"审美心境思想。在吴筠看来,"夫道,至虚极也,而含神运气,自

---

① 《坐忘论·得道七》,《道藏》第22册,北京:文物出版社,上海:上海书店,天津:天津古籍出版社,1988年,第897页。
② 《坐忘论·得道七》,《道藏》第22册,北京:文物出版社,上海:上海书店,天津:天津古籍出版社,1988年,第897页。
③ 《坐忘论·得道七》,《道藏》第22册,北京:文物出版社,上海:上海书店,天津:天津古籍出版社,1988年,第896页。
④ 《坐忘论·敬信一》,《道藏》第22册,北京:文物出版社,上海:上海书店,天津:天津古籍出版社,1988年,第892页。

无而生有。故空洞杳冥者，大道无形之形也；天地日月者，大道有形之形也"①。这里，吴筠把"大道"看成"无形"与"有形"的统一；其中，"无形"指的是"大道"的初始状态，而"有形"指的是"大道"的呈现状态。从"大道"的这两种不同的状态出发，吴筠说："生我者道，灭我者情。苟忘其情则全乎性，性全则形全，形全则气全，气全则神全，神全则道全。道全则神王，神王则气灵，气灵则形超，形超则性彻，性彻则返覆流通，与道为一，可使有为无，可使虚为实。吾将与造物者为俦，奚死生之能累乎？"②这里，吴筠认为"情"与"道"是不相容的，在他看来，要得"道"，就必须"忘情"；否则，人就会有生死之累，因为只有"忘情"，人的"性""形""气""神"才会全，继而"道"才会全，从而才能在不断反复循环运动中实现"与道为一"。从这可以看出，在"性""形""气""神"中，吴筠认为"神"是很重要的，只有"神"全，才会有"道"全，因为"神者，无形之至灵者也。神禀于道，静而合乎性。人禀于神，动而合乎情。故率性则神凝，为情则神扰。凝久则神止，扰极则神迁。止则生，迁则死"③。

吴筠认为要获得"道"美，修道者就不能有任何情欲，故吴筠说："性动为情，情反于道。……故君子黜嗜欲，堕聪明，视无色，听无声，恬澹纯粹，体和神清，虚夷忘身，乃合至精。此所谓返我之宗，复与道同。与道同，则造化莫能移，鬼神莫能

---

① 《宗玄先生玄纲论·以有契无章第三十三》，《道藏》第 23 册，北京：文物出版社，上海：上海书店，天津：天津古籍出版社，1988 年，第 681 页。
② 《宗玄先生玄纲论·同有无章第七》，《道藏》第 23 册，北京：文物出版社，上海：上海书店，天津：天津古籍出版社，1988 年，第 676 页。
③ 《宗玄先生玄纲论·率性凝神章第二十七》，《道藏》第 23 册，北京：文物出版社，上海：上海书店，天津：天津古籍出版社，1988 年，第 680 页。

知，而况于人乎。"① 这里，吴筠明确提出了"虚夷忘身"的"物化"审美心境思想，在他看来，"虚夷忘身"能实现"与道同"，也即能获得"道"美。在如何实现"虚夷忘身"问题上，吴筠认为首先要保持"心静"。在他看来，"静者天地之心也，动者天地之气也"②，因而"心不宁则无以同乎道，气不运则无以存乎形"③，这就是说，只有心保持安宁，才能"同乎道"。其次，吴筠认为要节欲，如他所说："欲不可纵，纵之必亡。神不可辱，辱之必伤。伤者无返期，朽者无生理。但能止嗜欲、戒荒淫，则百骸理，则万化安。"④ 这里，吴筠认为人的欲望过多，就会伤神，要让"万化安"，就必须节欲，故吴筠认为只要"睹有而如见空寂，闻韶而若听谷音，与自然而作侣，将无欲以为朋"⑤，就能"同浩劫之罔极，以万椿为一朝"⑥，也就是说，要让心如空寂，也即保持"虚"的状态。最后，吴筠认为要"忘"，他说："道不欲有心，有心则真气不集。又不欲苦忘心，苦忘心则客邪来舍。在于平和恬澹、澄静精微、虚明合元、有感必应。应而勿取，真伪斯分。"⑦ 这里，吴筠的"忘"不是"苦

---

① 《宗玄先生纲论·性情章第五》，《道藏》第23册，北京：文物出版社，上海：上海书店，天津：天津古籍出版社，1988年，第675页。
② 《宗玄先生纲论·超动静章第六》，《道藏》第23册，北京：文物出版社，上海：上海书店，天津：天津古籍出版社，1988年，第675页。
③ 《宗玄先生纲论·超动静章第六》，《道藏》第23册，北京：文物出版社，上海：上海书店，天津：天津古籍出版社，1988年，第675页。
④ 《宗玄先生文集》卷中《形神可固论》，《道藏》第23册，北京：文物出版社，上海：上海书店，天津：天津古籍出版社，1988年，第664页。
⑤ 《宗玄先生文集》卷中《心目论》，《道藏》第23册，北京：文物出版社，上海：上海书店，天津：天津古籍出版社，1988年，第662页。
⑥ 《宗玄先生文集》卷中《心目论》，《道藏》第23册，北京：文物出版社，上海：上海书店，天津：天津古籍出版社，1988年，第662页。
⑦ 《宗玄先生玄纲论·虚明合元章第十三》，《道藏》第23册，北京：文物出版社，上海：上海书店，天津：天津古籍出版社，1988年，第677页。

忘心",而是"有感必应",同时"应而勿取",也就是说,要"忘身"。由此看来,吴筠的"虚夷忘身"以"与道为一"为终极目的,从"性""形""气""神"四个方面入手,揭示了"情"与"道"不相容,从而突出了"神"的作用。

在吴筠看来,修道者要获得"道"美,就必须从"心"与"形"上下功夫。具体而言,要让自己的"心"保持"虚"的状态,也就是"空寂"的状态。在如何实现这种状态的问题上,吴筠认为要节欲,也即控制自己的情欲,同时要"心静",不被外在的东西所干扰。在此基础上,吴筠还认为要"忘身",也即在审美观照中,使自己与审美对象一起融合,做到"有感必应",但"应而勿取",也就是常说的"超越"。可见,吴筠的"虚夷忘身"突出的是审美主体的精神外放。

(四)"无我"

"无我"是南宋著名的道士陈显微提出的"物化"审美心境思想。从思想来源看,陈显微的"无我"审美心境思想是建立在他的"圣人无我"观基础上的。陈显微说:"圣人能大能小,能智能愚,能垢能净,能贵能贱,能寿能夭,千变万化,无可无不可。贤人则不然,能大者不能小,能智则不能愚。"[①] 这里,陈显微对圣人与贤人做了比较,旨在说明圣人能够千变万化,而贤人则不能。究其根源,陈显微认为,圣人能够"无为顺自然",而贤人则不能。

在陈显微看来,"圣人本之以谦,含之以虚,行之以易,变之以权;因人之贤而贤之,因之愚而愚之,因是是之,因非非之;不以古今而先后其心,不以内外而轻重其事,而以天下治天

---

① 《文始经言外旨》卷三,《道藏》第14册,北京:文物出版社,上海:上海书店,天津:天津古籍出版社,1988年,第705页。

下也。天下归功于圣人，圣人不自以为功而任功于天下，是道也，尧舜禹汤得之，故皆曰自然"①。这里，陈显微以尧舜禹汤为例，指出了圣人的独特之处在于"顺自然"而为，同时还"不自以为功"，故他认为"天无为而万化成，圣人无为而天下治"②，这就是说，"无为"是实现"物化"以及"天下治"的途径。在此基础上，陈显微进一步说："圣人无我，故道以天命不自有道也，德以时符不自有德也，事以人为不自有事也。彼执有道、有德、有事者，庸人尔。"③ 又说："圣人之闻见，未尝异于众人。众人之闻见，随处变异而生好恶、和竞、得夫之心。使圣人异于众人而随处不生好恶、和竞、得失之心，则有心矣，有我矣，此贤人不动心之学，望圣人而未至者也。"④ 这里，陈显微指出了圣人与众人和贤人的根本区别在于"无我"，也就是"随处不生好恶、和竞、得失之心"⑤。可见，陈显微认为，圣人的"无我"应与"心"有关；不仅如此，陈显微还说："圣人犹不欲久立于世者，示此形躯为吾大患，惧化之不可知也。"⑥ 也就是说，圣人若不愿久立于世，则可以"物化"自己的形躯。由此看来，圣人的"无我"应包括"心"与"形"两方面。在

---

① 《文始经言外旨》卷三，《道藏》第14册，北京：文物出版社，上海：上海书店，天津：天津古籍出版社，1988年，第702页。
② 《文始经言外旨》卷三，《道藏》第14册，北京：文物出版社，上海：上海书店，天津：天津古籍出版社，1988年，第702页。
③ 《文始经言外旨》卷三，《道藏》第14册，北京：文物出版社，上海：上海书店，天津：天津古籍出版社，1988年，第702页。
④ 《文始经言外旨》卷七，《道藏》第14册，北京：文物出版社，上海：上海书店，天津：天津古籍出版社，1988年，第723页。
⑤ 《文始经言外旨》卷七，《道藏》第14册，北京：文物出版社，上海：上海书店，天津：天津古籍出版社，1988年，第723页。
⑥ 《文始经言外旨》卷七，《道藏》第14册，北京：文物出版社，上海：上海书店，天津：天津古籍出版社，1988年，第723页。

陈显微看来，圣人正是真正做到了"无我"，才能够"同乎物而不自异，则与物和而不竞也；惊其得而不自有，则与道忘而不失也"①。这就是说，圣人能够忘却"道"而达到与"道"合一。可见，圣人"无我"的终极目标是获得"道"美。从此前提出发，陈显微明确提出了"无我"的"物化"审美心境思想。陈显微说："天不自天所以天长，地不自地所以地久。使人不自人、我不自我，则可以同天地之长久矣。"② 这就是说，天地能够天长地久的原因在于天地能够忘却自己，也即"天不自天""地不自地"。同理，人能够忘却自己，就可以与天地一样长久，因为"惟无我、无人、无首、无尾，与天地冥契，则精神长存矣"③。从这可以看出，陈显微的"无我"侧重的是"精神"。

在如何实现"无我"问题上，陈显微有自己独到的见解。首先，陈显微认为，实现"无我"的"物化"审美心境思想的前提条件是"诚"。在中国古典美学史上，孟子是第一个把"诚"看成天道与人道的，如他在《离娄章句上》中所说："是故诚者，天之道也。思诚者，人之道也。"④ 陈显微继承了孟子的这一思想，并对其做了进一步的拓展。他说："诚者可以动天地、感鬼神，故或诵咒事神，或墨字变指，皆可役神御气，变化万物。不诚之人不自信，其虚而易于信外物，故圣人假此变化以

---

① 《文始经言外旨》卷三，《道藏》第14册，北京：文物出版社，上海：上海书店，天津：天津古籍出版社，1988年，第705页。
② 《文始经言外旨》卷二，《道藏》第14册，北京：文物出版社，上海：上海书店，天津：天津古籍出版社，1988年，第701页。
③ 《文始经言外旨》卷四，《道藏》第14册，北京：文物出版社，上海：上海书店，天津：天津古籍出版社，1988年，第707页。
④ [清] 焦循：《孟子正义》（上），沈文倬点校，北京：中华书局，1987年，第509页。

启其信心，使其苟知其为诚，则不待彼为之而自能为之矣。"①这里，陈显微强调了"诚"的作用——"变化万物"，即"物化"，旨在说明修道者实现"无我"的前提是"诚"。其次，陈显微认为，"无我"的关键在于"心"。他说："圣人能神神而不神于神，众人神于神而不能神神。能神神则日应万物，其心寂然；神于神则心蔽事物而为鬼所摄。"②这里，陈显微认为，圣人能够让自己的心静，即"其心寂然"，也就是说，圣人的"心"不被外物所干扰。同时，陈显微还说："惟圣人不执是不辨非，不恃恩不念仇，平我山夷人海，居天下之常，虑事物之变，未尝先人而尝随人，其要无咎而已矣。"③这里，陈显微认为，圣人不被是非、恩仇等所困扰，其"心"不随物动，也就是说，圣人的"心"不执着于某一物。从这可以看出，陈显微的"无我"在"心"上的要求包括两方面：一是心静；一是心不执。第三，陈显微认为，要做到"无我"还须"去识"。在他看来，"自胞胎赋形而来，此心未尝先具此识也，盖因根尘取受伊习而后生。关尹子曰：物交心生识是也"④。这就是说，"识"并非人天生具有，而是后天所得。陈显微认为，人一旦有"识"，要想摆脱"识"的影响就不那么容易，如他所说："去识易，不续难。传曰：得道易，守道难。信哉！"⑤因为"物之真

---

① 《文始经言外旨》卷七，《道藏》第14册，北京：文物出版社，上海：上海书店，天津：天津古籍出版社，1988年，第722页。
② 《文始经言外旨》卷五，《道藏》第14册，北京：文物出版社，上海：上海书店，天津：天津古籍出版社，1988年，第712页。
③ 《文始经言外旨》卷七，《道藏》第14册，北京：文物出版社，上海：上海书店，天津：天津古籍出版社，1988年，第724页。
④ 《文始经言外旨》卷五，《道藏》第14册，北京：文物出版社，上海：上海书店，天津：天津古籍出版社，1988年，第713页。
⑤ 《文始经言外旨》卷五，《道藏》第14册，北京：文物出版社，上海：上海书店，天津：天津古籍出版社，1988年，第713页。

伪生于识"①，也就是说，"识"直接影响人对事物真伪的看法。鉴于此，陈显微说："有言忘言，有行忘行，有学忘学，有识忘识，则几于道矣。"②这就是说，修道者只有在言、行、学、识四个方面做到"忘"，才能获得"道"美。从这可以看出，陈显微的"去识"强调的是"忘"，这个"忘"就是他说的"变识为智"，也就是忘记事物之间的差异，如他所说："彼贤愚真伪者，皆我之区识。苟知性识则虽贤者亦愚之，虽真者亦伪之，则变识为智而易忘矣。"③最后，陈显微认为，"无我"还须弃形。在他看来，"人之形体亦天地间一物耳，无顷刻不与造物俱化者也"④，故"习则与物俱化，病则与气俱化，而世人执有其身，妄认为己有者，又岂悟夫天地之委形哉！"⑤这就是说，人的形体属于天地间的一物，无时不在与造物俱化，习于物，则与物俱化，病于气，则与气俱化。然而，世俗之人往往误认为形体属于自己，故不能感悟天地赋形的妙用。同时，"天地，形之大者也；人身，形之小者。自形观之则有小大之辨，自神观之则无离契之分"⑥。这就是说，从"形"上看，事物之间有大小之差异，而从"神"上看，事物之间则是相通的、无差别的。

---

① 《文始经言外旨》卷八，《道藏》第14册，北京：文物出版社，上海：上海书店，天津：天津古籍出版社，1988年，第726页。
② 《文始经言外旨》卷一，《道藏》第14册，北京：文物出版社，上海：上海书店，天津：天津古籍出版社，1988年，第696页。
③ 《文始经言外旨》卷五，《道藏》第14册，北京：文物出版社，上海：上海书店，天津：天津古籍出版社，1988年，第715页。
④ 《文始经言外旨》卷七，《道藏》第14册，北京：文物出版社，上海：上海书店，天津：天津古籍出版社，1988年，第724—725页。
⑤ 《文始经言外旨》卷六，《道藏》第14册，北京：文物出版社，上海：上海书店，天津：天津古籍出版社，1988年，第719页。
⑥ 《文始经言外旨》卷二，《道藏》第14册，北京：文物出版社，上海：上海书店，天津：天津古籍出版社，1988年，第700页。

从上可以看出，陈显微认为，只有弃形，实现"无我"，修道者才能"忘精神而超生"，从而获得"道"美，即"若夫忘精神而超生者，道也"①。由此看来，陈显微的"无我"从"心"与"形"两方面揭示了道教"物化"审美心境思想，突出了审美主体的精神超脱。

（五）"身心俱忘"

"身心俱忘"是宋末诗人、画家、道士郑思肖（1241—1318）提出的"物化"审美心境思想。从思想来源看，郑思肖的"身心俱忘"是建立在他的"诚"的思想基础之上的。郑思肖曾说："天地之间，一至诚之道而已。《中庸》曰：唯天下至诚，为能经纶天下之大经，立天下之大本，知天地之化育。故一切事无大小，悉以至诚为主。一念不诚则伪，一事不诚则败，况于鬼神之际乎？……至诚者，无毫发杂念，极纯一之心也。此不诚者，无物也。有诚而为诚，则人诚而泯于诚，则天万事皆当先论至诚，然后论其本法。"② 这里，郑思肖认为，"诚"是天下万事之先，故修道必先论"诚"，也即"诚"是修道的前提，换句话说，"诚"是"物化"的前提。从这个前提出发，郑思肖说："凡修炼时，须沐浴清斋，洁净衣服，漱荡口腹，令内外清虚，口无余味，腹无余荤，眼无余秽，体无余尘，淡泊清虚，惟道为身。"③ 这里，郑思肖要求在修炼过程中，修道者须从"衣服""口""腹""眼""体"几个方面做到洁净，以示"诚"的修炼

---

① 《文始经言外旨》卷四，《道藏》第14册，北京：文物出版社，上海：上海书店，天津：天津古籍出版社，1988年，第711页。
② 《太极祭炼内法》卷中，《道藏》第10册，北京：文物出版社，上海：上海书店，天津：天津古籍出版社，1988年，第448页。
③ 《太极祭炼内法》卷下，《道藏》第10册，北京：文物出版社，上海：上海书店，天津：天津古籍出版社，1988年，第463页。

态度。在他看来,"诚"能达到"淡泊清虚"的境界,也就是不追名逐利、清静虚无的境界,换句话说,这是一种精神上的超越,是一种体"道"美的境界。

关于"道"美,郑思肖继承了"道"美就是"一"美的思想。他说:"耳驰于声,目驰于色,念念之间,以万事分其天真之一,故众生死而为长夜之魂。悟万化还其天真之一,故太一天尊能救幽魂之苦。……老子曰:天得一以清,地得一以宁,神得一以灵。庄子曰:子得一,万事毕。"① 这里,郑思肖引用老子和庄子对"一"美的观点,旨在说明"悟万化还其天真之一",也就是说,"物化"的终极目标是获得"天真之一"美,也即"道"美。在此基础上,郑思肖进一步认为"一之为妙,非静莫悟"②,也就是说,只有"静",才能体"一"美,因为"静坐则耳目俱清,身心俱忘,神气俱爽,内外俱空,泯于深定,湛然至一"③。这里,郑思肖明确指出了"身心俱忘"的"物化"审美心境思想。在他看来,"身心俱忘"是"静"的升华,在此状态下,修道者神气俱爽,内外皆空,与"一"契合,也即与"道"契合。从这可以看出,郑思肖的"身心俱忘"的实现需要两个前提:"诚"与"静"。从前面郑思肖对"诚"与"静"的论述来看,"诚"与"静"直接涉及"心"与"身",故无论从内涵上讲,还是从文字上讲,"身心俱忘"应是一种审美心境。在这种审美心境下,"苟能摈耳目于视听,绝情想于升沉,破色空于有无,超生死于去来,何者为道,何者为法,何者为术,何

---

① 《太极祭炼内法》卷下,《道藏》第10册,北京:文物出版社,上海:上海书店,天津:天津古籍出版社,1988年,第459页。
② 《太极祭炼内法》卷下,《道藏》第10册,北京:文物出版社,上海:上海书店,天津:天津古籍出版社,1988年,第462页。
③ 《太极祭炼内法》卷下,《道藏》第10册,北京:文物出版社,上海:上海书店,天津:天津古籍出版社,1988年,第462页。

者为想,我且无有,况于彼哉?惟其上不见天,下不见地,内不见我,外不见物,则所谓真我者。需然廓然,周流无穷,孰是孰非,是虽天地鬼神莫能去之。夫如是,曰儒而儒,曰释而释,曰道而道,曰世间法而世间法,曰出世法而出世法。何所往而不由之?异而不异,同而不同,随其所行,莫知其然而然矣"①。这里,郑思肖指出了自己心目中的理想审美境界:"物"与"我"界限消失,万物同化。在郑思肖看来,这种境界就是庄子笔下的"庄周梦蝶"境界,也即"素来梦觉两俱空,开眼还如阖眼同。蝶是庄周周是蝶,百花无口骂春风"②。

从上可以看出,"身心俱忘"就是一种精神上的超越,如郑思肖所说:"我未生之先,寂然而无为;我既生之后,顺天理以全归。厄之不挫也,夭之不忧也,奚以富之贵之福之寿之耶?……情想俱枯颓,嗒丧其肢体,视实无视,听实无听,思实无思,五官咸夭厥职,一无所倚。孰为梦?孰为觉?然则向之所梦,又不可以梦而梦之矣。"③ 这里,郑思肖指出了"身心俱忘"其实就是超越富贵、寿夭以及得失,不为情欲所困,让自己的精神彻底自由。由此看来,"身心俱忘"突出的是审美主体的主体性。

---

① 《太极祭炼内法》卷下,《道藏》第10册,北京:文物出版社,上海:上海书店,天津:天津古籍出版社,1988年,第472页。
② [宋]郑思肖:《郑思肖集·庄子梦蝶图》,陈福康校点,上海:上海古籍出版社,1991年,第207页。
③ [宋]郑思肖:《郑思肖集·梦游玉真峰餐梅花记》,陈福康校点,上海:上海古籍出版社,1991年,第120页。

三、"忘"的基本特征

按《现代汉语词典》,"忘"的意思是"忘记",也就是"经历的事物不再存留在记忆中"①。从心理学的角度讲,"忘"是主体意识被抑制的一种状态,既指有意识的遗忘,又指无意识的遗忘。道教并不主张出世,而且道教的人生观是积极向上的,因而道教的"忘"应有其自身的基本特征。

(一)"忘"是一种有所指的心理状态

从心理学上讲,"忘"是"心"所处的一种状态,而这种状态不是一般的状态,它具有对象性。当然,这个对象性是指"忘"的内容是有所指的。在《庄子·达生》中,"忘"有其特定的内容,那就是身外之物,因为"凡外重者内拙"②。同时,庄子还认为,真正的遗忘就是忘了不该忘的东西,而对应该忘的东西却有所留,如他在《庄子·德充符》中说:"故德有所长,而形有所忘。人不忘其所忘,而忘其所不忘,此谓诚忘。"③

从现代心理学看,"忘"的这种对象性应是主体有意识的结果,这也从一个侧面说明,庄子美学中的"物化"以及道教美学中的"物化"都指主体的物化,也就是说,是主体有意识的结果。从宗教心理的角度讲,道教"忘"揭示的是主体的积极的心理状态,因为"道"教追求的是"道"美,而"道"美是看不见、听不见、摸不着的,只能用心感悟,故道教极力主张

---

① 中国社会科学院语言研究所词典编辑室编:《现代汉语词典》,北京:商务印书馆,1996年第3版,第1304页。
② 陈鼓应注译:《庄子今注今译》(中),北京:中华书局,2009年第2版,第509页。
③ 陈鼓应注译:《庄子今注今译》(上),北京:中华书局,2009年第2版,第179页。

"心"要保持"虚静"的状态。在道教看来，人最宝贵的东西在于生命，而生命是掌握在人自己手中的，这正如《西升经》所说："我命在我，不属天地。"① 这里，《西升经》借老子之口把"我"看成主体，而把"天地"看成客体，这说明道教是一种主体意识很强的宗教。正是由于这种强烈的主体性，道教主张人应当忘掉各种物欲，并认为只有这样，人才能长寿，进而感悟"道"之美，如《洞灵真经·全道篇第一》所说："水之性欲清，土者滑之，故不得清；人之性欲寿，物者滑之，故不得寿。"②具体地讲，道教的"物欲"主要指的是人自身的五种欲望，"五欲者，谓耳欲声，便迷塞不能止；目欲色，便淫乱发狂；鼻欲香，便散其精神；口欲味，便受罪于网罗；心欲爱憎，便偏邪失正平"③。因此，道教主张应该忘掉这五种欲望。

总之，道教的"忘"是有所指的，其目的是让"心"保持虚静的状态，因为道教认为"心"在虚静的状态下能够与"道"契合。在道教看来，物欲是阻碍"心"保持虚静的障碍，故应忘掉。道教认为，五种物欲主要指的是涉及人自身五种器官——耳、目、鼻、口、心的欲望。值得一提的是，除了由人体五种器官引起的这五种物欲外，道教还主张要忘掉荣华富贵、名利地位等身外之物，如《太平经》说："身在，财物固固属人身；身亡，财物他人有也。故无可爱惜，极以财物自辅，求索真道异闻也。故其身反得长存，财则在，常属于人也。"④ 此外，道教甚

---

① 《西升经》卷下《我命章第二十六》，《道藏》第11册，北京：文物出版社，上海：上海书店，天津：天津古籍出版社，1988年，第507页。
② 《洞灵真经·全道篇第一》，《道藏》第11册，北京：文物出版社，上海：上海书店，天津：天津古籍出版社，1988年，第557页。
③ 《太上老君虚无自然本起经》，《道藏》第34册，北京：文物出版社，上海：上海书店，天津：天津古籍出版社，1988年，第621页。
④ 王明编：《太平经合校》（上），北京：中华书局，2014年第2版，第355页。

至主张生与死在观念上也不存在。可见,道教的"忘"就是要有意识地忘掉除"真我"外的一切。

(二)"忘"是一种超越自我的人生境界

从中国古典美学思想的发展来看,庄子的"忘"的不同含义在后来的发展中产生了一系列的美学命题。我们以"忘言"为例,"庄子的言意观开启了美学史上关于'言意之辨'的经久讨论,'忘言'的思想进入艺术领域中,产生了'得意忘象'、'以形写神'等一系列美学命题,开启了艺术史上对'言外之意'、'象外之象'、'韵外之致'艺术境界的追求"①。值得一提的是,现象学的归入括号和中止判断与庄子的忘知有点相近,只不过现象学侧重的是暂时的忘知,而庄子强调的是人一生的追求,亦即"至乐无乐"的追求,也就是庄子的"天乐"的追求。同时,"庄子忘知后是纯知觉的活动,在现象学的还原中,也是纯知觉的活动,但此知觉的活动,乃是以纯粹意识为其活动之场,而此场之本身即是物我两忘、主客体合一的,这才可以解答知觉何以能洞察物之内部而直观其本质,并使其向无限中飞越的问题"②。由此看来,庄子的"忘"应体现的是一种追求"天乐"的人生境界。

在第二章中,本书论述了道教美学中的"物化"是一种"生道合一"的得道境界以及"物我兼忘"的艺术境界,并且本书还提出了这两种境界其实就是感悟"道"美的境界。事实上,这种感悟"道"美的境界也是一种人生境界,它体现了道教的人生追求。因此,从道教美学的角度讲,"忘"就是一种希望,

---

① 程晶晶:《中国审美心境范畴论》,北京:社会科学文献出版社,2015年,第174页。
② 徐复观:《中国艺术精神》,桂林:广西师范大学出版社,2007年,第59页。

一种感悟"道"美的希望,一种与"道"合一的希望。这种希望就是现象学所指的希望,因为"现象学的希望,在于探求事物之本质。现象学为了求根据,所以排去自然的观点;为了求本质,则又与自然事象有关系。现象学的还原,是以排去为手段;为了求本质,则以由现象学所加于自然'事象'的洞见为手段"①。从审美的角度讲,这种希望就是对自我的超越。所谓"自我的超越","即每一感觉世界中的事物自身而看出其超越的意味,落实了说,也就是在事物的自身发现第二的新的事物。从事物中超越上去,再落下来而加以肯定的,必然是第二的新的事物"②。

总之,从文字上看,道教的"忘"总与"物""身""心"搭配使用,这说明道教的"忘"被深深地打上了宗教的烙印。从宗教的角度看,道教是以追求长生不死而修道成仙的宗教,故道教的"忘"自然就涉及"物""身""心",而这三者的融合体就应是"我"。因此,道教的"忘"从"物我兼忘"到"坐忘",再到"虚夷忘身""无我""身心俱忘",体现了不同时期道教"物化"美学思想的不同特点。从道教"物化"美学思想中"忘"的历史演进来看,道教的"忘"并不是暂时的、短暂的忘却,而应是为人寻找安全着落点的途径,故"忘"体现的应是一种人生境界。在道教看来,"忘"就意味着自由,摆脱了"我"的一切束缚,精神得以绝对自由,从而享受"道"美之乐。因此,道教的"忘"是一种超越自我的境界,这种境界既是一种人生境界,也是一种艺术境界。

---

① 徐复观:《中国艺术精神》,桂林:广西师范大学出版社,2007年,第57页。
② 徐复观:《中国艺术精神》,桂林:广西师范大学出版社,2007年,第79页。

第四节　道教"物化"美学思想之"形"

"形"是中国古典美学的一个范畴,指有生命的形体。庄子在继承前人的基础上拓展了"形",把生命的"形"与"神"相对举,在他看来,"无视无听,抱神以静,形将自正。必静必清,无劳汝形,无摇汝精,乃可以长生。目无所见,耳无所闻,心无所知,汝神将守形,形乃长生"①。庄子的这一思想被道教所继承,并在道教"物化"美学思想的不同发展阶段有不同的体现。

一、"形"的概述

从现象学来看,道教认识到人是世界之中的存在,是与"物"的共在。德国著名的宗教哲学家马丁·布伯(Martin Buber,1878—1965)说:"仅当元始体验分崩离析,相融之双方各成一体之时,'物化'及'我化'方才出现。泰初即有关系。它为存在之范畴,欣然之作为,领悟之形式,灵魂之原本;它乃关系之先验的根,它乃先天之'你'。"② 这里,马丁·布伯指出了"物化"及"我化"发生的原因,同时也强调了"关系"的重要性。以此为据,我们可以看出,在"道""物""我"中,"物"和"我"都是"道"的产物,而"物"与"我"因与"道"的关系彼此相互依存。事实上,道教认为"物"与"我"的根源相同,具有一些相同的属性,因而"物"与"我"可以相融,且"物"与"我"是相融于"道"的统一体中,亦即

---

① 陈鼓应注译:《庄子今注今译》(中),北京:中华书局,2009年第2版,第304页。
② [德]马丁·布伯:《我与你》,陈维纲译,北京:生活·读书·新知三联书店,2002年,第23—24页。

"两忘而化其道"①。众所周知,道教从一开始就继承了中国的古典文化,如道教的"道"就是继承了老庄的"道",只不过是对老庄的"道"做了宗教意义上的拓展而赋予"道"人格性、神圣性。同时,在"道"的基础上,道教进一步讨论人的生存问题。其中,生命问题是道教主要关注的问题,但道教与佛教以及基督教不一样,道教关注的是生命的现实存在。因此,道教在建立之初,在继承中国传统思想的基础上主张肉体成仙,这种追求生命永恒的思想必然在理论上对"形"做一定的探究。

对于"形"的含义,管子曾在《管子·内业第四十九》篇说:"凡人之生也,天出其精,地出其形,合此以为人。"② 这里的"形"指的是有生命的形体。后来,庄子把"形"与"神"对举,从而掀开了中国美学思想中"形""神"对举之先河。在庄子看来,"无视无听,抱神以静,形将自正。必静必清,无劳汝形,无摇汝精,乃可以长生。目无所见,耳无所闻,心无所知,汝神将守形,形乃长生"③。从庄子的整个思想来看,庄子有重"神"轻"形"的倾向。这正如陈鼓应所说:"在形、心对举中,庄子在心'内'形'外'、心主形从的思维中,为了肯定心神的作用,常突出'神'的概念(如谓'神遇'、'神行'、'神动')。"④

从宗教视角看,道教始终是把对"道"的希望建立在现实的土地上,同时对人类所面临的生、老、病、死的自然问题采取超越的态度。在道教看来,"人类中的个体经过长期、特殊的修

---

① 《道教三经合璧》,慕容真点校,杭州:浙江古籍出版社,1991年,第114页。
② 黎翔凤:《管子校注》(中),北京:中华书局,2004年,第945页。
③ 陈鼓应注译:《庄子今注今译》(中),北京:中华书局,2009年第2版,第304页。
④ 陈鼓应主编:《道家文化研究》(第二十五辑),北京:生活·读书·新知三联书店,2010年,第34页。

炼,能锻炼包括物质与精神双重性质的元神,元神可以在宇宙空间中穿行,可以远离人类肉体,但又与大脑思维保持一种信息联系。一旦元神散与虚空同体,归于无限,便证成永恒,超越生命"①。因此,从道教的整个发展来看。也就是把"这"改为"整"。道教的"形"经历了两大阶段:肉体成仙阶段、精神成仙阶段。在肉体成仙阶段,道教对"形"是高度重视的,而在精神成仙阶段,道教不再看重"形"而转向"心",到清代时,道教又对"形"和"神"高度重视。

二、"形"的主要代表思想

道教在其发展过程中不断吸收儒、佛思想,故对"形"的看法在道教"物化"美学思想的不同发展时期有不同的体现。在众多有关"形"的道教"物化"美学思想中,笔者经过深入研究,反复对比,最后得出一个结论,那就是宋代著名的道教学者翁葆光(生卒年不详)的"无形之形"以及清代著名的道教学者刘一明的"形神俱妙"具有典型性,能够反映道教"物化"美学思想之"形"的精髓。事实上,道教"物化"美学思想之"形"虽然早就存在,但道教"物化"美学思想的鼎盛时期是在唐宋。下文将以时间为序,对有关道教"物化"美学思想之"形"的两种主要代表思想逐一进行深入的论述。

(一)"无形之形"

"无形之形"是南宋著名的道教学者翁葆光提出的"物化"审美心境思想。从理论上讲,翁葆光的"无形之形"是建立在他的"生命起源"论基础上的。在他看来,"夫混沌未显之前,虚无寂寞,无名可宗,强名曰道。道降而生一气,非动非静,非

---

① 徐兆仁:《道教与超越》,北京:中国华侨出版公司,1991年,第6页。

浊非清，邈不可测，圣人强言谓之混元真一之气。一气既判，化为阴阳。阴阳者，天地也，男女者也。天地缊缊，万物化醇；男女媾精，万物化生。故自有天地以来，未有一物不因阴阳相交而得其形者"①。这里，翁葆光继承了道教"气"生万物的思想，强调了阴阳的生化作用，换句话说，宇宙生命是阴阳生化而成的。翁葆光的这一观点为其"男女双修"论奠定了基础，故他说："纯阴而无阳者，鬼也；纯阳而无阴者，仙也；阴阳相杂者，人也。惟人者，可以鬼，可以仙。"② 这里，翁葆光从阴阳的角度区分了鬼、仙、人，并指出在宇宙生命中只有人可以化为鬼、化为仙。在翁葆光看来，人若修炼到形化为纯阳的气，人就成仙了，而人若不知修炼，日耗六阳，则体化为纯阴的气，人就变成鬼了，如他所说："是故人能知修炼，剥尽群阴而形化为纯阳之气，则升仙矣。不知修炼，日耗元阳而体化纯阴之气，则下鬼矣。"③ 因此，翁葆光认为人若想"形化为纯阳之气"而不"体化纯阴之气"，就必须进行内丹修炼，因为"丹是一，一是真一之气，天地之母气也"④，也就是说，内丹是"道"的具体化，换句话说，炼内丹的过程也就是追求"道"美的过程。从此前提出发，翁葆光说："故圣人采先天一气为丹，炼形还归于一气，炼气归神，炼神合道而归于无形之形，故能超乎天地之外，立乎造化之表，掌握阴阳，契提天地。阴阳生死之所变者，九天一气

---

① 《紫阳真人悟真直指详说三乘秘要》，《道藏》第2册，北京：文物出版社，上海：上海书店，天津：天津古籍出版社，1988年，第1019页。
② 《紫阳真人悟真篇注疏》卷二，《道藏》第2册，北京：文物出版社，上海：上海书店，天津：天津古籍出版社，1988年，第922页。
③ 《悟真篇注释》卷中，《道藏》第3册，北京：文物出版社，上海：上海书店，天津：天津古籍出版社，1988年，第12页。
④ 《紫阳真人悟真篇注疏》卷三，《道藏》第2册，北京：文物出版社，上海：上海书店，天津：天津古籍出版社，1988年，第931页。

使之然也。故得丹体常灵常存，不生不灭矣。"① 这里，翁葆光明确指出了"无形之形"的"物化"审美心境思想。

在如何实现"无形之形"问题上，翁葆光提出了自己的看法。他说："道为性本，性是心源；心性同体，变化无边。……一者，道之强名也。抱者，抱无所抱者也。神仙当此之际，堕肢体，黜聪明，离凡尘，齐物我，无固无必，无取无舍，心境一如，逍遥自在，故得泰定，发乎天光。九载功圆，则无为之性自然，无形之神自妙。变化无穷，隐显莫测；性圆则慧照十方，通灵无碍。故能分身百亿，应现无边，而其至真之体阒然而未尝有作也。此形性神命俱而道合真矣，故谓之神仙抱一之道矣。"② 这里，翁葆光继承了庄子的"坐忘"思想、"齐物"思想以及"逍遥"思想。指出了实现"无形之形"的"物化"审美心境思想的关键在于"心"。在他看来，"心"与"性"同体，因而男女双修者的"心"要摆脱一切外在束缚，平静如一，逍遥自在，只有这样，"性"才圆满，男女双修者才能实现"神仙抱一"，从而达到"无为之性自然"以及"无形之神自妙"的"形性神命俱而道合真"的美境。从这可以看出，翁葆光的"无形之形"突出的是修道者精神上的超越，也即顺应自然，如他所说："无形之形，随物现相，遇风则风，遇雨则雨，遇水火则为水火，遇飞走草木变化不测，倏存倏忘，瞻之在前，忽焉在后，故能分身百亿，应现无方，若一月之照万水，无不周遍。是以随缘赴感，靡所不应。原其至真之躯，处于至静之城。……此乃神

---

① 《紫阳真人悟真直指详说三乘秘要》，《道藏》第 2 册，北京：文物出版社，上海：上海书店，天津：天津古籍出版社，1988 年，第 1019 页。
② 《悟真篇注释》卷下，《道藏》第 3 册，北京：文物出版社，上海：上海书店，天津：天津古籍出版社，1988 年，第 29 页。

形性命，与道合真，而同归于究竟寂空之本源也。"① 这里，翁葆光对"无形之形"的特征做了高度的概括。

在翁葆光看来，"无形之形"的基本特征在于"随物现相"，也就是与物迁移，顺应自然，如他说的"遇风则风，遇雨则雨，遇水火则为水火，遇飞走草木变化不测"②。可见，"无形之形"突出的是"心"与物游，这种"游"在于"倏存倏忘，瞻之在前，忽焉在后"③，同时这种"游"能让人"分身百亿，应现无方，若一月之照万水，无不周遍。是以随缘赴感，靡所不应"④。也就是说，这种"游"能让人实现"物化"，让人乐在其中。由此看来，翁葆光的"无形之形"虽字在"形"，实则突出"心"，强调的是精神上的外放。

（二）"形神俱妙"

"形神俱妙"是清代乾隆、嘉庆年间著名的道士，龙门派第十一代传人刘一明提出的"物化"审美心境思想。从思想来源看，刘一明的"形神俱妙"是建立在他的"道"论基础之上的。道教的"道"在刘一明所处的时代已得到充分的阐释与发展，而刘一明结合时代的特点，在继承前人思想的基础上"从宇宙发生论、本体论、心性论三个角度来论述、理解道的，且又处处将道教各宗以及佛、道、儒三家所追求的超越具体存在的最高本体

---

① 《紫阳真人悟真直指详说三乘秘要》，《道藏》第2册，北京：文物出版社，上海：上海书店，天津：天津古籍出版社，1988年，第1020页。
② 《紫阳真人悟真直指详说三乘秘要》，《道藏》第2册，北京：文物出版社，上海：上海书店，天津：天津古籍出版社，1988年，第1020页。
③ 《紫阳真人悟真直指详说三乘秘要》，《道藏》第2册，北京：文物出版社，上海：上海书店，天津：天津古籍出版社，1988年，第1020页。
④ 《紫阳真人悟真直指详说三乘秘要》，《道藏》第2册，北京：文物出版社，上海：上海书店，天津：天津古籍出版社，1988年，第1020页。

对应起来理解"①。

在刘一明看来,"与道同层次、大体同义的范畴有:无极、太极、天理、良知、本心、真如实相、虚无之性等"②。刘一明认为,万物之源虽是"道",但直接生化万物的是"先天真一之气",如他所说:"此机名曰先天真一之气,为人性命之根,造化之源,生死之本。"③ 在刘一明看来,"道"与"先天真一之气"的关系是体与用的关系,如他所说:"虚无为体,一气为用,体用如一,两也,四也,八也,万也,皆在虚无一气中运用。"④ 故刘一明认为,"道"美是绝对的、神秘的、超越的、崇高的,如他所说:"道者,先天生物之祖气,视之不见,听之不闻,搏之不得,包罗天地,生育万物,其大无外,其小无内。……道既无形无象,是浑然一气。"⑤ 而"先天真一之气"美则是"道"美的具体体现,具有"道"美的根本属性——"无形无象",如他所说:"先天之气,为生物之祖气,乃自虚无中来,为万象之主,天地之宗。无形无象,无声无臭,视之不见,听之不闻,搏之不得。然虽无形而能生形,无象而能生象。……先天真一之气,是生物之祖气,是鸿蒙未判之始气,是混沌初分之灵根。……夫先天真一之气,是混元祖气,生天生地生人物。其大无外,其小无内,动静如一,阴阳混成。在先天而生乎阴阳;在后天而藏于阴阳。"⑥ 以此为据,刘一明建构了他

---

① 卿希泰主编,詹石窗副主编:《中国道教思想史》(第四卷),北京:人民出版社,2009年,第48页。
② 卿希泰主编,詹石窗副主编:《中国道教思想史》(第四卷),北京:人民出版社,2009年,第48页。
③ 《周易阐真》,《藏外道书》第8册,成都:巴蜀书社,1992年,第17页。
④ 《周易阐真》,《藏外道书》第8册,成都:巴蜀书社,1992年,第17页。
⑤ 《修真辨难》,《藏外道书》第8册,成都:巴蜀书社,1992年,第470—471页。
⑥ 《修真后辨》,《藏外道书》第8册,成都:巴蜀书社,1992年,第496—497页。

的"二重化世界"美学观以及"二重化生命"美学观。在他看来,"二重化世界"指的是"先天世界"与"后天世界"。他说:"两重天地,先天、后天也;四个阴阳,先天后天阴阳也。先天阴阳以气言,后天阴阳以质言。先天阴阳,太极中所含之阴阳;后天阴阳,太极中生出之阴阳。金丹大道取其气,而不取其质,于后天中返先天,故曰先天大道。"① 这里,刘一明明确指出了"先天世界"与"后天世界"都来源于"太极",即"道"或"先天真一之气"。尽管"先天世界"与"后天世界"的来源相同,但刘一明认为二者是根本不同的。他说:"内阴阳,即后天之阴阳,生于形体;外阴阳,即先天之阴阳,出于虚空。形体阴阳,顺行之阴阳,天地所生者也;虚空阴阳,逆运之阴阳,生乎天地者也……真阴真阳为先天,假阴假阳为后天,先天成道,后天败道。……阳中之阴为真阴,阴中之阳为真阳。"② 这里,刘一明指出了"先天世界"与"后天世界"的区别在于:"先天阴阳"出于"虚空",与"道"相契合,而"后天阴阳"出于"形体",不与"道"相契合。可见,刘一明认为,"先天世界"之美具有"道"美的属性:崇高的、超越的、绝对的、真实的、质朴的等,而"后天世界"之美则不具有"道"美的属性,是不真实的。

以这"二重化世界"美学观为基础,刘一明进而建构了他的"二重化生命"美学观。在他看来,人有"先天精气神"与"后天精气神"之分,同时人的性命也有"先天性命"与"后天性命"之分。刘一明认为,"先天精气神"存在于人生身之前,源于先"天真一之气",如他所说:"人当父母未生身以前,男

---

① 《修真辨难》,《藏外道书》第8册,成都:巴蜀书社,1992年,第471页。
② 《修真辨难》,《藏外道书》第8册,成都:巴蜀书社,1992年,第471—472页。

女阴阳二气交感之时，杳冥之中有一点生机，自虚无中来，所谓先天真一祖气者是也。"① 相反，"后天之精，交感之精；后天之气，呼吸之气；后天之神，思虑之神。三物有形有象，生身以后之物。男女交媾，精血融和，结为胎胎。胎中只有元气，并无呼吸之气。及其十月胎完，脱出其胞，落地之时，哇的一声，纳受天地有形之气，入于丹田，与元气相合，从此气自口鼻出入，外接天地之气以为气，此呼吸气之根也。……出此入彼，移旧住新，无不是这个。当落地哇的一声，即此神入窍之时也"②。从这可以看出，刘一明认为，"先天精气神"来自"先天世界"，而"后天精气神"则来自"后天世界"。与此相对应，刘一明把人的性命分为"先天性命"与"后天性命"，并说："性有气质之性，有天赋之性；命有分定之命，有道气之命。气质之性、分定之命，后天有形之性命；天赋之性、道气之命，先天无形之性命。修后天性命者，顺其造化；修先天性命者，逆其造化。大修行人，借后天而返先天，修先天而化后天，先天后天，混而为一，性命凝结，是谓丹成。性命者，阴阳之体；阴阳者，性命之用。但有真假之分，先后之别，惟在人辨的详细，认的分明耳。"③ 这里，刘一明指出了"先天性命"与"后天性命"之不同，旨在说明修道的必要性。在他看来，人的天赋之性与道气之命存在于人生身之前，而气质之性与分定之命则是人出生后由有形生命界的天所赋予的，故"先天性命"是真的，而"后天性命"则是假的。因此，刘一明认为，只有修道，追求"道"美才是人生的终极目的，如他所说："夫道者，包罗天地，运行日月，统摄造化，养育群生，无处不在，无物不有。人能修之，可

---

① 《象言破疑》，《藏外道书》第8册，成都：巴蜀书社，1992年，第176页。
② 《修真后辨》，《藏外道书》第8册，成都：巴蜀书社，1992年，第495页。
③ 《修真辨难》，《藏外道书》第8册，成都：巴蜀书社，1992年，第472页。

以夺造化，扭气机，了性命，脱轮回，延年益寿，超凡入圣。故修道为天下第一件大事。"① 基于此，刘一明说："盖心为一身之主，具有仁义礼智之德。以一心而运仁义礼智，纯是天真。五物五贼，皆顺听其命，五行攒簇，四象和合，性即是命，命即是性，性命一家，阴阳浑化，形神俱妙，与道合真，根心生色，不言而喻，自然而然也。但此心非肉团之顽心，乃天地之心。"② 这里，刘一明明确提出了"形神俱妙"的"物化"审美心境思想。在他看来，"形神俱妙"是实现"与道合真"的心理基础，换句话说，"形神俱妙"是为了获得"道"美。值得一提的是，这里的天地之心指的是他的"真一之气"，即"道"，故"形神俱妙"的理论基础应是刘一明的"道"论。

在如何实现"形神俱妙"的问题上，刘一明有自己独到的见解。首先，刘一明认为，要实现"形神俱妙"，修道者须抛弃一切"恩爱"，因为"人生在世，万般皆假，惟有性命是真。……及至精神耗散，气血衰败，大病临身，卧床不起。虽有孝子贤孙，替不得患难；姣妻爱妾，代不的苦楚。……生平恩爱，有何实济？既无实济，则知恩爱为人生之大苦"③。这就是说，人世间的一切都是假，可人却认假为真，却不知"恩爱"是人生之大苦，一生为"恩爱所绊"，结果，人终日忙碌，耗散精神，极力追求所谓的夫妻恩爱以及孝子贤孙的虚假快乐，对自身百害无一利。其次，刘一明认为，要实现"形神俱妙"，修道者不要追名逐利、贪图荣华富贵以及身外之财，因为"人爵者，功名禄位是也。求人爵者，读书攻苦，十年寒窗，日夜用功，废寝忘食，不知费尽多少心思，耗了多少精神，方得功名到手。虽

---

① 《会心内集》，《藏外道书》第8册，成都：巴蜀书社，1992年，第668页。
② 《周易阐真》，《藏外道书》第8册，成都：巴蜀书社，1992年，第9页。
③ 《通关文》，《藏外道书》第8册，成都：巴蜀书社，1992年，第211页。

得功名,而大小又不可必,或有发秀而不能发科者,或有发科而不能会进者,或有会进而不能登仕者,或有登仕而得失存亡又不可保者。如此艰难,耗散精神,消化气血,以真换假,图此虚名。……临时荣贵莫恃,与无荣贵者同一泯灭,何贵乎荣贵"①。同时,"图世财者,重金银而轻功德,千谋百计,明取暗窃,损人益己,轻出重入,恨不的天下之财,为我一人所有,世间之利,为我一人独得,无财不觅,无利不搜,舍身拼命而不顾,瞒心昧己而不管,有了十贯想百贯,有了百贯想千贯,有了千贯想万贯,贪心不足,至死不肯回头。……呜呼!三寸气断,万有皆空,此身亦不属我,何况于财,岂不愚哉"②。这就是说,功名利禄、荣华富贵以及身外之财,只能让人耗散精神、消化气血,从而损伤人的性命,同时,万般皆空,一切功名利禄、荣华富贵以及身外之财都是虚假的,最终都会随人身消亡而去,故不值得去追逐。最后,刘一明认为,要实现"形神俱妙",修道者不要执迷色身。刘一明把"眼、耳、鼻、舌、身、意"称为"六贼",他说:"可恨这六贼,丧行与败德,内外俱穿连,结党恋食色,罪过积如山,天理尽止息,真种被耗消,元神亦藏匿。性昧命难坚,作殃实不测。"③ 这里,刘一明指出了"六贼"让人失去真性。在刘一明看来,"举世之人,皆认此色身为真实,而遂爱之惜之,欲厚其生。恋恋不舍,图贵显以荣此身,积财货以养此身,啖肉饮酒以肥此身,华衣美服以饰此身。日夜谋虑,时刻打算,费尽心血,耗散精神,与鬼为邻,虽曰厚生,实是伤生。殊不知色身者,天地之委形,四大假合,一旦阳气消尽,阴气独盛,魂飞魄散,直亭亭一团浓胞臭肉,不过状地而已。真在

---

① 《通关文》,《藏外道书》第 8 册,成都:巴蜀书社,1992 年,第 212 页。
② 《通关文》,《藏外道书》第 8 册,成都:巴蜀书社,1992 年,第 213—214 页。
③ 《会心外集》,《藏外道书》第 8 册,成都:巴蜀书社,1992 年,第 696 页。

何处,实在何处,既不真实,则必是假。爱惜色身者,岂不假中又添其假乎"①。这里,刘一明指出了执迷色身的危害:费尽心血,耗散精神。

从上可以看出,刘一明的"形神俱妙"侧重的是审美主体对"情欲"的超越。具体而言,"恩爱"指的是"情",而荣华富贵、功名利禄、身外之财以及色身指的是"欲",这种对"情欲"的超越本身其实就是一种超越性的审美需要。从审美心理来看,刘一明认为后天世界是假的,故现世之人总以假为真,并没有追求到真正的美,即"道"美,故现世之人的需要并不是真正审美意义上的需要,只是一种本能的欲求,只有对"情欲"的超越才是真正的审美需要。在刘一明看来,这种需要要达到的最高境界是天仙境界。在这种境界中,修道者的"神"与"形"皆与"道"契合,性命俱真,从而获得真正的"道"美。值得一提的是,在"形"与"神"的关系问题上,刘一明继承了道教的传统思想,把"形"放在"神"前,突出"神"的主导地位,但他并没有放弃"形";相反,他主张"形神俱妙",也即"形"与"神"都达到"妙"的境界。我们知道,"妙"从老子开始就已成为中国古典美学的一个重要范畴,与美相比,相对而言,"'美'比较侧重外观的好,'妙'则侧重于内在的好。另外,'美'比较地具体,易于把握;'妙'则比较地抽象,难于把握。'美'较多地用于人物、事物,'妙'则较多地用于精神、事理、规律"②。从这可以看出,"形神俱妙"应是突出审美主体的精神超越。

---

① 《通关文》,《藏外道书》第8册,成都:巴蜀书社,1992年,第215—216页。
② 陈望衡:《中国古典美学史》(上卷),武汉:武汉大学出版社,2007年,第27—28页。

三、"形"的基本特征

道教以修道成仙为目的,而成仙又可分肉体成仙与精神成仙两大阶段。从道教神仙人格理想来讲,尽管道教所追求的神仙在道教前期和后期有所变化,但各个神仙的人格都是超越自我的,也就是说,他们拥有超现实、超功利的绝对自由。在道教看来,神仙的人格美高于形象美。因此,道教的"形"在道教"物化"美学思想范畴体系中的地位应次于"心"范畴,从而具有自己的基本特征。

(一)"形"亦即"无形"

"形"在道教中指的是人的形体,是早期道教经典《太平经》所关注的主要问题之一。在《太平经》看来,人的形体是"道"根据"天""地""四时""五行""七政三光"的不同特点创造的,如《太平经》说:"又人生皆含怀天气具乃出,头圆,天也;足方,地也;四支,四时也;五藏,五行也;耳目口鼻,七政三光也;此不可胜纪,独圣人知之耳。"[1] 因此,《太平经》认为人体之"形"具有与"天""地""四时""五行""七政三光"一样的美,故得"道"就是得"形",而得"形"也就是得"道"。《太平经》的这一思想直接为早期道教肉体成仙思想奠定了理论基础,后随着道教的发展,肉体成仙的思想逐渐受到怀疑和否定。从相关文献来看,《西升经》是最早对肉体成仙持怀疑和否定态度的,如它所说:"绝身灭有,绵绵常存。"[2]

《西升经》的这一思想直接被唐代重玄学派的代表人物成玄

---

[1] 王明编:《太平经合校》(上),北京:中华书局,2014年第2版,第37—38页。
[2] 《西升经》卷下《戒示章第三十九》,《道藏》第11册,北京:文物出版社,上海:上海书店,天津:天津古籍出版社,1988年,第512页。

英所继承。在《庄子疏》中,成玄英不时流露出"无身"和"忘身"的思想。其中,《庄子·至乐疏》是他"无身"的代表,而《庄子·山木疏》则是他"忘身"的代表。在《至乐疏》中,成玄英说:"观化之理,理在忘怀。我本无身,何恶之有也!"①这里,成玄英明确地指出了"我"原本是"无身"的。在《山木疏》中,成玄英又说:"夫大圣虚忘,物我兼丧。我既非我,歌是谁歌?我乃无身,歌将安寄也!"② 这里,成玄英提出了"物我兼丧"的观点。从现象学的角度看,成玄英的"物我兼丧"揭示的是"物化"后的孤立化知觉。在这种孤立化的知觉下,"我"与"物"都从时间与空间中切断了,"我"与"物"自然就会冥合为一。因此,从这个角度讲,成玄英的"无身"和"忘身"揭示的是在美的观照中主体的审美心境。再从成玄英的《庄子·人间世疏》以及《庄子·外物疏》来看,成玄英思想的核心就是"忘身""忘形",也就是说,成玄英对"形"主张"忘"。成玄英的这一思想对道教"物化"美学思想之"形"的发展产生了重大的影响,其后道教在追求"道"美上深受他的影响。

随着道教"物化"美学思想的深入发展,"形"也出现了适合时代发展的新特点。在"重玄"思想以及儒、佛思想的影响下,道教"物化"美学思想之"形"逐渐演变为"无形",这方面突出的代表是南宋时期的道教学者翁葆光。在翁葆光看来,"形"就是"无形",亦即"无形之形"。从翁葆光的整个思想来看,"无形之形"突出的是"心",也就是精神。"形"亦即

---

① 〔晋〕郭象注,〔唐〕成玄英疏:《南华真经注疏》(下),曹础基、黄兰发点校,北京:中华书局,1998年,第360页。
② 〔晋〕郭象注,〔唐〕成玄英疏:《南华真经注疏》(下),曹础基、黄兰发点校,北京:中华书局,1998年,第396页。

"无形"的思想使道教的成仙思想发生了转变：由肉体成仙转向精神成仙。在影响成仙思想的同时，这一思想还对艺术，尤其是绘画产生重大的影响。我们以道教绘画为例，在"形"即"无形"思想的影响下，元代道教绘画重意而不重形，如道教画家黄公望曾说："画不过意思而已。"① 再如倪瓒（1306—1374）曾说："以中每爱余画竹，余之竹聊以写胸中逸气耳！岂复较其似与非，叶之繁与疏，枝之斜与直哉？或涂抹久之，他人视以为麻为芦，仆亦不能强辨为竹，真没奈览者何！但不知以中视为何物耳。"②

总之，"形"发展成"无形"，反映了道教"物化"美学思想的发展。从审美趣味的角度看，"形"与"无形"都体现了对"道"美的追求，只不过二者所追求的"道"美的阶段不同而已。具体而言，"形"追求的是"道"化的"有形"阶段，而"无形"则追求的是"道"化的精神阶段。值得一提的是，"形"和"无形"并非绝对相互排斥；相反，"形"和"无形"是相融的，只不过"形"是融精神于有形之中，而"无形"是融形于精神之中。

（二）"形"只能与"神"相生相成

在传统道教看来，"形"指的是有生命的形体，它不能单独存在，必须与"神"相合相生，也就是说，"形"具有相关性。例如，《太平经》说："凡事安危，一在精神。故形体为家也，以气为舆马，精神为长吏，兴衰往来，主理也。若有形体而无精神，若有田宅城郭而无长吏也。"③ 这里，《太平经》把"形体"，

---

① [元]饶自然、[元]黄公望：《绘宗十二忌·写山水诀》，邓以蛰标点注译，马采标点注释，北京：人民美术出版社，1959年，第6页。
② 俞剑华：《中国绘画史》，南京：东南大学出版社，2009年，第134页。
③ 王明编：《太平经合校》（下），北京：中华书局，2014年第2版，第717页。

亦即"形"比作"家",并认为"形"必须与"神"一起存在。一个人要是只有形而没有神,就好比只有田宅城郭,而缺乏主宰性。再如《西升经》说:"神生形,形成神。形不得神,不能自生。神不得形,不能自成。形神合同,更相生,更相成。"① 这里,《西升经》主张"形神合同",也就是说,"形"与"神"相互依存,缺一不可。由此看来,无论是《太平经》还是《西升经》都主张"形"与"神"的相互依存,也就是说,"形"与"神"是不可分离的。从这可以看出,传统道教形神观是主张"形"与"神"互不分离的。

事实上,尽管《西升经》还是持传统的道教形神观,但《西升经》对"形"和"神"的作用却有不同的看法。在《西升经》看来,"神"与"道"是相通的,而"形"则如同"灰土"毫无用处,如它所说:"伪道养形,真道养神。真神通道,能亡能存。神能飞形,并能移山。形为灰土,其何识焉?"② 在此基础上,《西升经》进一步说:"观古视今,谁能形完?吾尚白首,衰老孰年?"③ 这里,《西升经》对肉体不死的传统观念表示怀疑;言下之意,《西升经》相信"形"灭而"神"不灭。《西升经》的这一思想是对传统道教的肉体飞升的根本性否定。《西升经》的这一思想对后世道教产生了重大的影响。在《抱朴子内篇·论仙》中,葛洪说:"仙法欲静寂无为,忘其形骸

---

① 《西升经》卷下《神生章第二十二》,《道藏》第11册,北京:文物出版社,上海:上海书店,天津:天津古籍出版社,1988年,第506页。
② 《西升经》卷上《邪正章第七》,《道藏》第11册,北京:文物出版社,上海:上海书店,天津:天津古籍出版社,1988年,第495页。
③ 《西升经》卷上《邪正章第七》,《道藏》第11册,北京:文物出版社,上海:上海书店,天津:天津古籍出版社,1988年,第495页。

……"① 这里，葛洪主张在修神仙法术的时候，心要寂静无为，要忘掉自己的形体。在此基础上，葛洪进一步把"仙"分为"天仙""地仙""尸解仙"，如他所说："按仙经云，上士举形升虚，谓之天仙。中士游于名山，谓之地仙。下士先死后脱，谓之尸解仙。"② 在葛洪看来，在"天仙""地仙""尸解仙"中，只有"尸解仙"会发生形体质的改变，而"天仙"和"地仙"的形体没有质的改变。这从一个侧面说明葛洪对"形"的看法介于传统的形神观和《西升经》形神观之间。自葛洪之后，陶弘景从养生的角度提出了自己对"形"和"神"的看法。在他看来，"夫神者，生之本；形者，生之具也。神大用则竭，形大劳则毙。神形早衰，欲与天地长久，非所闻也"③。从这可以看出，陶弘景是主张"形""神"俱修的。从美学层面讲，陶弘景的这种形神观"既前承先秦道家、汉代新道家的美学的'形—神'论，又将开拓唐代道教'重玄'美学的'形—神'观和'道—艺'论④。因此，清代刘一明的"形神俱妙"应是对道教"物化"美学思想之"形"的一个系统总结。

---

① 王明：《抱朴子内篇校释·论仙》（增订本），北京：中华书局，1985 年第 2 版，第 17 页。
② 王明：《抱朴子内篇校释·论仙》（增订本），北京：中华书局，1985 年第 2 版，第 20 页。
③ 《养性延命录》卷上，《道藏》第 18 册，北京：文物出版社，上海：上海书店，天津：天津古籍出版社，1988 年，第 476 页。
④ 潘显一、李裴、申喜萍等：《道教美学思想史研究》，北京：商务印书馆，2010 年，第 161 页。

第五节 道教"物化"美学思想之"神"

"神"原是中国古代哲学的一个范畴,后最早被庄子在其《渔父》中用来表达其美学思想,如他所说:"真在内者,神动于外,是所以贵真也。"① 可见,"该范畴成为人物神采真实性的外在表现的象征"②。庄子的这一思想被道教所继承,并在道教"物化"美学思想的不同发展阶段有不同的体现。

一、"神"的概述

在道教中,"神"除了指精神外,更多的是指人身体中的神灵。在道教看来,"神"就是"道",如《太平经》说:"神者,道也。"③ 这里,《太平经》把"神"直接看成"道",从而赋予了"神"的神性之美。事实上,汉末之后,道教的"道"美,即"大"美的观念中的"大"逐渐被"乐"替代,这反映了"道"与"生"之间的关系应是道教美学思想得以不断发展的原动力,而且也是道教"物化"美学思想得以不断发展的原动力。"从汉末的现实看,对于广大普通道众来说,赞'道'为'神'比赞'道'为'大'更通俗、更容易理解;同时,这标志着'道—美'('大'美)思想从哲学到宗教的发展和过渡。"④ 因此,道教"物化"美学思想特别注重"神",并认为这是追求

---

① 陈鼓应注译:《庄子今注今译》(下),北京:中华书局,2009年第2版,第874页。
② 朱立元:《美学大辞典》(修订本),上海:上海辞书出版社,2014年,第126页。
③ 王明编:《太平经合校》(下),北京:中华书局,2014年第2版,第752页。
④ 潘显一:《大美不言——道教美学思想范畴论》,成都:四川人民出版社,1997年,第92—93页。

"一"美,亦即"道"美所必需的。

随着道教的进一步发展,"神"之美逐渐演变为神异之美、神妙之美、神圣之美以及神秘之美,也就是说,"神"美的含义随时代的发展在不断演化,从而也使"道"的宗教神性之美超越了早期的本源之美。尽管如此,隋唐以后,仍有许多道教学者在阐述自己的道教"物化"美学思想之"神"时,往往要对本源的"道"做一些审美判断,如司马承祯曾说:"夫道者,神异之物,灵而有性,虚而无象,随迎不测,影响莫求,不知所以然而然,通生无匮谓之道。"① 这里,司马承祯用"神""异""灵""虚"来描述"道",对"道"做了宗教神学审美范畴的判断。再如,《云笈七签·道德部》写道:"老君指归曰:'太上之象,莫高乎道德,其次莫大乎神明,其次莫大乎太和,其次莫崇乎天地,其次莫著乎阴阳,其次莫明乎大圣。'"② 这里,"高""大""崇""著""明"被用来描绘"道"及其化生的"道德""神明""太和""天地""阴阳""大圣",从而体现了"道"美的宗教神性。

总之,"神"作为道教"物化"美学思想的一个范畴,随道教"物化"美学思想的发展而发展。但不管怎样,"神"的神性一直贯穿道教之始终。这是问题的一方面,而问题的另一方面则是"神""应该是发之于思维极则——'道',指向并收归于'道'的,它是宇宙极则'道'的创作主体与欣赏主体的心灵化"③。可见,若我们把这一观点用在道教艺术审美上,尤其是

---

① 《坐忘论·得道七》,《道藏》第 22 册,北京:文物出版社,上海:上海书店,天津:天津古籍出版社,1988 年,第 896 页。
② [宋] 张君房编:《云笈七签·道德部》(一),李永晟点校,北京:中华书局,2003 年,第 1 页。
③ 高楠:《道教与美学》,沈阳:辽宁人民出版社,1989 年,第 258 页。

道教绘画中,我们不难看出,"神"在道教的不同发展阶段有不同的体现。

二、"神"的主要代表思想

自从"神"成为道教"物化"美学思想的一个范畴后,历代有不少道教学者对此提出自己的观点。在众多的有关"神"的观点中,笔者认为以下列举的四种观点带有典型性,能体现道教"物化"美学思想的具体发展情况。道教"物化"美学思想从道教创建之初开始发展,在唐宋时期达到高潮。下文将以时间为序,对这四种典型的道教"物化"美学思想之"神"的思想逐一进行详尽的论述。

(一)"体性抱神"

"体性抱神"是宋徽宗赵佶(1082—1135)提出的与"神"有关的"物化"审美心境思想。在赵佶看来,"万物皆出于机,入于机;大机自张,与出俱生;天机自止,与入俱死。生者,造化之所始;死者,阴阳之所变"①。这里的"万物皆出于机,入于机"直接源于《庄子·至乐》中的"万物皆出于机,皆入于机"②。唐代的成玄英对此疏曰:"机者,发动所谓造化也。造化者,无物也。人既从无生有,又反入归无也。"③ 可见,赵佶认为生与死只是"机"的不同变化,即"大机自张,与出俱生;

---

① 《宋徽宗御解道德真经》卷三《出生入死章第五十》,《道藏》第11册,北京:文物出版社,上海:上海书店,天津:天津古籍出版社,1988年,第870页。
② 陈鼓应注译:《庄子今注今译》(中),北京:中华书局,2009年第2版,第494页。
③ 《南华真经注疏》卷二十,《道藏》第16册,北京:文物出版社,上海:上海书店,天津:天津古籍出版社,1988年,第509页。

天机自止，与人俱死"①。所以，在赵佶看来，作为"大机自张"的人，也即生命个体的人，要追求"道"美，必须注重"神"，因为"道深微妙，与神为一"②。为此，赵佶指出："形全者神全，神全者圣人之道也。善摄生者体性抱神，其心闲而无事，故神将守形，形乃长生。"③ 这段话揭示了"形"与"神"的关系，突出了"神"的作用，同时也折射出赵佶的"物化"审美心境思想——"体性抱神"。"体性抱神"并非赵佶独创，它来源于《庄子·天地》。在《庄子·天地》中，孔子说："夫明白太素，无为复朴，体性抱神，以游世俗之间者，汝将固惊邪?"④ 这从另一个侧面说明赵佶受到儒家思想的影响。由此看来，赵佶借用了孔子的"体性抱神"来阐述他的道教"物化"审美心境思想。

在如何"体性抱神"问题上，赵佶说："诚信生神，而神全者圣人之道。抱神以游世俗之间，范乎淳备，功利机巧必忘，夫人之心，死生惊惧不入乎其胸中，是故忤物而不慑，行乎万物之上而不粟。彼以伪投之，此以诚应之，乌往而不可……盖至诚之道入而与神俱，不知形体之所措，利害之所存，故能胜物而不伤焉……若夫机心存于胸中，则纯白不备。纯白不备则神生不定，而道之所不载。"⑤ 这里，赵佶指出了"体性抱神"中审美主体应忘掉一切"功利机巧"，不要让"机心存于胸中"，也就是说

---

① 《宋徽宗御解道德真经》卷三《出生入死章第五十》，《道藏》第11册，北京：文物出版社，上海：上海书店，天津：天津古籍出版社，1988年，第870页。
② 《西升经》卷上《生道章第六》，《道藏》第11册，北京：文物出版社，上海：上海书店，天津：天津古籍出版社，1988年，第494页。
③ 《西升经》卷上《善为章第三》，《道藏》第11册，北京：文物出版社，上海：上海书店，天津：天津古籍出版社，1988年，第491页。
④ 陈鼓应注译：《庄子今注今译》（中），北京：中华书局，2009年第2版，第345页。
⑤ 《冲虚至德真经义解》卷二，《道藏》第14册，北京：文物出版社，上海：上海书店，天津：天津古籍出版社，1988年，第912—913页。

审美主体要有超功利的心态。在如何实现这种超功利的心态问题上，赵佶有自己独到的见解。他说："贪欲，性之疾为甚者也……盖无为者，圣人之所行，贪欲者，众人之所主。行大道之无为，不慕众人之贪欲，则事物形名天下，所谓有者，可使之无恬淡寂寞。天下所谓无者，可使之有也。"① 赵佶这段话明确地指出了在"体性抱神"中，审美主体应除去"贪欲"，因为"天地能长且久，而人不能者，以其任情肆欲，放心纵意，自遗其咎故也。诚能忘其所不忘而反求诸己，则形生而不敝，神全而不亏，形神合而不离，与天地齐其长久，斯无难矣"②。在如何除去"贪欲"的问题上，赵佶认为要"心虚"。他指出："谷以虚故应，鉴以虚故照，管龠以虚故受，耳以虚故能听，目以虚故能视，鼻以虚故能嗅，有实其中则有碍于此，圣人不得已而临莅天下，一视而同仁，笃近而举远，因其固然付之自尔，何容心焉？尧之举舜而用鲧，几是矣。心虚则公听并观而无好恶之情，腹实则赡足平泰而无贪求之念。岂贤之可尚，货之足贵哉？"③ 这里，赵佶以"谷""鉴""管龠""耳""目""鼻"为例，指出了"虚"的作用：让山谷回应，让镜子明照，让笙、箫之音被人听见，让人的耳听到外界之声，让人的眼睛看见外界的一切，让人的鼻能够闻到外界之味。同时赵佶还以圣人如尧、舜、鲧为例，进一步指出"心虚"能让人没有爱憎之情感，没有贪求之念想。可见，赵佶从物之虚到人之心虚的论述，旨在说明"心虚"能让人去除贪欲，从而体会到"行大道之无为"之美。

---

① 《西升经》卷中《观诸章第十二》，《道藏》第11册，北京：文物出版社，上海：上海书店，天津：天津古籍出版社，1988年，第500页。
② 《西升经》卷下《民之章第二十九》，《道藏》第11册，北京：文物出版社，上海：上海书店，天津：天津古籍出版社，1988年，第508页。
③ 《宋徽宗御解道德真经》卷一，《道藏》第11册，北京：文物出版社，上海：上海书店，天津：天津古籍出版社，1988年，第844页。

在如何"心虚"的问题上,赵佶认为"忘心"就能做到"心虚"。他说:"古之至人,明白入素,无为复朴,天机不张,默与道契。悟然若亡而存,油然不形而神,则知我稀而我贵矣,内诚不解则未能忘心,形谍成光则未能遗形,以外镇人心,使人轻乎贵,老而重已,身劳于国,智尽于事,则惨怛之疾,恬愉之安,时集于体;怵迫之恐,忻惧之喜,交溺于心。整其所患有如此者,又乌能无惊乎哉?"① 这里的"忘心"就是"忘掉自身的肉体的物质性存在,摆脱生理欲望和纷繁芜杂的情绪,去掉以满足感官享乐为目的的种种享受"②。由此看来,赵佶的"体性抱神"突出的是"忘心",在他看来,"忘心"就能"心虚",而"心虚"就能去除贪欲,从而体悟到"道"美。

(二)"合神于无"

"合神于无"是南宋著名道士陈显微提出的有关"神"的"物化"审美心境思想。在陈显微看来,"学道有三品,上品者以神为主,中品者以气为主,下品者以形为主。以神存气,以气存形,所以延形;合形于神,合神于无。所以隐形。二者虽有微妙之分,然皆以神为主,上品也。以一气生万物,以一气合万物,如采祖气、服元气、闭胎息、袭气母之类,皆以气为主,中品也。食巨胜则寿,无月火则隐,如服食金石草木,存意形中一处,皆以形物为主,下品也。然三者之中,至清者神,至浊者形,半清半浊者气"③。从这可以看出,陈显微认为体"道"美

---

① 《冲虚至德真经义解》卷三,《道藏》第 14 册,北京:文物出版社,上海:上海书店,天津:天津古籍出版社,1988 年,第 917 页。
② 潘显一、李裴、申喜萍等:《道教美学思想史研究》,北京:商务印书馆,2010年,第 424 页。
③ 《文始经言外旨》卷六,《道藏》第 14 册,北京:文物出版社,上海:上海书店,天津:天津古籍出版社,1988 年,第 718 页。

有三种不同层级的方式："以神为主""以气为主""以形物为主"。其中，"以神为主"属于"上品"，"以气为主"属于"中品"，而"以形物为主"则属于"下品"。可见，在"形""气""神"中，陈显微强调的是"神"。

陈显微曾说："人拘于形则不能变化。若夫炼形为气，使形尽化气，则聚成形而散为气矣，故能化万物。"① 这里，陈显微明确指出"形"不能实现"物化"，他认为只有"使形尽化为气"才能实现"物化"，即"故能化万物"，换句话说，"气"是实现"物化"的关键。尽管如此，但陈显微认为"神"高于"气"，他说："有形之物虽互隐见，而一气在天地间未尝化也。一气犹且不化，况吾之非气者哉？何谓非气，气之所自生者。"② 陈显微在这里提出了"非气"这个概念，但他接着阐释道，"非气"是"气"自行产生的。在他看来，这个"非气"就是"经不云乎：恍恍忽忽，其中有物；窈窈冥冥，其中有精，欲识是物，精神是也"③。可见，这个"非气"就是"精神"，也即"神"，而这个"神"具有"恍恍忽忽，其中有物；窈窈冥冥，其中有精"④ 的特性。从这可以看出，陈显微的"神"具有与"道"相同的特性："有物""有精"。在如何实现"合神于无"问题上，陈显微说："神无我，即物而见也。"⑤ 又说："凡天地

---

① 《文始经言外旨》卷七，《道藏》第14册，北京：文物出版社，上海：上海书店，天津：天津古籍出版社，1988年，第722页。
② 《文始经言外旨》卷七，《道藏》第14册，北京：文物出版社，上海：上海书店，天津：天津古籍出版社，1988年，第723页。
③ 《文始经言外旨》卷六，《道藏》第14册，北京：文物出版社，上海：上海书店，天津：天津古籍出版社，1988年，第719页。
④ 《文始经言外旨》卷六，《道藏》第14册，北京：文物出版社，上海：上海书店，天津：天津古籍出版社，1988年，第719页。
⑤ 《文始经言外旨》卷四，《道藏》第14册，北京：文物出版社，上海：上海书店，天津：天津古籍出版社，1988年，第710页。

万物之妙者,皆吾之神;凡天地万物之有者,皆吾之精。夫如是,则圣人无所见乃能无所不见,无所闻乃能无所不闻。"① 从这可以看出,陈显微认为审美主体需达到"无我"的境界,才能感受天地万物之美,也就是"道"美。在陈显微看来,这种"无我"的境界就是"同乎物而不自异,则与物和而不竞也;惊其得而不自有,则与道忘而不失也"②。从审美欣赏的角度看,这种"无我"的境界就是物我两忘的境界,"物我两忘的结果是物我同一。观赏者在兴高采烈之际,无暇区别物我,于是我的生命和物的生命往复交流,在无意之中我以我的性格灌输到物,同时也把物的姿态吸收于我"③。从这可以看出,"合神于无"要求审美主体与审美对象达到同一的境地,这种境地也就是在潜意识中不存在"我"与"道"的分别。

此外,陈显微还说:"世有梦飞神而游太清者,亦有梦乘物而驾八荒者,此身此物皆如梦如幻。梦而能之者,灵于神也;觉而不能者,拘于形也。惟能自见精神者,觉梦一致,可以飞神作我,可以凝精作物,是皆法之妙用也。至于吸气吸风以益金木于外、漱水摩火以养精神于内,亦皆足以延精神,斯术之租者也。若夫忘精神而超生者,道也。"④ 这段话是强调对"神"要超越,而不应被"神"所束缚,只有这样,才能体"道"美,亦即所

---

① 《文始经言外旨》卷九,《道藏》第14册,北京:文物出版社,上海:上海书店,天津:天津古籍出版社,1988年,第728页。
② 《文始经言外旨》卷三,《道藏》第14册,北京:文物出版社,上海:上海书店,天津:天津古籍出版社,1988年,第705页。
③ 朱光潜:《朱光潜美学文学论文选集》,长沙:湖南人民出版社,1980年,第53页。
④ 《文始经言外旨》卷四,《道藏》第14册,北京:文物出版社,上海:上海书店,天津:天津古籍出版社,1988年,第711页。

谓"若夫忘精神而超生者，道也"①。由此看来，陈显微的"合神于无"的"物化"审美心境思想主要指两方面：一，"无我"，也即"忘我"；二，对"神"的超越。

（三）"神游八极无穷尽"

"神游八极无穷尽"是金末元初著名的全真高道姬志真（1192—1267）提出的有关"神"的道教"物化"审美心境思想。姬志真对外界事物的看法独特，他强调用"心"感悟整个外界世界。

姬志真曾说："此别燕山第一程，潞川冰雪送君行。道人简事为繁事，对客无情似有情。跧穴但宜容蛰物，搏风从此奋鹏程。神游八极无穷尽，未卜何时会玉京。"② 这里，姬志真明确地提出了美的体验的最高境界是"神游八极无穷尽"。在姬志真看来，"金鸡报晓泥牛走，枯木龙吟顽石吼。玉女吹箫作凤鸣，木人应节翻筋陡"③。事实上，世人都知道，这些都不会发生，因为金鸡、泥牛、枯木、玉女、木人都缺乏生命。然而，姬志真却认为只要用"心"去感悟世界，这些不可能就会变得可能。从审美层面讲，姬志真的这段话是突出了"移情"在审美观照中的作用。所谓"移情"，"用简单的话来说，它就是人在观察外界事物时，设身处在事物的境地，把原来没有生命的东西看成有生命的东西，仿佛它也有感觉、思想、情感、意志和活动，同时，人自己也受到对事物的这种错觉的影响，多少和事物发生同

---

① 《文始经言外旨》卷四，《道藏》第14册，北京：文物出版社，上海：上海书店，天津：天津古籍出版社，1988年，第711页。
② 《云山集》卷一《郭子渊北行索诗时在通州》，《道藏》第25册，北京：文物出版社，上海：上海书店，天津：天津古籍出版社，1988年，第369页。
③ 《云山集》卷一《证怪惑》，《道藏》第25册，北京：文物出版社，上海：上海书店，天津：天津古籍出版社，1988年，第365页。

情和共鸣。这种现象是很原始的、普遍的"①。在姬志真看来，只有"移情"才能获得像鱼一样自由畅游的快乐，如他所说："亘初无乐亦无知，知乐才生第二机。循本却寻知处起，游鱼彼我自同归。"② 正是为了追求最大的快乐，姬志真说："修行大抵要修心，削尽尘缘万虑沉。露出亘初灵底物，不须知觉不须寻。"③ 又说："修行心地要空虚，刹刹尘尘总破除。却显亘初真面目，亦无销减亦无余。"④ 这里，姬志真认为只有了断尘缘，保持内心的空虚，修道者才能还其本来的真面目，从而获得美的体验。

从艺术层面看，姬志真的"神游八极无穷尽"主要揭示的是游仙诗创作过程中创造主体的"物化"审美心境思想，如他所说："为周为蝶两形分，未见谁为作梦人。栩栩蘧蘧消息得，寥天大地尽吾身。"⑤ 可见，"神游八极无穷尽"主要体现的是"神"的高度自由，也就是创作主体发挥自己的想象，彻底忘掉生死、名利、得失、荣辱等功利性的东西而让自己的精神彻底自由。

（四）"神之为我，我之为神"

"神之为我，我之为神"是明代著名的道教内丹学者程以宁提出的有关"神"的"物化"审美心境思想。在程以宁看来，

---

① 朱光潜：《西方美学史》，北京：人民文学出版社，1979年第2版，第584页。
② 《云山集》卷四《濠梁》，《道藏》第25册，北京：文物出版社，上海：上海书店，天津：天津古籍出版社，1988年，第391页。
③ 《云山集》卷三《拂尘》，《道藏》第25册，北京：文物出版社，上海：上海书店，天津：天津古籍出版社，1988年，第387页。
④ 《云山集》卷三《空虚》，《道藏》第25册，北京：文物出版社，上海：上海书店，天津：天津古籍出版社，1988年，第387页。
⑤ 《云山集》卷四《梦蝶》，《道藏》第25册，北京：文物出版社，上海：上海书店，天津：天津古籍出版社，1988年，第391页。

"道"与人是没有什么差别的,如他所说:"道之与我异名同实,即道即我,何有差殊。如可得而有是道,与我为二矣。"①

程以宁说:"命者,天下之至美,道者,天下之至乐。先了命,而后了道。故能有美则可以有乐。二者必至人斯能兼之。"②这里,程以宁强调性命双修可以让人得至美、至乐,因为"万化无极,亦奚足以累吾心,已为道者解乎,此故也。则得至美而游至乐矣"③。在此基础上,程以宁进一步说:"惟大人与天为徒,无生无死。若凡人则方生方死,方死方生,听其气之聚散以生死,特与人为徒耳。岂惟人为然,万物之出机入机,亦与之为一也。生则神奇,死则臭腐,俄而今者之臭腐化为来者之神奇,俄而来者之神奇复化为后日之臭腐。物异而气不异,故曰通天下一气耳。凡人得此一气,听其自聚自散,故有生死。圣人得此一气,聚之而不使散,故贵一耳,非黄帝不能达。不知者之合道,忘言者之近道,而有问有答者之离道。"④这里,通过凡人与圣人对生死的不同控制力,程以宁"进一步指出,整个宇宙世界处于一种大化流行、生生不息的状态,今日之神奇可转化成明日之臭腐,而今日之臭腐又可转化成明日之神奇,事物之间的变动不居使得整个宇宙世界变得非常具有生命力。而这种转化不仅是对道家辩证思想的进一步发展,同时也使得庄子所提倡的'物化'论美学思想成为了可能"⑤。从这可以看出,程以宁认为"物化"的目的是得"道",以获得"至美"而"游至乐"。

在如何实现"得至美而游至乐"的问题上,程以宁认为

---

① 《南华真经注疏》,《藏外道书》第2册,成都:巴蜀书社,1992年,第423页。
② 《南华真经注疏》,《藏外道书》第2册,成都:巴蜀书社,1992年,第417页。
③ 《南华真经注疏》,《藏外道书》第2册,成都:巴蜀书社,1992年,第417页。
④ 《南华真经注疏》,《藏外道书》第2册,成都:巴蜀书社,1992年,第428页。
⑤ 潘显一、李裴、申喜萍等:《道教美学思想史研究》,北京:商务印书馆,2010年,第649页。

"神凝"是必要条件。在程以宁看来,"神凝"的目的是"神之为我,我之为神"①,也就是"神"与"我"达到为一的境界,也就是说,"神"与"我"的界限已泯灭,"神"在"我"中,而"我"又在"神"中,如他所说:"观于水之性,以不杂而清,莫动而平,则知所以养神矣。我无驳难以扰其神,则神常静;我无二三,以乱其神,则神常宁。以淡而无为者,为神之体;动而天行者,为神之用。养神之道,曷以加焉?知实敛者,犹藏而不敢轻试,惧其锋之易折也。况吾之精神,放之则弥六合,与天帝同功用,卷之则退藏于密,吾神惟守此纯素之道而已。守之既久,则不知神之为我,我之为神。"② 这里,程以宁从水的特性入手论述得出"以淡而无为者,为神之体;动而天行者,为神之用"③。从这个前提出发,程以宁得出了"神之为我,我之为神"④的著名论断。这一论断虽从养生的角度出发,但实则揭示了"物化"的最高心境。

三、"神"的基本特征

"神"是中国古典美学的一个重要范畴,它不仅对中国美学的审美情趣产生了重大的影响,而且也对道教美学的审美情趣产生了重大的影响。在道教"物化"美学思想的发展过程中,"神"的审美内涵不断拓展,完全超出了原来"神灵"的意思,尤其是"神"用于艺术审美中更是如此,从而使道教"物化"美学思想之"神"具有自己的基本特征。

---

① 《南华真经注疏》,《藏外道书》第2册,成都:巴蜀书社,1992年,第387页。
② 《南华真经注疏》,《藏外道书》第2册,成都:巴蜀书社,1992年,第387页。
③ 《南华真经注疏》,《藏外道书》第2册,成都:巴蜀书社,1992年,第387页。
④ 《南华真经注疏》,《藏外道书》第2册,成都:巴蜀书社,1992年,第387页。

(一)"神"亦即"道"

马林诺夫斯基曾说:"个人间的感情,和'死亡'一事实的存在——死亡是人生一切事件中最有破坏性和组性的一桩——恐怕就是宗教信仰的泉源。"① 从这可以看出,道教的最高信仰"道"就是为了解决人们面临的根本问题——死亡。在道教看来,"道"是宇宙万物的本源,故《道德经》说:"太上曰:道生一,一生二,二生三,三生万物。万物负阴而抱阳,冲气以为和。"② 这里,《道德经》引用老子的话,试图说明万物生成在于阴阳的道理。可见,道教在宇宙万物的生成上是直接继承了老子的思想,只不过道教把老子的这一思想神圣化了,称老子为"太上"。从道教的发展来看,道教事实上在宇宙观上坚持"道"的观点,但这个"道"具有了"双向流转的形态和规则,就是相对待的阴阳两极的互感互动,互抑互生——极则之'道'自分阴阳,阴阳相合便生出第二极的'道',第二极的'道'再分阴阳,阴阳再合又有第三极的'道',如此分而合,合而分,'道'就不断地向下流转为万物,万物又不断地向上聚合为宇宙之'道'"③。不仅如此,在道教看来,"夫道有情有信,无为无形;可传而不可受,可得而不可见;自本自根,未有天地,自古以固存;神鬼神帝,生天生地;在太极之先而不为高,在六极之下而不为深,先天地生而不为久,长于上古而不为老"④。这里,"道"被认为是客观真实存在的,自身就是本、就是根,早在天

---

① [英]马林诺夫斯基:《文化论》,费孝通等译,北京:中国民间文艺出版社,1987年,第76页。
② [清]黄元吉:《道德经注释》,蒋门马校注,北京:中华书局,2012年,第177页。
③ 高楠:《道教与美学》,沈阳:辽宁人民出版社,1989年,第259—260页。
④ [晋]郭象注,[唐]成玄英疏:《南华真经注疏》(上),曹础基、黄兰发点校,1998年,第145—146页。

地的远古时代就已存在,长于上古还不算老,具有无为无形、只可感知而不可口授、只可感悟而不可面见的特点。由此看来,道教的"道"具有绝对崇高的永恒之美。

既然宇宙万物都是"道"的产物,那么人与其他物应有共同的本质属性,这是道教思维的出发点,如高楠所说:"这种思维方式的出发点是认定道生万物并构成万物,从而使万物获得共同的本质属性,以此作为不同类事物间由此及彼或者由彼及此相互并接、移植、推演的依据;然后,便把主观体验、理解的经验,与取之于现实的客观观察经验相融合,从而使客观观察的经验获得主观体验的性质。道教的符术体系是由此建立的,道教修炼体系也是由此建立的。"① 事实也是如此,多数道教学者都主张道教的修炼要返本还元、归根复命。南宋道教内丹派南宗实际创造人白玉蟾说:"人若不为形所累,眼前便是大罗天。若要炼形炼神,须识归根复命。……若人知得真实处,则归根复命何难也。故曰:有人要识神仙诀,只去搜寻造化根。古者虚无生自然,自然生大道,大道生一气,一气分阴阳,阴阳为天地,天地生万物,则是造化之根也,此乃真一之气,万象之先,太虚太无,太空太玄,……圣人以心契之,不得已而名之曰'道',以是知心即是道也。"② 这里,白玉蟾认为"造化之根""真一之气"可以超脱万物又生化万物,而它的超脱形态又可以"以心契之"。可见,在白玉蟾看来,"神"应是"心契"神圣之物。因此,白玉蟾得出结论:"道融于心,心融于道也,心外无别道,

---

① 高楠:《道教与美学》,沈阳:辽宁人民出版社,1989年,第249页。
② 《琼琯白真人集·玄关显秘论》,《藏外道书》第5册,成都:巴蜀书社,1992年,第135页。

道外无别物也。"① 此外，在道教看来，"有生最灵，莫过乎人"②，因而道教特别关注人的心灵，并认为"神"就是"道"，如《太平经》说："神者，道也。入则为神明，出则为文章，皆道之小成也。"③ 这句话的意思是"神"就是"道"，一切包括文章在内的艺术创作都是"道"的外化表现，亦即"道之小成"。从艺术创作和欣赏的角度讲，"神"亦即"道"突出了创作主体和欣赏主体的主动性，而"神"则不仅指创作主体和欣赏主体发自心灵深处的生命活力，而且还指主体心灵对审美对象的体味。

总之，无论是从道教的修炼还是从道教的艺术创作、欣赏的角度看，道教之"神"生于"道"，是"心契"神圣之物，最终又指向"道"，是"道"的心灵化。因此，"神"亦即"道"既反映了道教特有的思维方式，又体现了道教"物化"美学思想的宗教性特点，从而给道教"物化"美学思想披上了一件神秘的外衣。

（二）"神"的内在精神性

道教继承了中国传统文化中的"形神"观，但道教从其宗教的目的出发，对"形"与"神"有自己特有的看法。在早期道教看来，人是可以肉体成仙的，因为人体之形是"道"按照"天""地""四时""五行""七政三光"的形状构造的，也就是说，人体之美具有一种神性的合规律之美，因为"道"美被认为是万物之源，具有崇高、绝对、神圣之美。《西升经》说：

---

① 《修真十书杂著指玄篇》卷六《谢张紫阳书》，《道藏》第4册，北京：文物出版社，上海：上海书店，天津：天津古籍出版社，1988年，第624页。
② 王明：《抱朴子内篇校释·论仙》（增订本），北京：中华书局，1985年第2版，第14页。
③ 王明编：《太平经合校》（下），北京：中华书局，2014年第2版，第752页。

"神生形，形成神。形不得神，不能自生。神不得形，不能自成。形神合同，更相生，更相成。"① 可见，早期道教的思维方式是"道"生万物，包括人的形体，故"形"与"神"同根同源，相互依存，不可分离。后随着道教的发展，道教在"形"与"神"的关系上主张"形灭而神存"，也就是说，道教认为"形"是可灭的，而"神"是不可灭的。从道教成仙思想来看，这种观点就是精神成仙而不是肉体成仙，这正好与传统道教的成仙思想相反。

从道教艺术创作、艺术欣赏来看，"道教思维方式的一个重要特征，是基于经验的物我相融。在这种思维方式中，来于客观的观察经验与来于主观的体验经验完成着相互融合的过程。因此，这一过程的完成，当其成果表现于宗教或者艺术时，就已经没有了所谓客观的东西或者主观的东西，只有不可分离的二者的融合"②。正是这种主客二者的融合，才使得道教绘画中的"神"主要指人物的内在精神，这正如东晋画家顾恺之（348—409）所说："凡生人无有手揖眼视，而前无所对者。以形写神而空其实对，荃生之用乖，传神之趣失矣。空其实对则大失，对而不正则小失，不可不察也。一象之明昧，不若悟对之通神也。"③ 这里，顾恺之强调的"神"其实"不是一般的精神，不是一个人的道德学问，而是一个人的风神、风韵、风姿神貌，即一个人的个性和生活情调"④。再如，元代道教画家黄公望曾说："画无定法，物有常理。物理有常，而其动静变化，机趣无方。出之于笔，乃

---

① 《西升经》卷下《神生章第二十二》，《道藏》第 11 册，北京：文物出版社，上海：上海书店，天津：天津古籍出版社，1988 年，第 506 页。
② 高楠：《道教与美学》，沈阳：辽宁人民出版社，1989 年，第 246—247 页。
③ ［东晋］顾恺之：《魏晋胜流画赞》，转引自叶朗：《中国美学史大纲》，上海：上海人民出版社，1985 年，第 201 页。
④ 叶朗：《中国美学史大纲》，上海：上海人民出版社，1985 年，第 202 页。

臻神妙。"① 这里，黄公望强调了"神"的内在精神性。

当然，在道教"物化"美学思想的发展过程中，"神"的内在精神性还表现在艺术创作主体之"意"上，从而增强了创作主体的自由度。例如，元代道教画家倪瓒曾说："仆之所谓画者，不过逸笔草草，不求形似，聊以自娱耳。"② 这里，倪瓒认为在绘画中画者应突出自己的目的，亦即"意"，这个"意"指的创作主体的人品、理想、情趣、心境等。

第六节 道教"物化"美学思想之"化"

"化"是中国古典哲学思想的一个重要范畴，主要指生命的缘起，如《周易·系辞下》说："天地氤氲，万物化醇。男女构精，万物化生。"③ 后庄子还把"化"看成时间的迁移和宇宙普遍存在的现象，如他在《天道》中所说："春夏先，秋冬后，四时之序也。万物化作，萌区有状；盛衰之杀，变化之流也。"④ 庄子的这一思想直接被道教所继承，并在道教"物化"美学思想的不同发展阶段有不同的体现。

一、"化"的概述

从思想来源讲，道教的"化"吸收了中国传统文化中的"化"的思想，尤其是庄子的"化"的思想。因此，道教的

---

① ［元］黄公望：《写山水诀》，转引自高楠《道教与美学》，沈阳：辽宁人民出版社，1989 年，第 261 页。
② ［元］倪瓒：《清閟阁遗稿》，转引自高楠《道教与美学》，沈阳：辽宁人民出版社，1989 年，第 252 页。
③ ［唐］李鼎祚：《周易集解》，王丰先点校，北京：中华书局，2016 年，第 475 页。
④ 宋海峰编著：《庄子》，呼和浩特：内蒙古人民出版社，2009 年，第 134 页。

"化"最开始应指的是生命的缘起,如《太平经》所说:"夫道者,乃大化之根,大化之师长也。故天下莫不象而生者也。"① 这里,《太平经》把"道"看成生命之根,而这里的"大化"指的就是生命的缘起。

在道教史上,对"化"有突出贡献者有两人:一是东晋的葛洪,一是唐末五代的谭峭。尽管葛洪和谭峭在具体论述"化"上有许多不同,但他们的论述都建立在"道"化万物的基础之上,同时他们都认为"化"为宇宙中存在的一种普遍现象。如果说葛洪奠定了道教"化"的理论基础,那么谭峭则使道教的"化"得以进一步成熟与发展。在葛洪看来,"化"是人与物和物与物之间存在的变化现象,而在谭峭看来,"化"是在"虚"与"形"之间、物与物之间、人体本身之间、人类社会之间存在的变化现象。从美学层面看,谭峭的"化"更突出了"化"的审美属性,换句话说,谭峭的"化",尤其是他的"虚形之化"突出了道教"化"的审美评价标准,如他在《化书》中说:"道之委也,虚化神,神化气,气化形,形生而万物所以塞也。道之用也,形化气,气化神,神化虚,虚明而万物所以通也。是以古圣人穷通塞之端,得造化之源,忘形以养气,忘气以养神,忘神以养虚。虚实相通,是谓大同。"② 这里,谭峭从"虚"与"形"的互化之中指出了"化"的审美评价标准是"得造化之源"。从艺术美的角度看,"得造化之源"是指创作主体将变化神奇的自然物象融炼为胸中意象,然后用心体味,从而创造出"造化之奇"的艺术作品。

在道教美学中,"化"指的是"变化"。从词语的构成来说,

---

① 王明编:《太平经合校》(下),北京:中华书局,2014年第2版,第680页。
② [五代]谭峭:《化书》卷一《道化》,丁祯彦、李似珍点校,北京:中华书局,1996年,第1页。

"变化"是由"变"和"化"合并构成。在中国古人的思想中,"变"强调的是过程,而"化"强调的是结果,而且"变"和"化"有强弱之分。在道教看来,"变化"是体用的统一,它不仅具有"道"的本体特征,而且还体现"道"。从文学创作的角度讲,"变化"之体就是文学创作的内在精神,而"变化"之用则指的是表现方法,故我们对文学作品作审美评价时往往要从文学作品创作的内在精神及其表现手法入手。此外,在道教美学中,"化"还指"神化",这是道教宗教性的基本要求。"在先秦哲学中,'神'除了指神灵和精神作用之外,还有另一意义,指微妙的变化。这一意义的神往往与化相连并提,合称神化。"① 道教的"神化"主要指的是"道"的神圣化和人格化。从道教的发展来看,早期道教把"道"神化为太上老君,如《混元皇帝圣纪》说:"老子者,老君也,此即道之身也。元气之祖宗,天地之根本也。"② 再如《老子想尔注》说:"一散形为气,聚形为太上老君,常治昆仑,或言虚无,或言自然,或言无名,皆同一耳。"③ 从审美心理上讲,道教的"神化"的审美心态与"体道"的心灵状态极为相似,它突出的是"物"与"我"界限的泯灭,主体的"心"与"物"同化,不知是"物"为"我",还是"我"为"物",也就是说,有限的形体和知识都得以忘却,这也就是成玄英所说的"物我兼忘"的境界,亦即"物化"境界。从艺术审美角度讲,这种境界追求的是浑然之工,突出的是无迹可寻、妙合无垠的"物化"境界。最后,在道教美学中,"化"还指"教化"。从词义上讲,"教化"的含义有很多,如

---

① 张岱年:《中国古典哲学概念范畴要论》,北京:中华书局,2017年,第112页。
② 《云笈七签》卷一〇二《混元皇帝圣纪》,《道藏》第22册,北京:文物出版社,上海:上海书店,天津:天津古籍出版社,1988年,第690页。
③ 饶宗颐:《老子想尔注校证》,上海:上海古籍出版社,1991年,第12页。

"教行""迁善""提升境界"等,从涉及的领域讲,"教化"既涵盖德育,又涵盖美育,说到底,"教化"主要侧重人心的潜移默化,故"教化"其实质也指"变化"。从美育的角度看,谭峭的《化书》涉及了"虚形之化""自然之化""人体之化""社会之化"四个方面,而这四方面的"化"从自然、人身、家、国几个方面入手,探求社会变化的缘由,并指出修道成仙是解决现实社会矛盾冲突的有效途径。

总之,道教虽然在其发展过程中继承了中国古典美学中的"化",但道教的"化"深深地打上了宗教的烙印,正因这一点,道教的"化"才使道教的"物化"美学思想具有神圣性的特点。因此,从道教"物化"美学思想范畴体系上讲,"化"是道教"物化"美学思想的一个重要范畴。

二、"化"的主要代表思想

"化"是道教"物化"美学思想的一个重要范畴,历代有不少学者对其发表过自己的看法。在众多的看法中,笔者经过研读大量道教原典,深入对比分析,最后认为以下三种有关"化"的道教"物化"美学思想有代表性,能反映出道教"物化"美学思想的发展历程、时代特征等。事实上,如第二章所述,"物化"关键在于"化",从实质上讲,这个"化"指的是"道"化,也就是"一"化。下文将以时间为序,对这三种有代表性的道教"物化"美学思想之"化"的思想逐一作详尽的论述。

(一)"虚实相通"

"虚实相通"是唐末五代著名的道教学者谭峭提出的道教"物化"审美心境思想。在《化书》之首,谭峭指出:"道之委也,虚化神,神化气,气化形,形生而万物所以塞也。道之用也,形化气,气化神,神化虚,虚明而万物所以通也。是以古圣人穷通塞之端,得造化之源,忘形以养气,忘气以养神,忘神以养虚。虚实相通,是谓大同。"① 这里,谭峭从"神""气""形"三个方面阐述了他的"虚化万物"的思想。从思想来源看,谭峭的"虚化万物"思想继承了老子、庄子和佛教关于"空""无""虚"的思想,但谭峭明确指出了"虚实相通"为"物化"的心境思想,从而拓展了老庄以及佛教的"空""无""虚"思想。在他看来,"虚实相通"是最高的境界,即"大同"境界,而要实现这种境界,必须在"形""气""神"三个方面做到"忘",即"忘形以养气,忘气以养神,忘神以养虚"②。从这可以看出,谭峭的"虚实相通"突出的是一种"忘"的境界,这种境界是一种超功利的审美境界。在这种境界下,人超越了自己的欲望,获得了"大同"之美。"这个'大同',显然是先秦道家的'大通'提法的流变,而'大通'的(心理)状态正是了道者认为最美的。"③ 可见,从审美心理上讲,"虚实相通"是一种精神绝对自由的心境。

在谭峭看来,"虚实相通"在不同的艺术中的具体要求虽不一样,但都必须做到"忘"。在音乐艺术中,谭峭说:"忘弦匏然后知乐之道,忘智虑然后知大人之道。"④ 可见,在谭峭看来,在演奏弦、匏乐器的过程中,演奏者需要忘掉弦、匏的客观存

---

① [五代]谭峭:《化书》卷一《道化》,丁祯彦、李似珍点校,北京:中华书局,1996年,第1页。
② [五代]谭峭:《化书》卷一《道化》,丁祯彦、李似珍点校,北京:中华书局,1996年,第1页。
③ 潘显一、李裴、申喜萍等:《道教美学思想史研究》,北京:商务印书馆,2010年,第313页。
④ [五代]谭峭:《化书》卷三《德化·聪明》,丁祯彦、李似珍点校,北京:中华书局,1996年,第32页。

在,才能体会到音乐美妙之道。在刻画艺术中,谭峭说:"画者不敢易于图象,苟易之,必有咎。刻者不敢侮于本偶,苟侮之,必贻祸。始制作于我,又要敬于我,又置祸于我。是故张机者用于机,设险者死于险,建功者辱于功,立法者罹于法。动一窍则百窍相会,举一事则万事有害。所以机贵乎明,险贵乎平,功贵乎无状,法贵乎无象。能出刻画者,可以名之为大象。"① 这里,谭峭指出了刻画者若不能"出刻画",也就是不能超越刻画的艺术形式与艺术手段,那么,他就不能达到"大象"的境界,也就是"无形"的境界,如他所说:"其道也在忘其形而求其情。"② 在书法艺术中,谭峭说:"心不疑乎手,手不疑乎笔,忘手笔,然后知书之道。和畅,非巧也;淳古,非朴也;柔弱,非美也;强梁,非勇也。神之所浴,气之所沐。是故点策蓄血气,顾盼含情性。无笔墨之迹,无机智之状;无刚柔之容,无驰骋之象。若皇帝之道熙熙然,君子之风穆穆然。是故观之者,其心乐其神和,其气融,其政太平,其道无朕。夫何故?见山思静,见水思动,见云思变,见石思贞,人之常也。"③ 这里,谭峭一方面指出了"忘手笔"是获得书法艺术之道的一种心态,另一方面他又指出了类似联想在艺术创作中的作用。在他看来,真正的书法艺术之道在于"无笔墨之迹,无机智之状;无刚柔之容,无驰骋之象"④。这就是说,创作者要让自己的作品显得自然而不

---

① [五代] 谭峭:《化书》卷三《德化·刻画》,丁祯彦、李似珍点校,北京:中华书局,1996年,第37—38页。
② [五代] 谭峭:《化书》卷二《术化·琥珀》,丁祯彦、李似珍点校,北京:中华书局,1996年,第29页。
③ [五代] 谭峭:《化书》卷四《仁化·书道》,丁祯彦、李似珍点校,北京:中华书局,1996年,第46页。
④ [五代] 谭峭:《化书》卷四《仁化·书道》,丁祯彦、李似珍点校,北京:中华书局,1996年,第46页。

露出刻意创作的痕迹，只有这样，才能让欣赏者引起"见山思静，见水思动，见云思变，见石思贞"①的类似联想。这正如朱光潜所说："在观照自然或艺术时，我们最容易起联想，因为我们暂时丢开实际生活的种种牵制，心里没有一个主旨指定思路的方向，平时可以限制联想的种种力量都暂时失其作用。一般人觉得一件事物美时，大半因为它能唤起甜美的联想。"②

从本质上讲，谭峭的"虚实相通"其实就是对庄子"坐忘"境界的继承与发展。从艺术审美创造与审美欣赏来看，"虚实相通"首先吸收了庄子的"堕肢体，黜聪明"③，强调"忘"，如谭峭所说的"是知万物可以虚，我身可以无"④，也即"忘身"。其次，"虚实相通"从"忘身"进而到"忘弦匏"以及"忘手笔"，也就是说，创作者忘掉创作所用之具，不露出创作的痕迹，从而达到"忘其形而求其情"⑤的境界。最后，"虚实相通"还突破了庄子"坐忘"的主体规定性。庄子"坐忘"的主体要么是创造者，要么是欣赏者，而"虚实相通"则同时涉及创造者与欣赏者。可见，"虚实相通"涉及了审美创造者与审美欣赏者的审美心境思想，这应是道教"物化"审美心境思想中较为突出的思想，折射出道教"物化"审美心境思想在唐末五代的发展特点。

---

① ［五代］谭峭：《化书》卷四《仁化·书道》，丁祯彦、李似珍点校，北京：中华书局，1996年，第46页。
② 朱光潜：《文艺心理学》，合肥：安徽教育出版社，2006年第2版，第74页。
③ 陈鼓应注译：《庄子今注今译》（上），北京：中华书局，2009年第2版，第226页。
④ ［五代］谭峭：《化书》卷一《道化·射虎》，丁祯彦、李似珍点校，北京：中华书局，1996年，第7—8页。
⑤ ［五代］谭峭：《化书》卷二《术化·琥珀》，丁祯彦、李似珍点校，北京：中华书局，1996年，第29页。

(二)"万物皆我"

"万物皆我"是北宋著名的道教学者陈景元提出的道教"物化"审美心境思想。从本质上讲,陈景元的"物化"美学思想是建立在他的"道"论基础之上的。在陈景元看来,"道"为宇宙的本体,可以分为"可道""常道",如他所说:"至于仁义礼智信,皆道之用,用则谓之可道,可道既彰,即非常道。常道者,自然而然,随感应变,接物不穷,不可以言传,不可以智索,但体冥造化,含光藏晖,无为而无不为,默通其极耳。"① 这里,陈景元认为"可道"指的是"道之用",如"仁""义""礼""智""信",而"常道"则指的是"道之体",是"自然而然""无为而无不为"的。在这种思想的基础上,陈景元进一步把"道"称为"神物",如他所说:"神物者,阴阳不测,妙万物以为言者也。"② 此外,陈景元还说:"天地之所以生生者,为其有道也。"③ 这就是说,"道"生化万物,而"有妙道然后万物生焉。生万物者,其唯妙道乎?"④ 可见,陈景元突出了"道"之美。

在"道"之美的思想基础上,陈景元提出了道教的"生"美观,亦即"夫生者化空之假借,于空论之,生为尘垢,长景况之,死为昏夜也,是故生生者不生,化化者不化,今有生乃常生,忽化乃常化,以常生观常化,则知常生不真,常化不空,空

---

① 蒙文通:《道教甄微》,蒙默编《蒙文通全集》(五),成都:巴蜀书社,2015年,第320页。
② 《道德真经藏室纂微篇》卷三,《道藏》第13册,北京:文物出版社,上海:上海出版社,天津:天津古籍出版社联合出版,1988年,第676页。
③ 蒙文通:《道书辑校十种》,成都:巴蜀书社,2001年,第932页。
④ 《道德真经藏室纂微篇》卷一,《道藏》第13册,北京:文物出版社,上海:上海出版社,天津:天津古籍出版社联合出版,1988年,第657页。

化相遇，于理何患哉"①！这里，陈景元提出了超越"生"与"死"境界的"物化"思想。在陈景元看来，"至人无己，万物皆我，动而无心，静而能照，感而遂通，无常情也"②，因为"宽容于物则广慈，不削于人则博济，此皆真人涉世之粗迹，关尹、老聃之所勤行者也"③。这里，陈景元以关尹、老聃为例，明确提出了"万物皆我"的"物化"审美思想。从审美的角度讲，"万物皆我"突出的是主体的"物化"观。在陈景元看来，动植物都是由"道"产生的，因而是相通的，亦即"动植道同，则天地之间不二也"④，而人又是万物中最有灵性的物种，因而人在物上都能体现"道"之大美。如他所说："外有名称可纪，内有精微可志，自天地至于万物，皆随次序而相理相使，物穷则反，事始则终，殚言竭知，止极事物之粗，莫能窥道之藩篱也。唯睹道之人，不随物之废起，而任物之芸芸，我则括囊全生而已。"⑤从这可以看出，陈景元主张在"道"美下，人与天地万物之间的美是互通互感的。换句话说，"物"与"我"都成了审美对象，其界限得以泯灭，一方面使"我"得以"物化"，而另一方面又使"物"得以"人化"。由此看来，陈景元的"万物皆我"是对庄子的"物化"思想的创新，突出了人与自然的和谐关系。

"人对人以外的生物和整个自然界给予道德关心、承认和保护，对生命和自然界承担道德责任，这是因为保护生命和自然界

---

① 蒙文通：《道书辑校十种》，成都：巴蜀书社，2001年，第1047页。
② 蒙文通：《道书辑校十种》，成都：巴蜀书社，2001年，第1170页。
③ 蒙文通：《道书辑校十种》，成都：巴蜀书社，2001年，第1170页。
④ 蒙文通：《道书辑校十种》，成都：巴蜀书社，2001年，第921页。
⑤ 蒙文通：《道书辑校十种》，成都：巴蜀书社，2001年，第1134—1135页。

就是保护我们自己,是为了对人类自身包括子孙后代利益的关心。"① 由此看来,陈景元的"万物皆我"突出了人与物的高度融合,是"把人类的爱心通过类审美的形式延伸到其他生命以及'主体化'的非生命的广义的环境范畴的意味,更体现出人对'物'的关爱"②。

(三)"其身与竹化"

"其身与竹化"是宋代著名的书画美学家苏轼提出的"物化"审美心境思想。对道教的外丹术与内丹炼养,苏轼都有自己的体验,虽然他到老还在烧炼丹药,如他在贬迁岭南时写道,"续寄丹砂已领,感愧之极。某于大丹未明了,直欲以此砂试煮炼,万一伏火,亦恐成药尔。成否当续布闻"③,但苏轼还是以内丹修炼为其主要的长生手段,渴望"停颜却老",如他说:"天真丧尽无纯诚。徒自取先用极力,谁知所得皆空名!……停颜却老只如此,哀哉世人迷不迷。"④ 这里,苏轼吸收了道教的"气"生万物的理论,指出了世俗之人争名夺利,结果所得皆空名,却不知"停颜却老"才是人生的终极目标。苏轼一生坎坷不平,立志从政,却屡遭打击,但他并没有消极悲观;相反,他以"停颜却老"的道教人生理想为立足点,提出了"游于物之外"的审美人生态度。在《超然台记》中,苏轼写道:"人之所欲无穷,而物之可以足吾欲者有尽。美恶之辨战乎中,而去取之

---

① 余谋昌:《环境哲学:生态文明的理论基础》,北京:中国环境科学出版社,2010年,第143页。
② 潘显一、李裴、申喜萍等:《道教美学思想史研究》,北京:商务印书馆,2010年,第390页。
③ [北宋] 苏轼:《苏轼文集》(第四册),孔凡礼点校,北京:中华书局,1986年,第1599页。
④ [北宋] 苏轼:《苏轼诗集合注》(五),[清] 冯应榴辑注,黄任轲、朱怀春校点,上海:上海古籍出版社,2001年,第1992—1993页。

择交乎前，则可乐者常少，而可悲者常多。是谓求祸而辞福。夫求祸而辞福，岂人之情也哉。物有以盖之矣。彼游于物之内，而不游于物之外。物非有大小也，自其内而观之，未有不高且大者也。彼挟其高大以临我，则我常眩乱反覆，如隙中之观斗，有乌知胜负之所在。是以美恶横生，而忧乐出焉。可不大哀乎。"① 这里，苏轼主张"游于物之外"的审美人生态度，他从人欲的角度，区分了两种"物我"关系："游于物之内""游于物之外"。在苏轼看来，人若"游于物之内"，即以对物的追求为乐，其结果是"彼挟其高大以临我，则我常眩乱反复，如隙中之观斗"②，也就是说人就会被物所左右，丧失其主体性，从而也就得不到快乐；相反，人若"游于物之外"，即不以对物的追求为乐，人就会得到快乐。从这可以看出，苏轼的人生态度是积极的，正是从这种积极的"游于物之外"的审美人生态度出发，他才说："与可画竹时，见竹不见人。岂独不见人，嗒然遗其身。其身与竹化，无穷出清新。庄周世无有，谁知此凝神。"③ 这里，苏轼提出了"身与竹化"的"物化"审美心境思想。具体而言，"身与竹化"是一种"物我互化"的心境，也就是化"我"为"物"、化"物"为"我"的心境，其"见竹不见人""嗒然遗其身"指的是"忘我"的境地，也就是精神上的超越与绝对自由。

在如何实现"身与竹化"的问题上，苏轼有自己独到的见解。在他看来，"竹之始生，一寸之萌耳，而节叶具焉。自蜩腹

---

① ［北宋］苏轼：《苏轼文集》（第二册），孔凡礼点校，北京：中华书局，1986年，第351页。
② ［北宋］苏轼：《苏轼文集》（第二册），孔凡礼点校，北京：中华书局，1986年，第351页。
③ ［北宋］苏轼：《苏轼诗集合注》（四），［清］冯应榴辑注，黄任轲、朱怀春校点，上海：上海古籍出版社，2001年，第1433页。

蛇蚹以至于剑拔十寻者,生而有之也。今画者乃节节而为之,叶叶而累之,岂复有竹乎!故画竹必先得成竹于胸中,执笔熟视,乃见其所欲画者,急起从之,振笔直遂,以追其所见,如兔起鹘落,少纵则逝矣。与可之教予如此。予不能然也,而心识其所以然。夫既心识其所以然而不能然者,内外不一,心手不相应,不学之过也。故凡有见于中而操之不熟者,平居自视了然,而临事忽焉丧之,岂独竹乎"①!这里,苏轼否定了当时画竹的方法,即"今画者乃节节而为之,叶叶而累之"②,提出实现"身与竹化"的关键在于"成竹于胸"。"'成竹于胸'有两个含义:一是对竹子的形象极为熟悉;二是对竹子的形象有一个整体的把握"③,因为"竹子的神韵、它的美就在这整体之中"④。可见,"成竹于胸"突出的是整体之神韵美。此外,苏轼在这里还提出实现"身与竹化"的第二个要求:灵感。在苏轼看来,灵感指的是画家胸中的"'意'与'象'相契合而产生的升华"⑤,具有稍纵即逝的特点,因而画者需"急起从之,振笔直遂,以追其所见"⑥。最后,苏轼在这里还指出了实现"身与竹化"的第三个要求:熟练的技巧,即"其智与百工通"。在他看来,画者若

---

① [北宋] 苏轼:《苏轼文集》(第二册),孔凡礼点校,北京:中华书局,1986年,第365页。
② [北宋] 苏轼:《苏轼文集》(第二册),孔凡礼点校,北京:中华书局,1986年,第365页。
③ 陈望衡:《中国古典美学史》(中卷),武汉:武汉大学出版社,2007年,第360页。
④ 陈望衡:《中国古典美学史》(中卷),武汉:武汉大学出版社,2007年,第361页。
⑤ 叶朗:《中国美学史大纲》,上海:上海人民出版社,1985年,第286页。
⑥ [北宋] 苏轼:《苏轼文集》(第二册),孔凡礼点校,北京:中华书局,1986年,第365页。

没有熟练的技巧，就会"内外不一，心手不相应"①，因而也就不能实现"身与竹化"。在《书李伯时山庄图后》中，苏轼说："居士之在山也，不留于一物，故其神与万物交，其智与百工通。虽然，有道有艺，有道而不艺，则物虽形于心，不形于手。"② 可见，在苏轼看来，若画者只懂得"道"，而没有熟练的技巧，虽然胸中有物的形象，但也不能用手把形描绘出来。因此，要做到"身与竹化"就必须道艺结合。不仅如此，苏轼还说："以吾之所知，推至其所不知，婴儿生而导之言，稍长而教之书，口必至于忘声而后能言，手必至于忘笔而后能书，此吾之所知也。口不能忘声，则语言难于属文，手不能忘笔，则字画难于刻雕。及其相忘之至也，则形容心术，酬酢万物之变，忽然而不自知也。自不能者而观之，其神智妙达，不既超然与如来同乎！故《金刚经》曰：一切贤圣，皆以无为法，而有差别。以是为技，则技疑神，以是为道，则道疑圣。"③ 这里，苏轼以教婴儿说话、读书为例，旨在说明"身与竹化"须"忘"，同时他引用佛教经典《金刚经》的话，是为了说明"忘"并不是真正的忘却，而是"技疑神"，也就是"'技'已经熟练到化成作者的本能，由'自觉性'转化成'非自觉性'了"④。

值得一提的是，苏轼在这里虽引用的是佛教经典《金刚

---

① ［北宋］苏轼：《苏轼文集》（第二册），孔凡礼点校，北京：中华书局，1986年，第365页。
② ［北宋］苏轼：《苏轼文集》（第五册），孔凡礼点校，北京：中华书局，1986年，第2211页。
③ ［北宋］苏轼：《苏轼文集》（第二册），孔凡礼点校，北京：中华书局，1986年，第390页。
④ 陈望衡：《中国古典美学史》（中卷），武汉：武汉大学出版社，2007年，第364页。

经》,但我们知道,苏轼所处的时代是道教与儒家、佛教相互吸收,同时又保持自己思想传统的时代,其本人是"三教合一"论者,故他对《金刚经》的引用并不能说明苏轼是从佛教的角度来说明其"身与竹化";相反,如前所述,苏轼的人生理想是"停颜却老",其人生态度是"游于物之外",因而苏轼的"身与竹化"的主要理论来源应是道教思想。由此看来,苏轼的"身与竹化"立足于道教思想,强调"化",这个"化"指的是"物""我"互化,揭示了绘画创作中的"物化"审美心境思想。具体而言,绘画者首先要"成竹于胸",其次要对灵感及时把握,第三要有熟练的技巧,最后要"忘"。从审美层面看,"身与竹化"突出的是审美主体性。

三、"化"的基本特征

"化"是中国古典美中的一个重要范畴,自然也是道教"物化"美学思想的一个重要范畴。在道教"物化"美学思想的发展过程中,"化"不仅具有中国古典美学"化"范畴的一些特征,而且也有自己独有的特征。

(一)"化"的融合性

在道教"物化"美学思想中,"化"本身具有融合性,这就是说,"化"范畴总是与其他范畴一起相互作用的,比如"化"与"一""心""形"以及"神"相融就成为"一化""心化""形化""神化"。从现象学角度讲,"在对纯粹现象的直观中,对象不在认识之外,不在'意识'之外,并且同时是在一个纯粹被直观之物的绝对自身被给予性意义上被给予的"[①]。因此,

---

① [德]埃德蒙德·胡塞尔:《现象学的观念》,倪梁康译,北京:商务印书馆,2016年,第45页。

"一化""心化""形化""神化"突出了审美主体的主体性。在道教看来,这种主体性实现的原动力在于"忘",也就是说,"忘"是审美主体实现主体性的关键之所在。这个"忘"并非普通意义上的"忘",而是现象学的归入括号以及中止判断,相当于庄子的"忘知"。

埃德蒙德·胡塞尔(Edmund Husserl,1859—1938)曾说:"在进行任何智性的体验和任何一般体验的同时,它们可以被当作一种纯粹的直观和把握的对象,并且在这种直观之中,它是绝对的被给予性。"① 因此,在追求美的观照的根据时,埃德蒙德·胡塞尔认为,"为了作为直观事象的方法,作确证的根据,以导出妥当性,需要'直接的观',并且这是诉之于原地'能与'的直观。此种原地'能与'的意识(Das Original Gebende Bewusstsein),才是一切理性主张的究极权利的源泉。把被指向于某对象的'所与'之观照,超越时空关系,移向原地'能与'的意识去看,这种观点,是瞥见事象之本质"②。由此看来,"一化""心化""形化""神化"能产生美的观照,从而使主体的精神得以超越。这样,"一化"就会有"一"之美,"心化"就会有"心"之美,"形化"就会有"形"之美,"神化"就会有"神"之美。从道教"物化"的本质来看,"一化"是核心,也就是说,"物化"重在"物"与"我"相融为一。尽管如此,"一化"离不开"心化",因为道教认为"心"即"道"。因此,"心化"是中心,但道教是性命双修的宗教,因而"心化"离不开"形化"和"神化"。在道教的不同发展阶段,道教对"形"和"神"的看法不太一样。传统的道教认为形神不可分离,因

---

① [德]埃德蒙德·胡塞尔:《现象学的观念》,倪梁康译,北京:商务印书馆,2016年,第33页。
② 徐复观:《中国艺术精神》,桂林:广西师范大学出版社,2007年,第58页。

为人体之"形"是"道"按照"天""地""四时""五行""七政三光"的形象构造的,因而人体之"形"具有一种合规律的神性之美,所以传统道教认为得"形"就是得"道"。后来随着道教的发展,尤其是道教内丹学的兴起,道教主张"形灭而神不灭",也就是说,道教从追求肉体成仙转向精神成仙,这是道教成仙思想的一大转折。从美学层面看,这一转折无疑使心灵美自然成为人们追求的审美情趣,也就是说,无论过去还是现在,人们一直在追求这一审美情趣。从这可以看出,"神化"贯穿了道教思想发展的整个过程,这从一个方面说明道教的"物化"侧重精神层面,但如前所述,道教的"神化"已深深打上宗教神性的烙印。

总之,在道教看来,"化"需以"忘"为手段,通过"忘"这种手段,"化"同时与"一""心""形""神"相融。值得一提的是,"化"尽管需以"忘"为手段,但在庄子看来,"忘"的最高境界是"忘适之适"①。因此,从审美心理上讲,"自适"也就是"自化"。从道教的美学品格上讲,如果说"生生大化"是道教艺术的艺术精神,那么"忘适之适"的"化境"则是审美心境的终极之境。

(二)"化"的复杂性

从语言层面讲,道教"物化"美学思想之"化"的表述形式多样,这主要体现在两个方面:一是观点中不含"化"字,一是观点中直接含有"化"字。从整个道教"物化"美学思想的发展来看,有些道教学者在阐释其"物化"美学思想之"化"时并没有直接用"化"字,而是通过其他的表述方式来

---

① 陈鼓应注译:《庄子今注今译》(中),北京:中华书局,2009年第2版,第529页。

达到论"化"的目的,如唐末五代著名的道教学者谭峭提出的"虚实相通"的观点。从文字上看,谭峭并没有把"虚实相通"说成"虚实相化""虚化实"等,但谭峭的"虚实相通"强调的是审美主体在"形""气""神"三个方面做到"忘",从而实现"化"与"形""气""神"的融合。再如北宋著名的道教学者陈景元提出的"万物皆我"的观点。从文字上看,陈景元并没有直接用"化"字,但陈景元的"万物皆我"突出的是主体的"物化",也就是说,在审美观照中"物"与"我"互为对象。相比之下,也有道教学者在阐述其"物化"美学思想之"化"时直接使用"化",如苏轼提出的"身与竹化"的观点。在"身与竹化"中,苏轼明确地提出了"化"。由此看来,有些道教学者并未从文字上直接使用"化",这无疑增加了现在道教"物化"美学思想研究的难度。事实上,从历代道教经典以及道教学者的论述中梳理出一条清晰的道教美学思想的线索是一项复杂的工程,而要在这复杂的道教美学思想中梳理出一条清晰的道教"物化"美学思想之"化"的线索是一项更为复杂的工程。

从思想内容上看,如前所述,"化"具有融合性特点,也就是说,"化"要与"一""心""形""神"相融,这就决定了"一化""心化""形化""神化"并不是一帆风顺的。根据现象学美学的意向性理论,主体和客体进行双向交流,"意向对象是在意识活动中直接被给予的,而此时的意识活动不能独立存在,它总是对某对象的意识"[1]。由此看来,"化"在与不同的对象相融时,其具体内容是不一样的,这就决定了"化"

---

[1] 常宏、朱珂苇编著:《全彩图说美学》,北京:中国华侨出版社,2015年,第184页。

的复杂性。此外,"化"并不是凭空产生的,它需要一定的手段,那就是"忘",因"忘"的存在,故"一化""心化""形化""神化"就会变得复杂起来。我们知道,道教是以"道"美为其追求的绝对最高之美。在道教看来,"道"美的世界是一个精神绝对自由的世界,故道教特别强调"一","一"指的是体道者与"道"合一,也就是与"道"相融。可见,如本章第一节所述,"一"美是"道"美的别称,体现道教"物化"美学思想的本质。值得一提的是,道教在其发展过程中,"形""神""心"被看成"道"的物质体现,从而它们被赋予了"道"的属性,这无疑是说,道教"道"美之下还有"形"美、"神"美、"心"美。这几种不同的美自然加重了"化"的复杂性。

总之,无论从语言层面讲,还是从思想内容讲,"化"具有复杂性,同时,"化"离不开"忘",而"忘"的最高境界是"忘适之适",故"忘"的最高境界也加剧了"化"的复杂性。

小　结

道教"物化"美学思想是道教美学思想的一部分,故道教"物化"美学思想的理论基础与道教美学思想的理论基础应是一致的,但道教"物化"美学思想有其自己的特点,因而道教"物化"美学思想的范畴体系与道教美学思想的范畴体系不完全一样。如第二章所述,道教美学思想有四大范畴:核心范畴——"道-美"、辩证论范畴——"美—恶(丑)"对立、趣味论范畴——"道法自然"、文艺美学核心范畴——"真文"①，这四大范畴在《大美不言——道教美学思想范畴论》中有详细的论述，这里就不再重复。

通过前面两章所述，我们可以看出，道教美学中的"物化"应包含两个层面："心化为物""物化为我"。从审美的角度讲，那就是审美主体的对象化和审美对象的主体化，换句话说，就是"心""物"融化为"一"。可见，从现代美学的角度讲，道教美学中的"物化"应是一种审美体验。具体而言，道教美学中的"物化"是一种对"道"的审美体验。在道教美学中，"道"美是朦胧的、崇高的、神圣的、绝对的，"道"美既体现了道教的宗教属性，又体现了道教的人生哲学。道教"在其宇宙论中使用的'道'、'元气'、'阴阳'、'一'等范畴，一方面作为万物本源；一方面又是人生的最高指导原则，人生的种种问题无不循其而动"②。事实也确实如此，道教从一开始就以"道"为宇宙万物的本源，这可以从早期道教经典和道教代表人物的著述得以证明。例如，《太平经》说："夫道何等也？万物之元首，不可得名者。六极之中，无道不能变化。元气行道，以生万物，天地大小，无不由道而生者也。"③ 这里，《太平经》认为"天地"是由"道"产生的。再如吴筠所说："生我者道，灭我者情。苟忘其情则全乎性，性全则形全，形全则气全，气全则神全，神全则道全。道全则神王，神王则气灵，气灵则形超，形超则性彻，性彻则返覆流通、与道为一，可使有为无，可使虚为实。吾将与造物

---

① 参见潘显一：《大美不言——道教美学思想范畴论》，成都：四川人民出版社，1997 年，目录第 1—3 页。
② 李刚：《汉代道教哲学》，成都：巴蜀书社，1995 年，第 48—49 页。
③ 王明编：《太平经合校》（上），北京：中华书局，2014 年第 2 版，第 16 页。

者为俦,奚死生之能累乎?"① 这里,吴筠把"道"看成"造物者",故提出了"与道为一"的观点。在把"道"看成宇宙本源的同时,道教还把"道"作为人生的最高信仰,但这个最高信仰的"道"已被人格化、神圣化。在"道"的最高信仰下,道教主张追求长生不死的人生观。这种人生观就要求通过具体的修道行为而达到成仙的目的,从而获得"至美""至乐"。在成仙的问题上,道教出现了两种不同的发展方向,从严格意义上讲,道教开始是主张肉体成仙,后随着内丹学的兴起,道教从肉体成仙转向灵魂成仙,亦即由物质转向精神。这显然会对道教"物化"美学思想产生一定的影响,这从一个层面说明了"一""心""忘""形""神""化"在道教"物化"美学思想中的地位是何等重要。

在第二章中,本书通过深入的论述最后得出:道教美学中的"物化"是一种"生道合一"的得道境界、"物我兼忘"的艺术境界。从本质上讲,这种境界就是获"道"美的境界,就是"与道合一""与道为一""生道合一""与道冥一"等境界,尽管表述不完全一样,但有一点是共同的,那就是人与"道"融为一体,也就是《西升经》说的"人在道中,道在人中"②。由此看来,"一"是道教"物化"美学思想的核心范畴。事实上,《老子想尔注》把老子的"一"解释为"道",亦即"一者道也"③,因而在道教"物化"美学思想中,"一"美是"道"美的别称。在道教的不同发展阶段,"一"美有不同的体现形式。

---

① 《宗玄先生玄纲论·同有无章第七》,《道藏》第23册,北京:文物出版社,上海:上海书店,天津:天津古籍出版社,1988年,第676页。
② 《西升经》卷下《在道章第三十二》,《道藏》第11册,北京:文物出版社,上海:上海书店,天津:天津古籍出版社,1988年,第509页。
③ 饶宗颐:《老子想尔注校证》,上海:上海古籍出版社,1991年,第12页。

具体而言，自葛洪以后，"一"美分别表现为："三一"美、"大一"美、"真一"美、"一气"美、"无一"美、"先天真一之气"美、"真一"美。同时，"一"美体现了道教美学中"物化"的本质，也就是前述的"与道合一""与道为一""生道合一""与道冥一"等，亦即"道化"。但"道"美只能用心感悟，而不能感知，故道教又把朦胧的"道"美转化为可感知的"仙"美，以达到彼岸世界与此岸世界的融合，从而更加激发现实之人积极追求仙美。《大美不言——道教美学思想范畴论》揭示了"仙"美的实质是"朴"美，亦即"真"美，这种美又是万物之初之美，这样，"仙"美又回到"道"美。这就是道教与其他宗教的不同之处，也就是道教的独特之处，从这个角度讲，道教美学中的"物化"其实指的就是"道化"和"仙化"。从目的和手段来看，"道化"是目的，"仙化"是手段，但如前所述，道教一开始就把"道"人格化、神圣化，如《混元皇帝圣纪》说："老子者，老君也，此即道之身也。元气之祖宗，天地之根本也。"① 因此，"道化"和"仙化"的区分就不那么明显了。尽管如此，道教认为只有在"心""忘""形""神""化"这几个方面下功夫，才能使"道化"和"仙化"得以实现。

道教在继承前人的基础上，不断从道教宗教目的的角度对中国古典美学中的"心""忘""形""神""化"作新的阐释。在"心"方面，从陶弘景一直到程以宁都用不同的表述方式表达了他们对"心"的看法。在这些不同的看法中，"心"不仅被看成思维的器官，而且还被看成具有本体性。从道教的发展来看，不

---

① 《云笈七签》卷一〇二《混元皇帝圣纪》，《道藏》第22册，北京：文物出版社，上海：上海书店，天津：天津古籍出版社，1988年，第690页。

论是内丹以前的修道,还是内丹的修炼,都特别强调"心"。例如,陶弘景曾说:"所论一理者,即是一切众生身中清净道性。道性者,不有不无,真性常在,所以通之为道。道者,有而无形,形而有情,变化不测,通于群生,在人之身为神明,所以为心也。所以教人修心即修道也,教人修道即修心也。"① 这里,陶弘景认为一切众生都有"道"性,而"道"性又存在于"心"中。所以,他提出了"教人修心即修道也,教人修道即修心也"② 的主张。陶弘景的这一主张对道教后来的修炼理论产生了重大的影响。在后来的道教修炼理论中,"心"甚至被看成"道",如《三论元旨·虚妄章第二十三篇》说:"妙达此源,竟无差舛,心等于道,道能于心,即道是心,即心是道,心之与道一性而然,无然无不然。"③ 这里,"心"被看成"道",具有本体性。因此,道教认为"至美"能够获得"至乐",但前提是"忘",故"忘"成了道教"物化"美学思想的一个重要范畴。"忘"在《庄子》里被庄子在不同层面使用,其中,最重要的就是庄子的"坐忘"。如本章第三节所述,在庄子看来,"忘"一是"忘我",亦即"忘身""忘形";二是"忘年忘义";三是"忘言"。道教继承了庄子的这一思想,并把"忘"作为追求"道"美、安顿心灵的方法。事实上,在道教看来,"忘"其实是一种绝对自由、无比快乐的境界,也就是"无为"的境界,

---

① 《上清经秘诀》,《道藏》第 32 册,北京:文物出版社,上海:上海书店,天津:天津古籍出版社,1988 年,第 732 页。
② 《上清经秘诀》,《道藏》第 32 册,北京:文物出版社,上海:上海书店,天津:天津古籍出版社,1988 年,第 732 页。
③ 《三论元旨·虚妄章第二十三篇》,《道藏》第 22 册,北京:文物出版社,上海:上海书店,天津:天津古籍出版社,1988 年,第 909 页。

这种境界其实就是谭峭的"忘弦鲍然后知乐之道"①的境界。那么，如何实现"忘"？对于这一问题，道教有自己的看法。道教认为，"忘"的实现离不开"形"和"神"。从道教"物化"美学思想的发展历程来看，道教在"形"与"神"问题上由重"形"转向重"神"，这与道教的发展是分不开的。传统道教认为肉体是可以成仙的，也就是说，传统道教是重"形"的，如《西升经》说："观古视今，谁能形完？吾尚白首，衰老孰年？"②这里，《西升经》以反问的形式对肉体不死的传统观念表示怀疑。在此基础上，《西升经》进一步说："绝身灭有，绵绵常存。"③这里，《西升经》是主张"形"灭而"神"不灭的。《西升经》对"形"和"神"的看法对道教的发展产生了重大的影响。值得一提的是，虽然《西升经》有重"神"轻"形"的思想倾向，但它总体上还是继承了传统的道教"形神不离"的主张，如它所说："神生形，形成神。形不得神，不能自生。神不得形，不能自成。形神合同，更相生，更相成。"④这里，《西升经》主张"形神合同"，这种境界无疑是一种完美的境界，也是一种得"道"的境界，亦即"物化"的境界。在道教看来，现实中的人可以通过修道而达到神仙世界而获得精神的绝对自由，故道教在其发展过程中对"形"与"神"有不同的侧重完全符合道教的宗教目的。

---

① ［五代］谭峭：《化书》卷三《德化·聪明》，丁祯彦、李似珍点校，北京：中华书局，1996年，第32页。
② 《西升经》卷上，《邪正章第七》，《道藏》第11册，北京：文物出版社，上海：上海书店，天津：天津古籍出版社，1988年，第495页。
③ 《西升经》卷下《戒示章第三十九》，《道藏》第11册，北京：文物出版社，上海：上海书店，天津：天津古籍出版社，1988年，第512页。
④ 《西升经》卷下《神生章第二十二》，《道藏》第11册，北京：文物出版社，上海：上海书店，天津：天津古籍出版社，1988年，第506页。

总之，在道教"物化"美学思想的范畴体系中，"一""心""忘""形""神""化"这六大范畴相互依存、相互作用，其中，"化"具有融合性，可分别与"一""心""形""神"相融为"一化""心化""形化""神化"。从前面的叙述来看，这几种"化"都离不开"忘"，这个"忘"是审美观照得以实现的前提条件，也就是说，离开"忘"，这几种"化"都不复存在。此外，道教认为"道"是美的，而"道"美是天地之大美。因此，经过"化"，"一""心""形""神"就分别具有"一化"之美、"心化"之美、"形化"之美、"神化"之美。从现象学的角度看，"一化"之美、"心化"之美、"形化"之美、"神化"之美都是对"道"美的还原，也就是说，它们具有"道"美的属性。尽管如此，从道教"物化"美学思想的本质来看，道教最终认为只有"一化"才能体现人与"道"的契合。因此，从这个角度讲，"一化"之美——"一"美是道教"物化"美学思想的核心范畴，而"心化"之美——"心"美、"形化"之美——"形"美以及"神化"之美——"神"美分别体现了道教"物化"美学思想的不同特点。

如果上述结论得以成立，我们就会进一步得出：道教"物化"美学思想的"物化"其实就是"一化"。在道教的不同发展阶段，"一化"分别体现为"心化""形化""神化"，故"物化"也成了"心化""形化""神化"，从而具有了宗教属性。当然，这是从道教"物化"美学思想大的发展阶段上讲的，仿佛这几种"化"是彼此独立的，但若从具体的某一阶段看，它们是彼此相融的，其途径是"忘"。至此，我们可以勾画出道教"物化"美学思想主要范畴体系的脉络："一"是根本，"心"是中心，"形"和"神"是条件，"忘"是手段，"化"是审美心境的完成。值得一提的是，多数道教学者在论述"形"或"神"

时，往往同时提到"神"或"形"，加之道教内丹学兴起后，道教重"神"轻"形"，故本章在"形"范畴中只列举了两种代表思想。虽然从数量上看，"形"的代表思想是少了点，但这并不影响对问题的说明，同时这正好说明了"形"范畴在道教"物化"美学思想中的地位，从而折射出道教"物化"美学思想在"形"与"神"上的取向。

第四章

道教"物化"美学思想的基本特征

"应该承认,把审美当做人的一种生存状况,一种人生境界,是中国传统美学的一大特色。中国传统美学最关注的问题不是美为何物,而是审美对于人生有何意义,是人的生存如何实现审美化的问题。因此,中国美学精神从本质上说是一种人生美学精神。追求美也就是追求人生境界与审美境界的统一。"① 可见,作为道教美学思想的一部分,道教"物化"美学思想也应具有中国传统美学的这种特点。事实也确实如此,道教"物化"美学思想的本质在于人与"道"的对立统一,其体现的是人生境界与审美境界的统一,因而道教"物化"美学思想理应具有自己的独特之处。具体而言,从审美的角度讲,道教"物化"美学思想主要具有四大特点:"道"的审美需要、"虚静"的审美态度、"与道为一"的审美体验以及"无我"的审美人生。

---

① 金雅:《梁启超美学思想研究》,北京:商务印书馆,2005年,第106页。

第一节 "道"的审美需要

"审美需要是审美经验动力性系统的心理基础,是审美意向性的内在动力。"① 从理论上讲,审美需要是人类的一种高级需要。这里的高级需要有两方面的含义:一是指它源于人的深层心理欲求,一是指它是一种超越性的需要。由此可见,"所谓审美需要,作为审美活动的出发点,就是人意欲通过生命形式的感应去体验人的本质以获得美感享受的一种生命要求"②。这种生命要求在道教"物化"美学思想中体现为"道"的审美需要。

一、老庄的"道"美

在中国古典美学思想中,"《老子》一书许多地方谈到了体'道'的思维方式问题。令人感到特别有意义的是,这种体'道'的思维方式又与艺术的思维方式相同、相通,因而它成为中国古典美学中审美心理学的源头之一"③。从《老子》整个书来看,老子在其思想的论述中涉及了审美需要,尽管老子并没有明确提出审美需要这个概念,如他所说:"道者万物之奥。善人之宝,不善人之所保。美言可以市,尊行可以加人。人之不善,何弃之有?故立天子,置三公,虽有拱璧以先驷马,不如坐进此道。古之所以贵此道者何?不曰:求以得,有罪以免邪?故为天下贵。"④ 这里,老子认为,尽管美好的言辞可以赢得人们的尊

---

① 杨恩寰主编:《美学引论》,北京,人民出版社,2005年,第178页。
② 曾永成、董志强:《美学原理教程》,成都:电子科技大学出版社,1993年,第189页。
③ 陈望衡:《中国古典美学史》(上卷),武汉:武汉大学出版社,2007年,第67页。
④ 陈鼓应:《老子注译及评介》,北京:中华书局,2009年第2版,第290页。

敬，美好的行为可以影响他人，但"道"才是万物之归宿，世间善人以及不善之人都离不开它，故"道"为天下最宝贵的东西。可见，从审美层面讲，老子主张，"道"应是人们的审美需要。

老子的这一思想直接影响了其后的庄子。"《庄子》比之《老子》更注重体道的心理体验，这些体验又恰通向审美心理，所以可以说，《庄子》是中国审美心理学的重要源头之一。"① 在庄子看来，审美需要不同于生理的暂时满足，它是一种精神上的超越。在《庄子·至乐》中，庄子指出："夫天下之所尊者，富贵寿善也；所乐者，身安厚味美服好色音声也；所下者，贫贱夭恶也；所苦者，身不得安逸，口不得厚味，形不得美服，目不得好色，耳不得音声；若不得者，则大忧以惧，其为形也，亦愚哉！"② 这里，庄子指出了世人以追求"身安""厚味""美服""好色""音声"为乐，但庄子认为这种乐并不是真正的乐，如他所说："今俗之所为与其所乐，吾又未知乐之果乐邪，果不乐邪？"③ 在庄子看来，只有"和"才能实现真正的快乐。这里的"和"有两方面含义：一是"人和"，一是"天和"，如庄子所说："夫明白于天地之德者，此之谓大本大宗，与天和者也；所以均调天下，与人和者也。与人和者，谓之人乐；与天和者，谓之天乐。"④ 这里，尽管庄子把"乐"分为"人乐"与"天乐"，

---

① 陈望衡：《中国古典美学史》（上卷），武汉：武汉大学出版社，2007年，第127页。
② 陈鼓应注译：《庄子今注今译》（中），北京：中华书局，2009年第2版，第480页。
③ 陈鼓应注译：《庄子今注今译》（中），北京：中华书局，2009年第2版，第480页。
④ 陈鼓应注译：《庄子今注今译》（中），北京：中华书局，2009年第2版，第367页。

但二者在庄子整个思想中的地位是不一样的。从庄子的整体思想来看，庄子认为"天乐"才是最大的快乐，如他所说："'知天乐者，其生也天行，其死也物化。静而与阴同德，动而与阳同波。'故知天乐者，无天怨，无人非，无物累，无鬼责。故曰：'其动也天，其静也地，一心定而天地正；其魄不祟，其魂不疲，一心定而万物服。'言以虚静推于天地，通于万物，此之谓天乐。天乐者，圣人之心，以畜天下也。"① 至此，我们可以说，庄子认为世人所追求的乐只是生理欲求的暂时满足，只有"天乐"才是真正精神上的超越。在庄子看来，只有追求"道"美，才能享受"天乐"，正如他所说："若夫不刻意而高，无仁义而修，无功名而治，无江海而闲，不导引而寿，无不忘也，无不有也，澹然无极而众美从之。此天地之道，圣人之德也。"② 这里，庄子认为，"道"美是终极之美。

在《庄子·大宗师》中，庄子说："泉涸，鱼相与处于陆，相呴以湿，相濡以沫，不如相忘于江湖，与其誉尧而非桀也，不如两忘而化其道。"③ 这里，庄子旨在说明与"道"相合，才能得到真正的快乐，因为"夫道，有情有信，无为无形；可传而不可受，可得而不可见；自本自根，未有天地，自古以固存；神鬼神帝，生天生地；在太极之上而不为高，在六极之下而不为深，先天地生而不为久，长于上古而不为老"④。可见，与老子一样，

---

① 陈鼓应注译：《庄子今注今译》（中），北京：中华书局，2009年第2版，第367—368页。
② 陈鼓应注译：《庄子今注今译》（中），北京：中华书局，2009年第2版，第423—424页。
③ 陈鼓应注译：《庄子今注今译》（上），北京：中华书局，2009年第2版，第195—196页。
④ 陈鼓应注译：《庄子今注今译》（上），北京：中华书局，2009年第2版，第199页。

庄子也认为，"道"才应是世人的审美需要。值得一提的是，"若通过思辨去加以展开，以建立由宇宙落向人生的系统，它固然有理论的、形上学的意义（此在老子，即偏重在这一方面），但若通过工夫在现实人生中加以体认，则将发现他们之所谓道，实际是一种最高的艺术精神，这一直要到庄子而始为显著"①。从这可以看出，老庄"道"的审美需要也是一种艺术审美需要，这一点在《庄子》中表现得尤为明显，如在《齐物论》中，庄子写道："子游曰：'地籁则众窍是已，人籁则比竹是已。敢问天籁。'"② 这里，庄子认为"必先有作为人籁的音乐（比竹，即箫管等乐器）的体会，才有地籁的体会，才有天籁的体会。因此，便也可以说，庄子之所谓道，有时也是就具体的艺术活动而升华上去的"③。

二、道教"道"的审美需要

道教是以"道"为其最高信仰的宗教，其"道"虽源于道家的"道"，但道教的"道"已被人格神化，成为有情感意志的造物主，这是道教宗教属性的自然反映。尽管如此，道教与道家还是存在承袭关系，也就是说，道家的许多思想直接被道教所继承。例如，在人性论方面，"老学的动机与目的，并不在于宇宙论的建立，而依然是由人生的要求，逐步向上面推求，推求到作为宇宙根源的处所，以作为人生安顿之地。因此，道家的宇宙论，可以说是他的人生哲学的副产物。他不仅是要在宇宙根源的地方来发现人的根源；并且是要在宇宙根源的地方来决定人生与

---

① 徐复观：《中国艺术精神》，桂林：广西师范大学出版社，2007年，第36页。
② 陈鼓应注译：《庄子今注今译》（上），北京：中华书局，2009年第2版，第40页。
③ 徐复观：《中国艺术精神》，桂林：广西师范大学出版社，2007年，第38页。

自己根源相应的生活态度，以取得人生的安全立足点。所以道家的宇宙论，实即道家的人性论"①。道教文化正是这一影响的有力例证之一。同时，受殷周以来天道观念的影响，汉末形成了道教文化中的"大道""常道"。在此基础上，道教积极探索人性论的问题，一方面要为人寻求"人生的安全立足点"②，一方面要寻求生命永恒的途径，故学界有人把道教称为一种追求长生不死的宗教。在探求生命永恒途径的过程中，道教把道家的"道"与中国古代的神仙思想有效地结合起来，创立了自己的神仙思想体系，"将自我生命从死亡的现实中超拔飞升，飞升到与宇宙精神——永恒之'道'共存的地步，再从这种天人合一的境界中把握自我的生命存在，以体味人生'真谛'"③。在道教看来，人生的终极目的是得"道"成仙，只有这样，人的生命才具有与"道"一样的永恒性，故"在把'道'神仙化的同时，道教又将老子本体化，将他雕塑成天本体与人本体合一的具有神仙性的典型，作为求道之士效法的楷模"④。

在道教经书、《列仙传》、《神仙传》等的记载中，道教的神仙往往具有独立的人格，"救世济人"为其主要职责。尽管在道教中，神仙往往都被描绘成具有超凡的人格魅力，但神仙"实质上是道教根本信仰——'道'的特性的形象反映，是'道'的'救护性'、'生成性'特质的外化，因而也是道教救世济民精神的执行者"⑤。因此，从实质上讲，道教神仙思想所倡导的其实是一种"道"的人生，换句话说，从美学层面讲，道教神仙思

---

① 徐复观：《中国人性论史》，上海：华东师范大学出版社，2005年，第198页。
② 徐复观：《中国人性论史》，上海：华东师范大学出版社，2005年，第198页。
③ 李刚：《汉代道教哲学》，成都：巴蜀书社，1995年，第22页。
④ 李刚：《汉代道教哲学》，成都：巴蜀书社，1995年，第22页。
⑤ 苟波：《道教与神魔小说》，成都：巴蜀书社，1999年，第10页。

想所倡导的是以"道"为审美需要的人生。在道教看来，世人只有诚修道，才能摆脱现实的不幸，从而与道契合，过上真正快乐的生活，享受美的人生。"像所有的宗教一样，道教在现实世界之外构造了一个彼岸世界，作为人类理想的象征，用以说服信徒尽心修炼。这个理想世界及其居住者，即道教仙界和道教神仙，乃是中国人心目中至美至善至富的象征，是人人渴求和向往的所在。"① 从这可以看出，"道"与神仙思想的有效结合体现了道教独特的宗教特性。从美学层面看，"道"之美在道教中被认为是终极之美，历代道教经典、经书、道教学者等都对此有所描述。例如，《南华真经》说："夫道，有情有信，无为无形；可传而不可受，可得而不可见；自本自根，未有天地，自古以固存；神鬼神帝，生天生地；在太极之先而不为高，在六极之下而不为深，先天地生而不为久，长于上古而不为老。"② 这里，《南华真经》对"道"之美作了具体的描绘，即"无形""不可受""不可见""不为高""不为深""不为久""不为老"。再如，唐代司马承祯曾说："夫道者，神异之物，灵而有性，虚而无象，随迎不测，影响莫求。不知所以然而然，通生无匮，谓之道。……道有深力，徐易形神。形随道通，与神合一，谓之神人。"③ 这里，司马承祯认为"道"之美具有"无象""不测"等特点，并主张"形随道通，与神合一"④，从而使自己的生命得以永恒。

从本质上讲，老庄的"道"论其目的就是要建立一种得

---

① 苟波：《道教与神魔小说》，成都：巴蜀书社，1999 年，第 20 页。
② 《道教三经合璧》，慕容真点校，杭州：浙江古籍出版社，1991 年，第 116 页。
③ 《坐忘论·得道七》，《道藏》第 22 册，北京：文物出版社，上海：上海书店，天津：天津古籍出版社，1988 年，第 896 页。
④ 《坐忘论·得道七》，《道藏》第 22 册，北京：文物出版社，上海：上海书店，天津：天津古籍出版社，1988 年，第 896 页。

"道"的人生。在他们看来,只有得"道"的人生,才是有意义的人生,才能达到"至美至乐"。从审美体验来看,庄子特别注重体道的心理经验,他的"至乐无乐,至誉无誉"①成为中国古典审美心理学的思想萌芽之一。在庄子看来,世人所追求的乐只是生理上暂时的满足,并非真正的快乐,而真正的快乐应是精神上的超越。因此,从人性论的角度看,老庄的"道"论实则是为人寻求"人生的安全立足点"②,这一思想被道教所继承。在其发展过程中,道教始终以"道"为立足点,积极探索人性论的问题,特别是生命永恒的问题。在此过程中,道教把"道"与中国古代的神仙思想紧密地结合起来,创立了自己的神仙体系。在这方面做出卓越贡献的应是晋代道教学者、神仙家——葛洪。他是最早把"先秦道家的'生—美'观转化为宗教理论的"③,在《抱朴子内篇·勤求》中,葛洪写道:"天地之大德曰生,生,好物者也。是以道家之所至秘而重者,莫过乎长生之方也。"④可见,葛洪把"生"看成"是天地之间最为伟大崇高的神圣的生命之'德',也就是'道—美'在有生命界里的活生生的展现。'道'即'美',是对宇宙万物(当然也包括人及其生命)而言;'德'即'生'之美,则是对生命而言,对人的现实生活而言"⑤。自葛洪以后,有许多道教学者,道士,有道教

---

① 陈鼓应注译:《庄子今注今译》(中),北京:中华书局,2009年第2版,第480页。
② 徐复观:《中国人性论史》,上海:华东师范大学出版社,2005年,第198页。
③ 潘显一、李裴、申喜萍等:《道教美学思想史研究》,北京:商务印书馆,2010年,第30页。
④ 王明:《抱朴子内篇校释·勤求》(增订本),北京:中华书局,1985年第2版,第252页。
⑤ 潘显一、李裴、申喜萍等:《道教美学思想史研究》,北京:商务印书馆,2010年,第30页。

情怀的艺术家、文学家等积极致力于寻求生命永恒的途径。道教认为生命永恒的途径应是"与道为一",即"物化"。在如何"与道为一"问题上,道教强调精神上的超越。从审美需要的角度来看,"道"之美是道教认为的终极之美,换句话说,道教"物化"美学思想所折射的是"道"的审美需要。值得一提的是,如第三章所述,在道教"物化"美学思想中,多数道教学者、道士等把"道"数字化为"一",且从不同角度揭示了"一"美,在他们看来,"一"美是道教"物化"美学思想之核心,不仅利于人们真正理解"与道为一"的含义,而且比"道"更形象化,故从这个角度讲,我们也可以说,道教"物化"美学思想折射的是"一"的审美需要。

第二节 "虚静"的审美态度

"所谓审美态度,就是审美主体在审美活动中对于对象的一种特殊的意向性心理状态,它超越了对对象的认识和功利的欲求,在认识自由和功利自由所形成的自由心境中注意于对象的形式本身。"① 可见,审美态度要求审美主体在认识自由、功利自由上获得解放,达到一种自由的心境去体验美、感受美。这种自由的心境在道教"物化"美学思想中体现为"虚静"的审美态度。

一、老庄的"虚静"

在老庄美学思想中,虚静是重要的审美心态,最早源于老子的"致虚极,守静笃"②。老子的"虚"主要涵盖两个方面:

---

① 曾永成、董志强:《美学原理教程》,成都:电子科技大学出版社,1993年,第192页。
② 陈鼓应:《老子注译及评介》,北京:中华书局,2009年第2版,第121页。

"道""人"。在"道"方面,老子认为"道"是虚状,如他所说:"道冲,而用之或不盈。渊兮,似万物之宗;挫其锐,解其纷,和其光,同其尘,湛兮,似或存。吾不知谁之子,象帝之先。"① 在"人"方面,老子认为,人要有宽阔的胸怀,才能做到"上德若谷"②,如他所说:"是以圣人之治,虚其心,实其腹,弱其志,强其骨。常使民无知无欲。"③ 这里,老子的"虚其心"指的是要有宽阔的胸怀。在《老子》中,老子不仅在谈"虚",而且还在谈"静",并且往往把"静"形容成生命的原始状态,如他所说:"夫物芸芸,各复归其根,归根曰静,静曰复命。复命曰常,知常曰明。"④ 老子正是从生命的原始状态出发,把"静"提升到一种审美心态,如他所说:"载营魄抱一,能无离乎?专气致柔,能如婴儿乎?涤除玄览,能无疵乎?"⑤ 这里,老子用"涤除玄览"来比喻静的审美心境,这就是说,审美的心境需无任何杂念,即静中无念,只有这样,"心"才能体悟到"道"美。

　　庄子在继承老子"虚静"的思想基础上,创造性地提出了"心斋"观与"坐忘"观。庄子在《庄子·人间世》中借仲尼之口谈道:"若一志,无听之以耳而听之以心,无听之以心而听之以气!耳止于听,心止于符。气也者,虚而待物者也。唯道集虚。虚者,心斋也。"⑥ 可见,庄子的"心斋"就是虚无空明的心境,就是抛弃一切杂念,集中心思,用心去感悟而不用耳去

---

① 陈鼓应:《老子注译及评介》,北京:中华书局,2009年第2版,第71页。
② 陈鼓应:《老子注译及评介》,北京:中华书局,2009年第2版,第221页。
③ 陈鼓应:《老子注译及评介》,北京:中华书局,2009年第2版,第67页。
④ 陈鼓应:《老子注译及评介》,北京:中华书局,2009年第2版,第121页。
⑤ 陈鼓应:《老子注译及评介》,北京:中华书局,2009年第2版,第93页。
⑥ 陈鼓应注译:《庄子今注今译》(上),北京:中华书局,2009年第2版,第129页。

听，用气去感应而不用心去领悟。庄子认为，只有保持心境的空虚，才能实现"瞻彼阕者，虚室生白，吉祥止止"①，也就是实现美的观照。在《庄子》中，庄子常用"天府"以及"灵府"来比喻"心"之"虚"。同时，"庄子言'虚'既有涤除贪欲与成见的意涵，但更重要的是强调主体心境的灵动涵容的积极作用"②。不仅如此，庄子在发展老子"虚"的思想的同时，也发展了老子"静"的思想。在庄子看来，"虚"是以"静"为条件的，如他所说："万物无足以铙心者，故静也。水静则明烛须眉，平中准，大匠取法焉。水静犹明，而况精神！圣人之心静乎！天地之鉴也，万物之镜也。"③ 正是以此为立论点，庄子在《庄子·大宗师》中借颜回之口提出了"坐忘"观，他认为"坐忘"就是"堕肢体，黜聪明，离形去知，同于大通"④，也就是"外则'忘形'，内则'忘心'。'堕肢体'是忘形，'黜聪明'是'忘心'，'离形去知'恰好是两个方面意思的概括"⑤。可见，"坐忘"侧重"忘"，但从字面上看，"坐忘"也强调"坐"，也即"静"。从本质上讲，这种"坐忘"的境界就是"两忘而化其道"⑥，也即"物我两忘""与道为一"的境界，也就是说精神的

---

① 陈鼓应注译：《庄子今注今译》（上），北京：中华书局，2009年第2版，第130页。
② 陈鼓应主编：《道家文化研究》（第二十五辑），北京：生活·读书·新知三联书店，2010年，第37页。
③ 陈鼓应注译：《庄子今注今译》（中），北京：中华书局，2009年第2版，第364页。
④ 陈鼓应注译：《庄子今注今译》（上），北京：中华书局，2009年第2版，第226页。
⑤ 陈望衡：《中国古典美学史》（上卷），武汉：武汉大学出版社，2007年，第144页。
⑥ 陈鼓应注译：《庄子今注今译》（上），北京：中华书局，2009年第2版，第196页。

绝对自由的境界。至此，庄子进一步发展了老子的"虚静"思想。

如果说老子的"虚静"思想主要侧重审美的主体性要求，那么庄子的"心斋"观与"坐忘"观则主要侧重审美主体的创造性要求，换句话说，老子的"虚静"思想突出的是审美主体如何才能认识美，而庄子的"心斋"观与"坐忘"观突出的是审美主体如何才能创造美。

二、道教"虚静"的审美态度

从道教经典的发展来看，道教从一开始就把老子的《道德经》奉为经典，并在其后的发展中，又把庄子的《庄子》奉为《南华真经》，这说明老庄思想对道教思想的影响是巨大的。因此，作为道教思想的一部分，道教"物化"美学思想自然也不例外，同样受到老庄"虚静"审美思想的影响。

从第三章道教"物化"美学思想的主要代表思想来看，有的从文字到思想内容直接继承老子的"虚静"，如陶弘景的"游心虚静"、杜光庭的"安静心王"以及白玉蟾的"心心虚寂"；而有的从文字到思想内容直接继承庄子的"坐忘"，如成玄英的"物我兼忘"、司马承祯的"坐忘"、吴筠的"虚夷忘身"以及郑思肖的"身心俱忘"；而有的从思想内容上继承了老子的"涤除玄览"与庄子的"心斋"，如王玄览的"无心则无知"、丘处机的"俱在心为"以及程以宁的"心无所知"；而有的从思想内容上继承了庄子的"坐忘"，如谭峭的"虚实相通"、陈景元的"万物皆我"以及苏轼的"其身与竹化"。由此看来，道教"物化"美学思想强调虚静的审美心态，这一方面是继承老庄"虚静"审美思想的结果，另一方面又是道教宗教性的反映。我们知道，道教讲究修道，其修道的终极目的是"人与道合"，从而获得"道"美,而要实现这一终极目的,修道者必须进行内心的锤炼,这是道教的基本宗教要求。从早期道教开始,"清静"就成了道教的重要修炼心态,如《清静经》说:"清者浊之源,动者静之基,人能常清静,天地悉皆归。……常能遣其欲,而心自静;澄其心,而神自清。"① 这里,"清"被看成"动"的来源,而"动"则被看成"静"的基础。可见,"清静"在天地间的地位是何等重要,故在《清静经》看来,人若能经常保持"清静",则"天地悉皆归"②,即实现"与道合一"。因此,《清静经》主张"遣欲",即"无欲",从而做到"心自静"。在《清静经》看来,"遣欲"只是修道的基础,即品德要求,而要获得"道"美还须"澄心",也即锤炼内心,从而使"神自清"。由此看来,《清静经》主张为获"道"美,修道者需进行"清静"心态的修炼。再如,全真道派的创始人王重阳明确指出修道只在"清静",如他所说:"诸公不晓根源,尽学旁门小术。此乃是作福养身之法,并不干修性命入道之事,稍为失错,转乖人道。诸公如要修行,饥来吃饭,睡来合眼,也莫打坐,也莫学道,只要尘凡事屏除,只用心中清静两个字,其余都不是修行。"③ 这里,王重阳强调了"修行"关键在于"清静"的心态。最后,在《玄都律文》规定的修道十三字诀中,"虚、无、清、静"四诀突出的是"清静"的修炼心态,如它所说:"一者,遗形忘体,怕然若死,谓之虚;二者,损心弃意,废伪去欲,谓之无;三者,专精积神,不为物集,谓之清;四者,反神服气,安而不

---

① 《太上老君说常清静经注》,《道藏》第17册,北京:文物出版社,上海:上海书店,天津:天津古籍出版社,1988年,第141页。
② 《太上老君说常清静经注》,《道藏》第17册,北京:文物出版社,上海:上海书店,天津:天津古籍出版社,1988年,第141页。
③ 《重阳教化集》卷三《三州五会化缘榜》,《道藏》第25册,北京:文物出版社,上海:上海书店,天津:天津古籍出版社,1988年,第788页。

动,谓之静……"① 从这几个例子可以看出,道教强调"清静"的修炼心态,突出其"虚静"的心理思想,这是其宗教性的体现。

从上可以看出,老庄"虚静"审美思想对道教"物化"美学思想的形成和发展产生了巨大的影响。同时,"虚静"本身也是道教的一种修炼心态。从审美的角度讲,道教修炼的过程也是一种内审美的过程,因而"虚静"的审美心态应是道教"物化"美学思想的一个突出特点,这也是中国古典审美心境思想对道教"物化"美学思想产生巨大影响的具体体现。

第三节 "与道为一"的审美体验

审美体验"是一种特殊的审美经验,是审美经验强烈而深刻、丰富而高妙、充分而激烈的动态形式,并以其设身处地、情感激烈、想象丰富、灵感凸现、物我两忘、浑化同一为其鲜明特征"②。从这可以看出,审美体验突出的是精神上的超越,这种超越的境界在道教"物化"美学思想中体现为"与道为一"的境界。

一、老庄的审美体验

在对美的观照中,中国古典美学受儒、释、道的影响,形成了自己独特的体验论系统:儒家的"德"之体验、释家的"佛"之体验、道家的"道"之体验。这三种体验都具有内心体验的特点,但从理论上讲,只有道家的"道"的体验才近似于审美

---

① 《玄都律文·虚无善恶律》,《道藏》第3册,北京:文物出版社,上海:上海书店,天津:天津古籍出版社,1988年,第456页。
② 王岳川:《艺术本体论》,北京:中国社会科学出版社,2005年,第156页。

体验；相反，儒家的"德"之体验只是道德体验，而释家的"佛"之体验只是宗教体验①。道家的创始人老子认为"道"是看不见、听不到、摸不着的，换句话说，"道"是不被人的感官所感知的，因为"谓无状之状，无物之象，是谓惚恍。迎之不见其首；随之不见其后"②。可见，"道"没有形状，没有物象，故面对时，不见首，而跟随时，不见其尾。正因如此，老子才说："执古之道，以御今之有。能知古始，是谓道纪。"③ 这就是说，"道"的法则就是：把握住古之"道"，就能驾驭现存的具体事物，就能知远古的原始状态。可见，老子认为"道"是客观存在的，不以人的感官是否感知而转移。同时，老子说："'无'，名天地之始；'有'，名万物之母。故常'无'，欲以观其妙；常'有'，欲以观其徼。此两者，同出而异名，同谓之玄。玄之又玄，众妙之门。"④ 这里，老子认为"无"与"有"构成"道"的不同形态，但二者实出同一个来源，只不过称呼不同而已，故追求"道"的体验应是美好的体验，即"玄之又玄，众妙之门"⑤。

老子其后的庄子继承了老子的"道"论，如他在《庄子·大宗师》中所说："夫道，有情有信，无为无形，可传而不可受，可得而不可见；自本自根，未有天地，自古以固存，神鬼神帝，生天生地；在太极之上而不为高，在六极之下而不为深，先

---

① 参见杨鹏飞：《庄子审美体验思想阐释》，沈阳：辽宁大学出版社，2010年，第7页。
② 陈鼓应：《老子注译及评介》，北京：中华书局，2009年第2版，第113页。
③ 陈鼓应：《老子注译及评介》，北京：中华书局，2009年第2版，第113页。
④ 陈鼓应：《老子注译及评介》，北京：中华书局，2009年第2版，第53页。
⑤ 陈鼓应：《老子注译及评介》，北京：中华书局，2009年第2版，第53页。

天地生而不为久，长于上古而不为老。"① 这里，庄子认为"道"是真实存在而又切实可信的，其基本特征在于：无为而又无形；只可感知，不可口授；只可领悟，不可面见。可见，庄子发展了老子的"道"，对"道"赋予生命情怀，即"有情有信"，故庄子常用"体道"一词，突出了他对"道"的情怀。从理论上讲，"当庄子把它当作人生的体验而加以陈述，我们应对于这种人生体验而得到了悟时，这便是彻头彻尾的艺术精神，并且对中国艺术的发展，于不识不知之中，曾经发生了某程度的影响"②。从这可以看出，庄子的思想其实就是一种艺术精神，是对"道"的生命体验。对于这一点，庄子的"物化"思想表现得尤为明显。

从理论上讲，庄子的"物化"思想强调主客合一，亦即精神上的超越，这种精神上的超越与审美体验的超越是相合的。从艺术的审美体验层面看，庄子的"物化"要求审美主体须经历两次超越。首先，审美主体需要超越自己的生理生命而把自己融入艺术作品即审美对象的生命之中，亦即庄子的"周之梦为蝴蝶与"③。其次，审美主体需要对审美对象的生命进行超越，进而回归到宇宙生命，亦即庄子的"不知周之梦为胡蝶与，胡蝶之梦为周与"④。从程度上讲，这两次超越一次比一次深入，最后达到高峰，即"同于大通"的境界，从而获得"至美至乐"。在庄子看来，要实现这两次超越，审美主体首先需做到"心斋"与"坐忘"，而庄子"坐忘的'堕肢体，黜聪明'，都是'无己'、

---

① 陈鼓应注译：《庄子今注今译》（上），北京：中华书局，2009年第2版，第199页。
② 徐复观：《中国艺术精神》，桂林：广西师范大学出版社，2007年，第37页。
③ 陈鼓应注译：《庄子今注今译》（上），北京：中华书局，2009年第2版，第101页。
④ 陈鼓应注译：《庄子今注今译》（上），北京：中华书局，2009年第2版，第101页。

'丧我'。而无己、丧我的真实内容便是'心斋';心斋的意境,便是坐忘的意境"①。可见,从审美观照的层面看,庄子"达到心斋与坐忘的历程……正是美的观照的历程"②。在这一历程中,庄子强调了"虚静"的审美心态。从这可以看出,庄子以老子的"道"为基础,进一步拓展了老子的"道",以实现自己的审美理想——对"道"的审美体验。在庄子看来,对"道"的审美体验是有不同阶段的,换句话说,对"道"的审美体验是一个复杂的精神超越过程。具体而言,庄子认为,"形情之化"为第一个精神超越,而"形情化之化"为第二个精神超越。在庄子看来,只有经过此两种超越,才能真正实现对"道"的审美体验。同时,庄子主张"心斋"与"坐忘"是实现这两种超越的前提条件。至此,我们可以说,庄子的思想,尤其是他的"物化"思想,其实就是一种"道"的审美体验。

二、道教"与道为一"的审美体验

道教在其思想建构中把老子看成"道"的化身,如《混元皇帝圣纪》说:"老子者,老君也,此即道之身也。元气之祖宗,天地之根本也。"③ 这里,《混元皇帝圣纪》神化了老子以及"道",把二者看成天上的神灵。从这可以看出,道教的"道"论必然受到了老庄"道"论的影响。例如,在宇宙本体论上,早期道教经典《太平经》说:"夫道者,乃大化之根,大化之师长也。故天下莫不象而生者也。"④ 这里,《太平经》主张"道"

---

① 徐复观:《中国艺术精神》,桂林:广西师范大学出版社,2007年,第54页。
② 徐复观:《中国艺术精神》,桂林:广西师范大学出版社,2007年,第54页。
③ 《云笈七签》卷一〇二《混元皇帝圣纪》,《道藏》第22册,北京:文物出版社,上海:上海书店,天津:天津古籍出版社,1988年,第690页。
④ 王明编:《太平经合校》(下),北京:中华书局,2014年第2版,第680页。

生万物,换句话说,从本体论来看,《太平经》主张"道"为宇宙的本体。再如,《西升经》说:"道生一,一生天地,天地生万物。"① 这里,《西升经》也主张"道"生万物,换句话说,从本体论来看,《西升经》主张"道"为宇宙的本体。最后,唐代道教学者吴筠曾说:"道者何也?虚无之系,造化之根,神明之本,天地之源。"② 这里,吴筠把"道"看成宇宙的本体。可见,无论从道教的经典,还是从道教学者对"道"的相关论述来看,在宇宙本体论上,道教继承了老庄的"道"本体论。尽管如此,道教还是从其宗教的角度发展了老庄的"道"论。例如,道教把"道"人格化,如唐代司马承祯所说:"夫道者,神异之物,灵而有性,虚而无象,随迎不测,影响莫求。不知所以然而然,通生无匮,谓之道。……道有深力,徐易形神。形随道通,与神合一,谓之神人。"③ 这里,司马承祯把"道"人格化,并认为只要"形""神"与"道"相合,就能得"道"。在他看来,能得"道"的人是"神人"。再如,道教认为"道"需借助"气"产生万物,让修道具有具体操作性,如《西升经》在论及"道生一,一生天地,天地生万物"④之后说:"万物抱一而成,得微妙气化。"⑤ 这里,《西升经》认为,"气"通于"道",而"道"需借助"气"才产生万物。总之,道教是以人的生命为中

---

① 《西升经》卷中《虚无章第十五》,《道藏》第11册,北京:文物出版社,上海:上海书店,天津:天津古籍出版社,1988年,第502页。
② 《宗玄先生玄纲论·道德章第一》,《道藏》第23册,北京:文物出版社,上海:上海书店,天津:天津古籍出版社,1988年,第674页。
③ 《坐忘论·得道七》,《道藏》第22册,北京:文物出版社,上海:上海书店,天津:天津古籍出版社,1988年,第896页。
④ 《西升经》卷中《虚无章第十五》,《道藏》第11册,北京:文物出版社,上海:上海书店,天津:天津古籍出版社,1988年,第502页。
⑤ 《西升经》卷中《虚无章第十五》,《道藏》第11册,北京:文物出版社,上海:上海书店,天津:天津古籍出版社,1988年,第502页。

心,"既把人当作认识主体又把人作为认识客体,采取内省体验法,建立了一套性命双修理论,凭借非理性、非逻辑的直观和体悟来认识'道'"①,故从美学层面看,毋庸置疑,道教继承了老庄的"道"美思想,也即"道"美为最高之美。

如前所述,老庄的美学思想特别强调对"道"的审美体验,因而道教美学思想自然也会注重"道"的审美体验,这点在道教"物化"美学思想方面表现得尤为明显。从道教"物化"思想的发展历程来看,虽然儒家、释家等的思想对道教"物化"美学思想有一定的影响,但道教"物化"美学思想的理论基石并未发生改变,这是由道教的最高信仰——"道"所决定的。例如,陶弘景曾说:"凡质像所结,不过形神,形神合时,是人是物;形神若离,则是灵是鬼;其非离非合,佛法所摄;亦离亦合,仙道所依。"② 这里,陶弘景主张体"道"美的关键在于"形神",也就是说,陶弘景的"游心虚静"的"物化"审美心境思想是主张体"道"美的。再如,吴筠曾说:"生我者道,灭我者情。苟忘其情则全乎性,性全则形全,形全则气全,气全则神全,神全则道全。道全则神王,神王则气灵,气灵则形超,形超则性彻,性彻则返覆流通、与道为一,可使有为无,可使虚为实。吾将与造物者为俦,奚死生之能累乎?"③ 这里,吴筠从"道""情""性""形""气""神"几个方面着手,阐述了他的"虚夷忘身"的"物化"审美心境思想;其中,"与道为一"是其"虚夷忘身"的目的。由此看来,道教"物化"美学思想突

---

① 李刚:《汉代道教哲学》,成都:巴蜀书社,1995年,第27页。
② 《华阳陶隐居集》卷上《答朝士访仙佛两法体相书》,《道藏》第23册,北京:文物出版社,上海:上海书店,天津:天津古籍出版社,1988年,第646页。
③ 《宗玄先生玄纲论·同有无章第七》,《道藏》第23册,北京:文物出版社,上海:上海书店,天津:天津古籍出版社,1988年,第676页。

出的是"与道为一"的审美体验。

　　道教作为一种人为宗教，它始终是以对人的生命关怀为终极目的，故道教积极致力于有关人与人、人与社会、人与自然问题的探究，形成了自己独特的思想体系，而这一体系的理论基石则是"道"。如前所述，道教的"道"已被人格化，故道教的"道"美已不再是老庄的"道"美，"而是说到底，道教的神仙理想之'美'"①。从这个角度出发，我们不难看出，道教的"物化"美学思想其实就是对实现道教"至善—至美"境界的系统化、理论化的描述。我们知道，审美需要是人类的一种高级需要，而"从主观上讲，高级需要不像其他需要一样迫切。它们较不容易被察觉，容易被误解，容易由于暗示、模仿或者错误的信念和习惯而与其他需要相混淆。能够辨清自己的需要（即知道自己真正想要什么），是一个重要的心理成就。对于高级需要更是如此"②。以此为据，我们不难看出，道教自始至终以"道"为其最高信仰，也就是说，从心理上看，"道"为道教的高级需要。正是在这种高级需要的推动下，道教"第一次将人的生命养护与'元气'的保持相联系，将人体生命力的永恒作为人生最美好的追求，第一次敢于把人的个体的生命之修短与天地之长久相提并论"③。在道教看来，只有"与道为一"的人生体验才是美的人生，而要实现这一美的人生，修道者要加强自己的道德品行的修养，正确处理人与人的关系、人与社会的关系以及人与自然的关系，换句话说，"道"的高级需要需在一定的条件下才能

---

① 潘显一：《大美不言——道教美学思想范畴论》，成都：四川人民出版社，1997年，第14页。
② ［美］亚伯拉罕·马斯洛：《动机与人格》，许金声等译，北京：中国人民大学出版社，2012年，第75页。
③ 潘显一：《大美不言——道教美学思想范畴论》，成都：四川人民出版社，1997年，第37页。

得以实现。这说明"在更一般意义上可以说,在高级需要的层次上,生活是更复杂了。寻求尊重、地位比寻求爱要涉及更多的人,需要有更大的活动场景、更长的过程、更多的手段和阶段性的目标,以及更多的从属性步骤和预备步骤"①。因此,我们可以说,道教实现"道"的高级需要应是一个复杂的过程。这个复杂的过程在道教理论上可被称为"物化",也就是与"道"相融、互化为一,即吴筠的"与道为一"。在这复杂的过程中,"与道为一"始终是这一过程的主旋律,也就是说,从审美体验上看,道教"物化"美学思想体现的是"与道为一"的审美体验。

第四节 "无我"的审美人生

"审美活动对人生的意义最终归结起来是提升人的人生境界。"② 一般说来,一个人的人生境界决定了他的人生态度和人生追求。在《美学原理》中,叶朗说:"审美的人生就是诗意的人生,创造的人生,爱的人生。"③ 从道教"物化"美学思想的角度看,这种人生其实就是"无我"的审美人生,亦即人回到了自己的精神家园。

一、老庄的"无我"

"在我国传统思想中,虽然老、庄较之儒家,是富于思辨的、形上学的性格,但其出发点及其归宿点,依然是落实于现实人生

---

① [美] 亚伯拉罕·马斯洛:《动机与人格》,许金声等译,北京:中国人民大学出版社,2012年,第75页。
② 叶朗:《美学原理》,北京:北京大学出版社,2009年,第429页。
③ 叶朗:《美学原理》,北京:北京大学出版社,2009年,第444页。

之上。"① 以此为据,我们不难看出,老子和庄子的思想中较多地涉及现实之"我",换句话说,老子、庄子都在积极探索"我"的人生。简而言之,"老子是想在政治、社会剧烈转变之中,能找到一个不变的'常',以作为人生的立足点,因而得到个人及社会的安全长久。庄子也是顺着此一念愿发展下去的"②。为此,老子从美恶、有无、难易、长短、高下、音声、前后的对比之中,提出了"无为"的人生观,如他所说:"太上,下知有之;其次,亲而誉之;其次,畏之;其次,侮之。信不足焉,有不信焉。悠兮其贵言。功成事遂,百姓皆谓:'我自然。'"③ 这里,老子把君主分为四种,而他认为只有"太上"的"无为"才能顺应自然,让百姓安居乐业。在老子看来,"宠辱若惊,贵大患若身。何谓宠辱若惊?宠为下,得之若惊,失之若惊,是谓宠辱若惊。何谓贵大患若身?吾所以有大患者,为吾有身,及吾无身,吾有何患?故贵以身为天下,若可寄天下;爱以身为天下,若可托天下"④。这里,老子认为,"无我"并非不要自我,而是一种崇高的自我,这个自我不为荣辱所困,不患得患失,无我利人。可见,老子的这种崇高的自我其实就是一种精神上的超越。在老子看来,"无为"的人生观,亦即"无我"——崇高的自我,能让人生"至美至乐",如他所说:"夫得是,至美至乐也,得至美而游乎至乐,谓之至人。"⑤ 从这可以看出,老子"无为"的人生观所追求的是"至美至乐",实现乐的人生。

庄子对老子的这一思想做了进一步的发展,明确提出了

---

① 徐复观:《中国艺术精神》,桂林:广西师范大学出版社,2007年,第34页。
② 徐复观:《中国艺术精神》,桂林:广西师范大学出版社,2007年,第34页。
③ 陈鼓应:《老子注译及评介》,北京:中华书局,2009年第2版,第128页。
④ 陈鼓应:《老子注译及评介》,北京:中华书局,2009年第2版,第108页。
⑤ 陈鼓应注译:《庄子今注今译》(中),北京:中华书局,2009年第2版,第576页。

"游"的人生观。庄子的"游"其实"所指的并非是具体的游戏，而是有取于具体游戏中所呈现出的自由活动，因而把它升华上去，以作为精神状态得到自由解放的象征。其起步的地方，也正和具体的游戏一样，是从现实的实用观念中得到解脱"①。在庄子看来，要实现"游"的人生观，则须"无己"，如他所说："若夫乘天地之正，而御六气之辩，以游无穷者，彼且恶乎待哉！故曰，至人无己，神人无功，圣人无名。"② 这里，庄子认为实现"以游无穷者"须顺应自然，即"若夫乘天地之正，而御六气之辩"③，但最关键在于"无己"，只有"无己"才能"无功""无名"。在庄子看来，"和"为"天"的主要特征，如他所说："若夫乘道德而浮游则不然。无誉无訾，一龙一蛇，与时俱化，而无肯专为；一上一下，以和为量，浮游乎万物之祖；物物而不物于物，则胡可得而累邪！"④ 这里，庄子指出了顺应自然而自由游乐还须以"和"为准则。在《庄子》中，庄子在《德充符》《天道》《山木》《田子方》《至北游》《庚桑楚》《徐无鬼》《则阳》等篇中直接或间接强调"和"，这说明"和"在庄子思想中占有重要的地位。以此为据，我们可以进而得出：庄子"游"的人生观突出"和"。因此，庄子的"无己"应是以"和"为前提的。在庄子看来，只有在"和"的前提下，"游"的人生，亦即"无己"的人生才能获得"人乐"与"天乐"，如他所说："夫明白于天地之德者，此之谓大本大宗，与天和者也；所以均

---

① 徐复观：《中国艺术精神》，桂林：广西师范大学出版社，2007年，第48页。
② 陈鼓应注译：《庄子今注今译》（上），北京：中华书局，2009年第2版，第18页。
③ 陈鼓应注译：《庄子今注今译》（上），北京：中华书局，2009年第2版，第18页。
④ 陈鼓应注译：《庄子今注今译》（中），北京：中华书局，2009年第2版，第534—535页。

调天下，与人和者也。与人和者，谓之人乐；与天和者，谓之天乐。"①

从上可以看出，庄子的"游"的人生观与老子的"无为"人生观一样，突出的是一种精神上的超越，这正如徐复观所说："老、庄思想当下所成就的人生，实际是艺术的人生，而中国的纯艺术精神，实际系由此一思想系统所导出。"② 因此，我们可以说，老子与庄子的审美思想所折射的是一种审美的人生，用他们的话说，就是"无我""无己"的人生，也就是老子心目中的"圣人"的人生以及庄子心目中"圣人""神人""真人"等的人生。

二、道教"无我"的审美人生

从思想渊源上看，道教从一开始就继承了中国古典文化思想中的神仙思想，如《太平经》说："神人主天，真人主地，仙人主风雨，道人主教化吉凶，圣人主治百姓，贤人辅助圣人，理万民录也，给助六合之不足也。"③ 这里，《太平经》把神仙分为六类："神人""真人""仙人""道人""圣人""贤人"，并指出了各类神仙的职责。在道教"物化"美学思想中，所有神仙都具有"道"的特性，都是"道"的化身，换句话说，道教"并不将'道'视为抽象的东西，而是认为它是'神异之物，灵而有信'的具体形象。道教神学为了其宗教目的，将'道'在宗教理论基础上进行神秘化、形象化、人格化，从而创造出一个个有血有肉、有名有姓的神仙形象。这样，'道'生养万物、庇护

---

① 陈鼓应注译：《庄子今注今译》（中），北京：中华书局，2009年第2版，第367页。
② 徐复观：《中国艺术精神》，桂林：广西师范大学出版社，2007年，第35页。
③ 王明编：《太平经合校》（上），北京：中华书局，2014年第2版，第298页。

万物的功能就自然由这些神仙来体现和执行了"①。在《老子想尔注》中，老子被称为"太上老君"，常治昆仑，如它所说："一者道也，……一散形为气，聚形为太上老君，常治昆仑，或言虚无，或言自然，或言无名，皆同一耳。今布道诫教人，守诫不违，即为守一矣；不行其诫，即为失一也。"② 再如《洞渊集》说："玉晨道君者，乃大道之化身也。言其有不可以随迎，谓其无复存乎恍惚，所以不有而有，不无而无，视之无象，听之无声，于妙有妙无之间大道存焉。"③ 这里，《洞渊集》把"玉晨道君"看成"道"的化身，认为其具有"道"的特性。因此，我们可以说，道教所追求的神仙人生其实就是"道"的审美人生。道教继承老庄思想，主张本性的"我"是纯朴归真，亦即与"道"契合的，而现实中的"我"却是因各种欲的存在与"道"相违的。

从道教"物化"美学思想的不同发展历程来看，道教"物化"美学思想所体现的这种"无我"之欲的主张被历代不同的道教学者、道士以及有道教情怀的思想家、文学家、艺术家等继承和发展，从陶弘景的"游心虚静"一直到程以宁的"心无所知"都突出了"无我"之欲。另外，老子曾说："吾所以有大患者，为吾有身，及吾无身，吾有何患？"④ 这里，老子把"身"看成"大患"的原因，故老子得出：人若没有"身"，也就无任何忧患。可见，老子特强调观念中的"无我"。庄子继承了老子的这一思想，创造性地提出了"坐忘"观。"坐忘的'堕肢体，

---

① 苟波：《道教与神魔小说》，成都：巴蜀书社，1999年，第4—5页。
② 饶宗颐：《老子想尔注校正》，上海：上海古籍出版社，1991年，第12页。
③ 《洞渊集》卷一"冲妙先生李思聪集"，《道藏》第23册，北京：文物出版社，上海：上海书店，天津：天津古籍出版社，1988年，第836页。
④ 陈鼓应：《老子注译及评介》，北京：中华书局，2009年第2版，第108页。

黜聪明'，都是'无己'、'丧我'"①，而"一般人之所谓'我'、所谓'己'，实指欲望与知识的集积。庄子的'堕肢体'、'离形'，实指的是摆脱由生理而来的欲望；'黜聪明'、'去知'，实指的是摆脱普通所谓的知识活动。二者同时摆脱，此即所谓'虚'，所谓'静'，所谓'坐忘'，所谓'无己'、'丧我'"②。可见，庄子也强调观念中的"无我"，提出了"无己""丧我"。由此看来，老庄的"无我"思想突出了观念中的"无我"之形或身，也就是说，在观念中没有自己的形或身，而并非真正摒弃自己的形或身。老庄的这一"无我"之形或身的思想被道教所继承，例如，《太平经》说："故天地之道，据精神自然而行。故凡事大小，皆有精神，巨者有巨精神，小者有小精神，各自保养精神，故能长存。精神减则老，精神亡则死，此自然之分也。安可强争乎？凡事安危，一在精神。故形体为家也，以气为舆马，精神为长吏，兴衰往来，主理也。若有形体而无精神，若有田宅城郭而无长吏也。"③ 这里，《太平经》强调"精神"的作用，并认为"精神"消亡就意味着死亡，这说明了《太平经》并不强调"形体"的作用，换句话说，《太平经》认为长生贵在"精神"，故《太平经》说："守一之法，将与神游。万神自来，昭昭可俦。"④ 再如，《西升经》说："人未生时，岂有身乎？无身当何忧乎？当何欲哉？故外其身，存其神者，精耀留也。道德一合，与道通也。"⑤ 这里，《西升经》与老子一样，认为人若没有"身"，就不会有任何忧患，故《西升经》主张存"神"。从

---

① 徐复观：《中国艺术精神》，桂林：广西师范大学出版社，2007年，第54页。
② 徐复观：《中国艺术精神》，桂林：广西师范大学出版社，2007年，第54页。
③ 王明编：《太平经合校》（下），北京：中华书局，2014年第2版，第717页。
④ 王明编：《太平经合校》（下），北京：中华书局，2014年第2版，第759页。
⑤ 《西升经》卷中《生置章第十七》，《道藏》第11册，北京：文物出版社，上海：上海书店，天津：天津古籍出版社，1988年，第503页。

这可以看出，道教"物化"美学思想突出了由肉体飞升转向神不灭，换句话说，成仙贵在"神"不灭，亦即"无我"之形或身。

总之，在老子看来，"无我"的人生是一种审美的人生，通过"无我"可以达到"至美至乐"的境界，从而获得"道"美。庄子继承了老子的这一思想，并创造性地提出了"坐忘""物化"等观点，从而拓展了老子的"无我"人生观。尽管如此，老子和庄子的"无我"审美人生观还是具有一些相同的特点：首先，"无我"人生是一种"游"的人生，这种"游"是精神上的超越，即美的人生；其次，并不是所有人都能实现这种"无我"人生。具体而言，老子认为只有"圣人"才能实现"无我"人生，而庄子认为只有"圣人""神人""真人"等超凡的人才能实现"无我"人生。从道教"物化"美学思想中的神仙思想来看，道教心目中的"圣人""神人""真人"等超凡的人其实指的就是神仙，故从这个角度讲，道教"物化"美学思想所体现的"无我"人生也可被看作一种神仙人生，亦即"与道为一"的审美人生。

小　结

从思想来源上讲，道教的"道"是继承了老庄的"道"，但道教的"道"已被赋予了宗教神性，因而道教对"道"的追求自然就会打上宗教的烙印，而"宗教的本质就是人的本质"[①]。所以，道教"物化"美学思想揭示的是人与"道"的对立统一，

[①] 吕大吉：《宗教学通论新编》（上），北京：中国社会科学出版社，1998年，第68页。

而道教认为包括人在内的宇宙万物都是由"道"产生的,换句话说,"物"与人具有同源性。所以,道教"物化"美学思想主要探讨的是人如何实现与"道"契合,进而感悟"道"之大美,从而实现彼岸世界的"道"的审美人生。因此,从审美的角度看,道教"物化"美学思想体现了道教的"道"的审美需要。从根本上说,审美需要是审美心理的动力,因为"从它所指向的对象看,是对象的审美性质,是美;从它获得满足的活动方式看,是感应,即生命活动形式的激发和调节的方式;从它追求的享受性质看,是美感,是对人的本质的身心体验和全面肯定"①。从道教美学的发展来看,道教的"道"在道教的不同发展阶段有不同的物质体现,举其要者如"一""心""形""神"。既然"道"是大美的,那么作为"道"的物质体现形态的"一""心""形""神"自然也是美的。从本质上讲,在这几种"道"的体现形态中,只有"一"无论从文字上还是从意义上都体现了道教"物化"美学思想的本质——"与道为一"。因此,从这个角度讲,道教"道"的审美需要也可称作"一"的审美需要。

从心理学上讲,审美需要是人这一生命体的多种需要之一。美国人本主义心理学家马斯洛(Abraham Harold Maslow,1908—1970)把人的需要分为低级需要和高级需要两大层次。在他看来,低级需要指的是生理需要和安全需要,而高级需要则指的是归属和爱的需要、尊重的需要、认知的需要、审美的需要、自我实现的需要。② 从这可以看出,审美的需要在人的高级需要中处于重要的地位,是自我实现的需要中必不可少的一个需要。从审

---

① 曾永成、董志强:《美学原理教程》,成都:电子科技大学出版社,1993年,第188—189页。
② 参见曾永成、董志强:《美学原理教程》,成都:电子科技大学出版社,1993年,第189页。

美上讲，审美需要是审美主体进行审美体验的原动力，因其在人类高级需要系统中的重要地位，审美需要的释放要求审美主体具有一定的审美态度。朱光潜先生曾以一棵古松为例说明木商、植物学家、画家对古松的三种态度。在他看来，木商对古松的态度是实用的，植物学家对古松的态度是科学的，画家对古松的态度是美感的。朱光潜先生认为实用的态度和科学的态度都不能产生独立的、绝缘的事物意象。从道教"物化"美学思想的整个发展来看，"虚静"一直是道教"物化"美学思想所主张的审美态度。如前所述，从思想来源上讲，道教"虚静"的审美态度直接来源于老庄的"虚静"。道教认为，审美主体只有在"虚静"的心态下，"物"和"我"的界限才会泯灭，最终实现"物"与"我"的同一，从而感悟"道"之大美。

道教是一种实践性宗教，特别注重对"道"的追求。如第二章所述，"道"美的境界包括"生道合一"的得"道"境界、"物我兼忘"的艺术境界。因此，无论从道教"道"的修炼的角度看，还是从道教的艺术创作、艺术欣赏的角度看，"道"的审美需要和"虚静"的审美态度促使"物化"得以发生，从这个角度讲，"物化"的过程也是对"道"的体验过程。在道教美学看来，"道"是天地间之大美，因而对"道"的体验也可以说是对"道"美的体验。从道教"物化"的目的看，这种对"道"的体验也就是"与道为一"的审美体验，因为"与道为一"的审美体验"是一种既不同于非审美体验、又不同于一般审美经验的特殊的东西，它该是那种深层的、活生生的、令人沉醉痴迷而难以言说的瞬间性审美直觉"[1]。正是这种"与道为一"的审美体验，才使道教的"道"的修炼成为内审美的过程，同时也使

---

[1] 王一川：《审美体验论》，天津：百花文艺出版社，1992年，第6页。

道教的艺术不断呈现"道"美的特点。此外,"与道为一"的审美体验还构成了道教人生中充满意义的瞬间,从而使道教"物化"呈现出"无我"的审美人生。从对世界的把握上看,道教把世界分为"此岸世界""彼岸世界"。在道教看来,"此岸世界"就是现实的世界,就是痛苦的世界,就是人的本性被抹杀的世界;相反,"彼岸世界"是"道"的世界,是获得"至美"和"至乐"的世界,是人性不被抹杀、精神绝对自由的世界。同时,道教还认为,人类通过对"道"的修炼是可以达到"彼岸世界"的,也就是说,修"道"是从"此岸世界"走向"彼岸世界"的途径。在道教看来,从"此岸世界"走向"彼岸世界"的过程其实就是"物化"的过程。从审美的角度看,"物化"的过程追求的是"物"与"我"两忘、"生道合一"的境界,这种境界其实就是"无我"的审美人生境界。

当然,从理论上讲,一种美学思想的特征有多个层面,这是合情合理的,也就是说,如果研究者对某一美学思想采取不同的研究视角,其得出的有关该美学思想的特征也不一样。以此为据,我们完全可以说,道教"物化"美学思想因我们的研究视角不同而呈现出不同的特征。通过本章的叙述,我们不难看出,本书是从道教"物化"的本质入手来研究道教"物化"美学思想,因而本书此章从审美主体的角度讨论了道教"物化"美学思想所蕴含的基本特征:"道"的审美需要、"虚静"的审美态度、"与道为一"的审美体验、"无我"的审美人生。

第五章

道教"物化"美学思想的现代审美文化价值

马林诺夫斯基曾说:"宗教的需要,是出于人类文化的绵续,而这种文化绵续的涵义是:人类努力及人类关系必须打破鬼门关而继续存在。在它的伦理方面,宗教使人类的生活和行为神圣化,于是变为最强有力的一种社会控制。在它的信条方面,宗教与人以强大的团结力,使人能支配命运,并克服人生的苦恼。"① 从这可以看出,道教的"道"的需要让修"道"者的生活和行为神圣化,以至于人能支配自己的命运,亦即"我命在我,不属天地"②,从而实现长生不死的目标。所以,从这个角度讲,道教"物化"美学思想所体现的"物化"审美现象其实是道教所特有的文化现象,而"文化对于宗教的需求虽然是演生的和间接的。但宗教最后却是深深的生根于人类的基本需要,以及这些需

---

① [英]马林诺夫斯基:《文化论》,费孝通等译,北京:中国民间文艺出版社,1987年,第78—79页。
② 《西升经》卷下《我命章第二十六》,《道藏》第11册,北京:文物出版社,上海:上海书店,天津:天津古籍出版社,1988年,第507页。

要在文化中得到满足的方法之上"①。可见，道教"物化"美学思想的研究最终还要落实到文化上，因而道教"物化"美学思想的审美文化价值自然就成为本书不可回避的问题。

第一节 审美文化的概念

在中国美学界，最先使用"审美文化"这一完整概念的应是我国当代美学家叶朗。在叶朗主编的 1988 年版的《现代美学体系》中，"审美文化"被定义为"人类审美活动的物化产品、观念体系和行为方式的总和"②。从词语的构成上讲，"审美文化"是由"审美"和"文化"两个词构成。下文在讨论"审美文化"这一美学新概念之前，先对"文化"这一概念做一个简单的梳理。

一、"文化"的界说

从词语的发展来看，汉语中"文化"这一词汇经历了"文""化""文化"的发展历程。"文"原指的是各色交错的纹理，如《周易·系辞下》说："物相杂，故曰文。"③ 而"化"原指变化、转变，如《庄子·逍遥游》写道："化而为鸟，其名为鹏。"④ 后在战国末，"文"和"化"并联使用，直到"西汉后，'文'与'化'方合成一词，如'文化不改，然后加诛。'(《说

---

① [英] 马林诺夫斯基：《文化论》，费孝通等译，北京：中国民间文艺出版社，1987 年，第 79 页。
② 叶朗主编：《现代美学体系》，北京：北京大学出版社，1988 年，第 259 页。
③ [唐] 李鼎祚：《周易集解》，王丰先点校，北京：中华书局，2016 年，第 493 页。
④ 陈鼓应注译：《庄子今注今译》（上），北京：中华书局，2009 年第 2 版，第 3 页。

苑·指武》)"①。在中国古籍中,"文化"一词是与"自然""质朴""野蛮"相对而言的,但并不具有现代汉语中"文化"一词的含义。事实上,现代"文化"一词是外来语的意译,"是19世纪末从日文转译过来的,其源出于拉丁语cultura,原意为耕耘、耕作,后引申为对自然界的开拓之意"②。在西方各民族语言中,有与汉语"文化"对应的词汇,如英语的"culture",德语的"Kultur"。从词源学上讲,英语的"culture"和德语的"Kultur"都是由拉丁语的"cultus"转化而来的。在实际使用中,英语"culture"的含义往往与政治、法律、教育等社会生活有关,而德语的"Kultur"原指精神文化,但在实际使用中往往指宗教文化。③

自19世纪下半叶起,随着人类学、社会学、文化学等学科的兴起,中西方许多学者力图给"文化"下一个定义,纷纷发表自己的看法。在众多有关"文化"的看法中,英国的著名文化人类学奠基者爱德华·伯内特·泰勒(Edward Burnett Tylor,1832—1917)和著名文化人类学派的开创者马林诺夫斯基对文化的定义一直被学界认为是最权威的。例如,泰勒说:"文化和文明就其广义人类学意义上看,是由知识、信念、艺术、伦理、法律、习俗,以及作为社会成员的人所需要的其他能力和习惯所构成的综合体。"④ 这里,泰勒把"文化"看成一个大的综合体,且主要集中在精神层面,而不包括物质层面。再如,马林诺夫斯

---

① 张岱年、方克立主编:《中国文化概论》,北京:北京师范大学出版社,2004年第2版,第2页。
② 王新婷、金鸣娟、姚晚霞编著:《中国传统文化概论》,北京:中国林业出版社,2004年第2版,第2页。
③ 参见白靖宇:《文化与翻译》,北京:中国社会科学出版社,2000年,第1—2页。
④ 孙鼎国主编:《西方文化百科》,长春:吉林人民出版社,1991年,第2页。

基指出:"文化是指那一群传统的器物,货品,技术,思想,习惯及价值而言的,这概念实包容着及调节着一切社会科学。"①马林诺夫斯基认为"文化"既包括物质层面,又包括精神层面。从这可以看出,泰勒和马林诺夫斯基对"文化"的看法是不完全一样的。具体而言,泰勒对"文化"的定义是狭义的,它主要专注于精神层面,而几乎没有涉及物质层面;相反,马林诺夫斯基对"文化"的定义则是广义的,它既指物质层面,又指精神层面。在《辞海》中,"文化"主要指"人民群众在社会历史实践过程中所创造的物质财富和精神财富的总和。也专指社会的意识形态,以及与之相适应的制度和组织机构。文化是一种历史现象,每一社会都有与其相适应的文化,并随着社会物质生产的发展而发展。作为意识形态的文化,则是一定社会的政治和经济的反映,又给予巨大影响和作用于一定社会的政治和经济"②。这里,《辞海》认为"文化"包括物质层面和精神层面。

从上可知,"文化"有狭义、广义之分,这表明了人类对文化的研究更符合人类文化发展的必然。从人类发展的角度讲,"文化"是一种人类历史现象,是人类社会的现实存在;"文化"是由人创造的,但同时"文化"也创造了人。众所周知,道教哲学本质上是人生哲学,而道教揭示的问题其实主要是人的生存问题。因此,道教文化与非道教文化不一样,它属于文化的特殊方面,其特殊之处在于道教文化体现的是以"道"为本的文化。在以"道"为本的文化中,人要学会与"道"契合,换句话说,

---

① [英]马林诺夫斯基:《文化论》,费孝通等译,北京:中国民间文艺出版社,1987年,第2页。
② 辞海编辑委员会编:《辞海·语词分册》(下),上海:上海辞书出版社,1977年,第1626页。

"道"成了修道者的生存方式。因此，尽管学界有很多有对"文化"这一概念的看法，但笔者认为马林诺夫斯基的文化概念更有利于我们了解道教文化，这也是笔者在本书中一再引用马林诺夫斯基的文化观点的原因。

二、审美文化的概念

因为审美文化涉及"审美"和"文化"这两个概念，所以本书认为审美文化应具有"审美"和"文化"两方面的属性。首先，审美文化具有文化的属性。如前所述，文化是一个复杂的复合体，尽管目前有多种有关文化的定义，但笔者认为泰勒和马林诺夫斯基有关文化的定义更加合理。相比之下，泰勒的文化概念属于狭义的文化概念，而马林诺夫斯基的文化概念属于广义的文化概念。因此，本书在文化概念问题上采用了马林诺夫斯基的观点。在《文化论》中，马林诺夫斯基指出了文化的四个方面：物质设备、精神方面的文化、语言、社会组织。① 在马林诺夫斯基看来，"这标准化的身体上的习惯或风俗，亦即机体上较巩固的修正，乃是精神文化最基本的要素，和一个器物或一种人改造过的环境是物质文化的基本要素一般。器物和习惯形成了文化的两大方面——物质的和精神的。器物和习惯是不能缺一，它们是互相形成及相互决定的"②。从这可以看出，文化具有两种基本属性：物质性、精神性。从理论上说，文化的其他属性如继承性、地域性、民族性、融合性等都是以这两种属性为基础的。

---

① 参见［英］马林诺夫斯基：《文化论》，费孝通等译，北京：中国民间文艺出版社，1987年，第4—7页。
② ［英］马林诺夫斯基：《文化论》，费孝通等译，北京：中国民间文艺出版社，1987年，第5—6页。

其次，审美文化具有审美的属性。从本质上讲，"审美"指的是"一种特殊的创造活动，是人从精神上把握世界、改造世界的方式之一，是人类按照任何物种的尺度和自己内在的尺度自由地创造美的社会实践活动以及这种实践活动的内化，是使客体人化，使客观事物成为人的审美对象和主体对象化，使美向人生成的实践根源和内在依据"①。从这可以看出，"审美"是一种"人发现、感受、体验、评价美和创造美的实践活动、精神活动"②。这种实践活动与一般实践活动的区别在于它是"人类按照任何物种的尺度和自己内在的尺度自由地创造美的社会实践活动以及这种实践活动的内化"③。这就是说，审美活动必然会使人与现实产生相互依存、相互作用的关系，亦称"审美关系"。在这种关系中，主体在精神上获得了美的愉悦，亦称"审美感受"，又称"美感"。在我国当代美学家叶朗看来，"美感是体验"④，而"审美体验是与生命、与人生紧密相连的直接的经验，它是瞬间的直觉，在瞬间的直觉中创造一个意象世界（一个充满意蕴的完整的感性世界），从而显现（照亮）一个本然的生活世界"⑤。因此，审美的属性主要是无功利、直觉、想象、意象等。

从上可知，审美文化只是文化这个系统中的一个子系统，这就是说，审美文化与文化既相关，又不同。与任何一种独立的文

---

① 朱立元主编：《美学大词典》（修订本），上海：上海辞书出版社，2014 年，第 61 页。
② 朱立元主编：《美学大词典》（修订本），上海：上海辞书出版社，2014 年，第 60 页。
③ 朱立元主编：《美学大词典》（修订本），上海：上海辞书出版社，2014 年，第 61 页。
④ 叶朗：《美学原理》，北京：北京大学出版社，2009 年，第 84 页。
⑤ 叶朗：《美学原理》，北京：北京大学出版社，2009 年，第 98 页。

化体系一样，审美文化也有自己独特的属性：自律性、他律性。"所谓审美文化的自律性，就是说，审美文化作为一个独特的文化子系统，有自身的组织构造、构成要素和发展规律。"① 所谓审美文化的他律性，就是说，"审美文化同其他文化（经济、政治等）存在着一种双向或多向互动关系"②。换句话说，审美文化与处于同一文化系统的其他文化相互影响、相互作用。从辩证法的角度讲，"审美文化的他律和自律是一种辩证统一的关系，他律最终是通过自律而起作用的"③。目前，在我国著名美学家杨恩寰（1928—）主编的《美学引论》中，审美文化是"文化系统中的一个子系统，文化整体中的一个层次或层面，即文化的审美层次或层面"④。总之，既然审美文化具有审美和文化的属性，故审美文化理应是文化的一个子系统，自然要受到文化的制约，但审美文化又有其审美的独特特性，自然与其他非审美文化不一样，其独特之处在于其无功利、直觉、想象、意象等。

第二节 道教"物化"美学思想的审美文化结构

如本章第一节所述，审美文化是文化的一个子系统，那么道教审美文化也应是道教文化的一个子系统。依此逻辑，我们不难得出：道教"物化"美学思想应是道教审美文化的一个子

---

① 叶朗主编：《现代美学体系》，北京：北京大学出版社，1999年第2版，第253页。
② 叶朗主编：《现代美学体系》，北京：北京大学出版社，1999年第2版，第255页。
③ 叶朗主编：《现代美学体系》，北京：北京大学出版社，1999年第2版，第255页。
④ 杨恩寰主编：《美学引论》，北京：人民出版社，2005年，第398页。

系统。从系统论的角度看,每个子系统都有其自己的构成要素、结构特点等。因此,我们在对道教"物化"美学思想的审美文化结构做深入探讨前应了解道教审美文化的定义及其构成要素。

一、道教审美文化的概念

从文化人类学的角度看,道教文化应有狭义、广义之分。狭义的道教文化指的是历代道教所创造的精神财富的总和;广义的道教文化指的是历代道教所创造的物质财富和精神财富的总和。如果我们用泰勒和马林诺夫斯基的文化观点来给道教文化下定义,我们不难看出,狭义的道教文化指的是由道教教义思想体系,道教的戒律与清规,道教的思想典籍,道教的科仪方术(斋醮、科仪、礼仪、法术、修持养生)等构成的综合体;而广义的道教文化指的是道教传承的器物(道教符箓的印迹、道教壁画、道教雕塑、宫观等),道教教义思想体系,道教的戒律与清规,道教的思想典籍,道教的科仪方术(斋醮、科仪、礼仪、法术、修持养生)等的总和。可见,从逻辑学来看,如果说道教文化有狭义、广义之分,那么作为道教文化的一个子系统的道教审美文化也应有狭义、广义之分。

目前,从道教美学的研究状况来看,四川大学道教美学研究学者潘显一对道教审美文化的定义具有权威性。在潘显一看来,"道教审美文化,指宣传道教教义和思想的所有道教文学、道教艺术乃至体现道教思想的对于自然物的审美活动以及道教审美思想"[1]。这个定义是从道教审美本身的特点出发,以实践论为基

---

[1] 潘显一:《道教审美文化的历史、特色及将来》,《宗教学研究》2002年第3期,第24页。

础，揭示了道教审美文化的审美属性和文化属性，故这个定义是合理的、科学的。我们知道，从东汉末道教初创时起，道教审美文化距今已有1800多年的历史，虽然道教文艺体现了这1800多年的道教审美文化，但从系统论的角度来看，道教文艺只是道教审美文化的一个子系统。因此，我们很有必要拓展我们的研究视角，把道教审美文化纳入整个中国文化这个大的系统内研究。从历时性的角度看，中国文化既包括1840年鸦片战争之前的古代文化，又包括从1840年以后一直到1949年中华人民共和国成立的近代文化和1949年以后的现代文化。因此，我们对道教审美文化的研究，既需要传统的观照，又需要现代的眼光。

从理论上讲，道教审美文化的研究是一个复杂的系统工程，它涉及美学、文化学、社会学、人类学等多种学科的研究，故本书认为对道教审美文化的研究应从多学科交叉的角度入手，以审美活动为基础，结合道教审美文化的社会存在形式。基于此，本书认为从广义上对道教审美文化的研究更有利于人们全面地了解不同时期的道教审美文化的特点、构成因素、社会影响等，同时，还有利于人们在此基础上探索道教审美文化的现代之路。所以，从广义上讲，所谓道教审美文化，就是道教文化的审美层面，它是道教审美行为方式、道教观念体系、道教审美活动的物化产品以及道教审美活动所依附的道教组织机构和道教设施的总和。当然，对道教审美文化做这样的定义算是本书的一个尝试，与其他的道教审美文化的定义相比，这个定义突出了道教审美文化的物质性特征，换句话说，道教审美文化不仅仅属于文化的精神层面，还应属于文化的物质层面。在道教美学中，道教追求的是一种人与自然的"和谐"之美，因而道教的审美文化表现之一为"对于非人为事物如山水木石之类的审美观点和审美活动"①,但道教只是一种宗教,"在社会结构体中,文化则表现为物质生产与交流的行为方式,精神生产与交流的行为方式,以及介于二者中间的制度生产与交流的行为方式"②。因此,道教审美行为方式应包括物质文化的审美行为方式、精神文化的审美行为方式以及制度文化的审美行为方式三个方面。

从上可知,作为道教文化的一个子系统,道教审美文化理应像道教文化一样有狭义、广义之分。所以本书尝试在现有道教审美文化定义的基础上对道教审美文化作广义上的探讨。当然,这里的狭义、广义只说明研究的视角范围不同而已,并不作优劣判断。

二、道教"物化"美学思想的审美文化结构

目前,学界对文化结构有不同的看法:有的学者把文化分成物质文化和精神文化,有的学者把文化分为物质、制度、精神,有的学者把文化分为物质、制度、风俗习惯、思想与价值,有的学者把文化分为物质、社会关系、精神、艺术、语言符号、风俗习惯③,如此等等。如前所述,审美文化是文化的一个子系统,它理应有其自己的结构体系。因此,下文采用结构主义的方法把道教"物化"美学思想的审美文化结构分为深层结构和表层结构两大部分,以对道教"物化"美学思想的审美文化结构有一个清楚的了解。

---

① 潘显一:《道教审美文化的历史、特色及将来》,《宗教学研究》2002年第3期,第24页。
② 杨恩寰主编:《美学引论》,北京:人民出版社,2005年,第401页。
③ 参见张岱年、方克立主编:《中国文化概论》,北京:北京师范大学出版社,2004年第2版,第3页。

（一）道教"物化"美学思想的深层结构

道教"物化"美学思想的深层结构是指内隐的、较为深层的"物化"意识形态，它主要包括道教"物化"审美心理、道教"物化"审美意识以及道教"物化"美学思想体系。

道教"物化"审美心理是道教"物化"美学思想深层结构中较深的一个层次，它是指社会以及修道者对道教"物化"美学思想的一种心理感受和心理反应，以及受其影响而形成的某些习惯、风俗等心理文化。可见，道教"物化"审美心理是道教1800多年以来文化传统积淀的产物，具有"超稳定形态"，但往往带有一种滞后性和相对稳定性。道教"物化"审美心理在文化上具有潜意识性和多样性的特点，它往往隐藏在修道者的意识深处，常常表现为潜意识或无意识，只有修道者在进行修道活动时才表现出来。此外，从组织来看，道教分为不同的派别。道教内部门派众多，因分派标准不同而名称各异：如按道教学理分有积善派、符箓派、金丹派、占验派，按地区分有龙门派、崂山派、随山派、遇山派等，按祖师分有少阳派（王玄甫）、正阳派（钟离权）、纯阳派（吕洞宾）、海蟾派（刘操）、三丰派（张三丰）等①，如此等等。这就是说，从整个道教来讲，道教组织的多样性决定了道教"物化"审美心理呈现出多样化的趋势。同时，修道者的个体差异也决定了道教"物化"审美心理的多样性。因此，不同道教派别的道徒，其"物化"审美心理的差异很大，表现的状态也不一样。

道教"物化"审美意识属于道教"物化"美学思想深层结构中的第二层次，它比道教"物化"审美心理更深入了一步，

---

① 参见王毅编著：《道教基本常识》，西安：陕西师范大学出版总社有限公司，2012年，第58页。

兼有"物化"审美心理和"物化"美学思想体系的双重特点。在道教"物化"审美意识中，占核心地位的是道教"物化"审美价值观。道教"物化"审美价值观是修道者与非修道者对"物化"的态度、认识、信仰和评价。对修道者来讲，"物化"审美价值观会调节他们的修炼行为，而对非修道者来讲，"物化"审美价值观会影响他们对道教修炼行为的评价。因此，道教"物化"审美价值观是道教"物化"审美意识中的一个重要问题。从理论上讲，道教"物化"审美意识较之道教"物化"审美心理有较大的易变性，其根本原因在于道教"物化"审美意识的感性成分减少了，而理性成分增加了，因而在道教的不同发展阶段，随着社会环境因素的变化会形成新的"物化"审美意识体系。例如，在魏晋时期，道教出现了分化与发展的局面，"统治者的雅好道教和大批高级士族的大量涌入，必然会将他们的思想带到道教中来，引起道教内部在思想上和组织上的变化。于是，道书的造作日益增多，新的道派也相继出现"[①]。在这种时代背景下，葛洪"将道家对形上本体的追求转化为通神的工夫，完成了道家本根思想向道教教理的转变"[②]。所以，道教"物化"审美意识必然含有葛洪的修炼成仙的思想。再如，在隋唐五代北宋时期，"一方面，道教与儒家、佛教相互之间保持着各自的思想传统；另一方面，彼此又相互吸纳、相互竞争，形成了社会文化的新局面"[③]。在这种新的文化背景下，道教"物化"审美意识必然要发生改变，这个改变就是道教"物化"审美意

[①] 卿希泰、唐大潮：《道教史》，南京：江苏人民出版社，2006年，第49页。
[②] 卿希泰主编，詹石窗副主编：《中国道教思想史》（第一卷），北京：人民出版社，2009年，第347页。
[③] 卿希泰主编，詹石窗副主编：《中国道教思想史》（第二卷），北京：人民出版社，2009年，第6页。

识含有了"三教合一"的思想。

道教"物化"美学思想体系是道教"物化"美学思想深层结构的最高层次,它指的是将分散的、个别的"物化"观念、看法等"物化"审美意识转变为一套完整的、系统的、理论化的思想体系。这种思想体系是道教"物化"审美意识形态的高级阶段——理性认识阶段。当然,这种思想体系并不是自发形成的,它需要道教代表人物、道教学者以及有道教情怀的思想家、文学家、艺术家艰苦的劳动才得以形成。从这个角度讲,道教代表人物、道教学者以及有道教情怀的思想家、文学家、艺术家不仅是道教"物化"思想体系的创造者,而且是道教"物化"美学思想的传播者。例如,在元代,正一道与全真道的对峙与融合导致了正一道的"物化"美学思想与全真道的"物化"美学思想相互对立、相互融合。从表面上看,造成这种情况的根本原因在于元代统治者对不同道派的扶持力度不同,但实际上这只是一个外部原因,最根本的原因在于正一道与全真道的代表人物以及其他道教学者都认为正一道和全真道有相同的地方,但不同的地方是主要的,故他们在"物化"美学思想上一方面要突出自己的特点,另一方面又要服从元代统治者的需要。这样,正一道的"物化"美学思想与全真道的"物化"美学思想之间的关系就是相互对立、相互融合。

从理论上讲,道教"物化"美学思想体系一般以美学理论、"物化"学说的形式表现出来,是对"物化"这一审美现象的一系列问题的整体化、系列化、理论化的思维。美学理论和"物化"学说是道教"物化"美学思想的表现形式,而道教"物化"美学思想则是美学理论和"物化"学说的实体内容。这里的"物化"学说是指道教学者对"物化"这一审美现象的见解和看法以及不同道派对"物化"这一审美现象自成体系的主张和理论。

(二) 道教"物化"美学思想的表层结构

道教"物化"美学思想的表层结构是指"物化"意识形态的外在化表现形态，它主要包括与"物化"意识形态相适应的道教不同道派的教义、规诫、科仪方术、道教经典和道藏、道教文艺、道教组织机构和道教设施。

在道教"物化"美学思想的表层结构中，道教教义是第一层次，也是最高层次。所谓的教义就是指"一种宗教所信奉和宣扬的神学道理思想"[①]。与其他宗教一样，道教教义思想体系也有一个形成与发展的过程。具体而言，东汉末年初创时期，道教的教义主要是对天道、地道、人道、鬼道四要素基本内容的认识；魏晋南北朝时期，道教教义的发展重点在于全面阐释宇宙观与神仙观；隋唐五代和北宋时期，以"道"与"德"为核心的道教教义体系已逐渐形成；南宋以后，道教教义思想融入了儒家中心性学的一些思想，主要侧重探究人的禀赋；清末，道教教义因道教本身得不到朝廷的扶持而逐渐缺乏活力，没有新的发展。中华人民共和国成立后，在国家宗教政策的指导下，道教教义的内涵已逐步适应中国社会主义发展的需要。[②]从这可以看出，道教教义反映和表现了占主导地位的道教"物化"意识形态，从总体上引导了修道者的修炼行为，明确了道教教规的方向。

道教规诫是道教"物化"美学思想表层结构中的第二层次，它是与道教"物化"美学思想深层结构——道教"物化"审美意识形态相适应的制度化表现形式。从道教的不同发展历

[①] 王毅编著：《道教基本常识》，西安：陕西师范大学出版总社有限公司，2012年，第8页。

[②] 参见王毅编著：《道教基本常识》，西安：陕西师范大学出版总社有限公司，2012年，第10页。

程来看，道教的规诫制度严密，不同门派对违背规诫的弟子都有不同的惩处制度，"道教规诫中比较重要的戒律有初真五诫、初真十诫、女真九诫、全真清规和老君想尔诫等，正是这些严格的戒律，完善了道教宗教体系，保证了道士能够安心静修，以通大道"①。通过对不同道派规诫制度的比较研究，我们可以洞悉不同道派的"物化"审美意识形态，同时还可以了解其中所包含的文化特点，因为不同道派的规诫制度体现了不同道派在长期的修道实践中的文化积累与经验。与道教教义呈静态化状态不同，道教规诫呈动态化状态，它不断规范、调整和制约修道者的修炼行为，成为修道者必须遵守的行为模式与准则。

道教科仪方术是道教"物化"美学思想表层结构的第三层次。所谓科仪方术，指的就是道教仪式、道教方术。具体而言，道教科仪方术主要包括道教斋醮、道教科仪、道教礼仪、道教法术、修持养生。② 道教斋醮俗称"道场"，其目的"一是为修道；二是为通神；三是为供养"③。因而道教斋醮是道教最重要的崇拜仪式，是道教审美文化的特殊部分，它有复杂的结构体系，斋醮中的各个科仪的神学意义又各不相同。在不断发展的过程中，道教逐渐丰富和完善了一整套的礼节仪式，它们是约定俗成的道教信徒的行为规范，是道教审美文化的特殊部分。同时，在道教不断发展的过程中，道教的方术也不断得到发展。在道教信徒看来，方术是他们得"道"飞升、羽化成仙的重要手段，也是道

---

① 王毅编著：《道教基本常识》，西安：陕西师范大学出版总社有限公司，2012年，第33页。
② 参见王毅编著：《道教基本常识》，西安：陕西师范大学出版总社有限公司，2012年，目录第2页。
③ 王毅编著：《道教基本常识》，西安：陕西师范大学出版总社有限公司，2012年，第275页。

教审美文化的特殊部分。唐末五代的谭峭写下了著名的道教哲学著作《化书》，将内气、内丹的理论与方术相结合，从而开启了道教史上内丹外法的理论先河，是道教审美文化的重要组成部分。道教是以成仙为目的，故道教主张修道者要对自己的精神、肉体进行自我控制，这种自我控制就是修持养生，现在一般称为"修炼"。道教在1800多年的发展中，其斋醮科仪、法术以及修持养生方面均有很大的发展，不同时期有不同时期的特点，充分体现了道教审美文化的独特特点。

道教经典和道藏是道教"物化"美学思想表层结构的第四层次。虽然道教经典很多，但最主要的是"被道教奉为五大经典的《道德真经》、《南华真经》、《通玄真经》、《冲虚真经》、《洞灵真经》，其他被道教列入诵读的经典还有《无上秘要》、《太平经》、《黄庭经》、《老子化胡经》等"①。道藏则是"道教经籍的总集，是按照一定的编撰意图、收集范围和组织结构，将许多经典编排起来的大型道教丛书"②。据史料记载，道藏的编撰工作始于唐玄宗时期，《开元道藏》是道教编撰的第一部道藏，"此后宋朝两次组织大型道藏编撰，题为《大宋天宫宝藏》、《政和万寿道藏》，金朝编撰有《大金玄都宝藏》，明朝时期达到编撰道藏的高潮，相继编订有《正统道藏》和《万历续道藏》，此后大型道藏编撰活动减少"③。从理论上讲，道教所有的经典以及道藏是道教"物化"美学思想的物质载体，是我们研究道教"物化"美学思想不可缺少的文献资料，因为每一部《道藏》都

---

① 王毅编著：《道教基本常识》，西安：陕西师范大学出版总社有限公司，2012年，第164页。
② 王毅编著：《道教基本常识》，西安：陕西师范大学出版总社有限公司，2012年，第159页。
③ 王毅编著：《道教基本常识》，西安：陕西师范大学出版总社有限公司，2012年，第159页。

体现了与它同时代的道教"物化"美学思想的发展状况,进而也体现了与它同时代的道教文化的发展状况。

道教文艺是道教"物化"美学思想表层结构中的第五层次。道教文艺是道教文学艺术的简称,它"是以宣传道教教义、神仙出世思想以及反映其宗教生活为内容的各种文学艺术作品,如道教散文、道教诗歌、道教小说、道教戏曲、道教音乐、道教绘画、道教雕塑、道教建筑与园林艺术等等"①。从理论上讲,道教文学与其他题材的文学一样,都需要借助语言和艺术形象来表现其道教生活,但道教文学有自己的特点。例如,多数道教文学作品"都在不同程度上直接或间接地涉及道教的基本信仰和主张,有相当数量的作品甚至就是为了宣扬道教的信仰而创作的"②。再如,道教的修炼过程是一个内省审美的过程,故道教文学作品所揭示的艺术心理是"内向化",所谓"内","主要是指萌发于人的心灵的神仙以及可供寄托的意象形式"③。当然,道教艺术作品,如道教音乐、道教绘画、道教雕塑、道教建筑与园林艺术等的主题和艺术心理与文学作品所揭示的主题和艺术心理基本相同,只不过不同的艺术形式有其不同的特点。

道教组织机构和道教设施是道教"物化"美学思想表层结构的第六层次。道教组织机构是根据不同宗派所规定的不同的权力、职能范围而确立和分设的。一般来讲,道教组织机构与道教本身的发展历程、文化传统有关。因此,不同的道教派别有不同的组织机构。例如,五斗米道的创始人张陵设二十四个"治",

---

① 潘显一:《道教审美文化的历史、特色及将来》,《宗教学研究》2002年第3期,第24页。
② 詹石窗:《道教文学史》,上海:上海文艺出版社,1992年,第3页。
③ 詹石窗:《道教文学史》,上海:上海文艺出版社,1992年,第4页。

"治"下设"治头大祭酒"主事,其下又设"祭酒""鬼卒"等职名;再如,太平道的创始人张角设"方",每"方"设一"渠师"统帅之。道教设施是道教组织机构的附属物,是为完成道教组织机构重要使命必不可少的物质条件。道教设施的好坏,往往会影响道教组织机构的工作效率,进而影响修道行为。例如,道教宫观的发展就是道教发展的见证,同时也是道教"物化"美学思想发展的见证,自然也是道教文化发展的见证。举例来说,五斗米道的"治"是道教祀神的地方,到了晋代,道教祀神的地方又称"庐"(也称"靖"或"馆"),其建筑材料多以茅草为主,往往远离城镇①。到了唐代,宫观成为道教文化的突出特点。从现有文献资料来看,从唐代开始,历经宋、元、明三代,宫观的修建一直是道教组织机构的头等大事。宫观是"道士修道、祀神和举行宗教仪式的场所,也是其日常生活起居的地方,是道宫和道观的合称"②,后随着道教的发展,宫观逐渐发展为两种不同的类型:子孙庙、十方丛林。这两种类型的宫观都有严密的组织机构和管理体制,如十方丛林的道职设置为:"方丈、监院、都管。监院之下设有八个执事部门,即:客堂、寮房、账房、经堂、大厨房、堂主、号房等。其执事人员有三都、五主、十八头。三都为:都管、都讲、都厨;五主为:堂主、殿主、经主、化主、静主;十八头为:库头、庄头、堂头、钟头、鼓头、门头、茶头、火头、水头、饭头、菜头、仓头、磨头、碾头、园头、圊头、槽头、净头。"③ 当然,道教在不同时代的发展不一样,因而道教的组织机构以及道教设施的设置也会不一样,甚至

---

① 参见卿希泰、唐大潮:《道教史》,南京:江苏人民出版社,2006年,第396页。
② 卿希泰、唐大潮:《道教史》,南京:江苏人民出版社,2006年,第396页。
③ 卿希泰、唐大潮:《道教史》,南京:江苏人民出版社,2006年,第399页。"菜头"是笔者根据道教相关资料所加,疑是该书漏了"菜头"二字。

其名称也不一样。

综上所述,道教"物化"美学思想的结构由深层结构与表层结构构成。深层结构主要由道教"物化"审美心理、道教"物化"审美意识以及道教"物化"美学思想体系构成,而表层结构主要由道教不同道派的教义、规诫、科仪方术、道教经典和道藏、道教文艺、道教组织机构和道教设施构成。这九大层次之间有一定的内在逻辑联系,是一种由内隐到外显,由深层到表层的相互影响、相互制约的结构体系。虽然深层结构和表层结构在审美文化中所占的位置不一样,但二者是相辅相成的,一方面表层结构推动深层结构的发展,而另一方面深层结构又促进表层结构的发展,二者共同推进了道教"物化"美学思想的发展,自然也推进了道教审美文化的发展。

第三节 道教"物化"美学思想的现代审美文化价值

"审美文化价值"这一概念由"审美""文化""价值"三个部分构成,但并非三者的简单相加。如前所述,"审美文化"这一提法在中国距今也不过33年,它始自我国当代美学家叶朗于1988年主编的《现代美学体系》。也就是说,在1988年以前,中国美学界没有"审美文化"这一说法而只有"审美"这一说法。尽管如此,但从大的文化层面上讲,我们不能说中国古代文化、近代文化、现代文化中只有文化而没有审美文化,就像中国近代以前没有美学,但我们不能说中国近代以前就没有美学思想一样。从历时的角度看,中国文化分为古代文化、近代文化、现代文化,而审美文化是文化的一个子系统,有其自身的构成要素。因此,从逻辑上讲,中国审美文化从历时的角度也可分为古代审美文化、近代审美文化、现代审美文化。然而,道教文化是中国古代文化的一部分,而道教"物化"美学思想体现的是道教审美文化。因此,我们对道教"物化"美学思想的研究理应有对现代的观照。正是由于这个原因,下文只探讨道教"物化"美学思想的现代审美文化价值。

一、现代美育思想

道教的宗教性必然会使其审美文化也深深地打上宗教的烙印,因而道教从一开始就把老庄的"道"美转化为神性的"道"美,也就是把"道"美人格化、神圣化,如《老子想尔注》说:"一者道也……一散形为气,聚形为太上老君,常治昆仑,或言虚无,或言自然,或言无名,皆同一耳。"[1] 这里,《老子想尔注》就把"道"美直接神化为"太上老君",而"太上老君"其实指的就是老子,也就是说,《老子想尔注》以老子的形象之美取代了"道"美。在此基础上,道教根据其不同的发展需要分别进一步把"道"称作"一""心""神"等。我们知道,道教"物化"美学思想的本质是"道化",也就是人与"道"实现高度的融合。这样,道教"物化"美学思想突出的"道化"就分别演化为"一化""心化""形化""神化"。在道教看来,要实现"一化""心化""形化""神化",审美主体必须做到"忘"。在"忘"的作用下,"一化"就演变为"一"美;"心化"就演变为"心"美;"形化"就演变为"形"美;"神化"就演变"神"美。当然,这几种美在道教"物化"美学思想中并不是同时出现的,体现了道教在不同阶段的审美文化追求。

---

[1] 饶宗颐:《老子想尔注校证》,上海:上海古籍出版社,1991年,第12页。

从道教"物化"美学思想的整个发展来看，只有"一"美一直是道教"物化"美学思想的主旋律，而"心"美、"形"美、"神"美只体现了道教特定阶段的审美文化特点。在"形"与"神"方面，道教经历了重"形"轻"神"和重"神"轻"形"两大阶段。道教对"形"与"神"的不同态度反映了道教不同阶段的神仙审美文化观。具体说来，在重"形"轻"神"阶段，道教"物化"美学思想所反映的道教神仙审美文化观是对肉体成仙的肯定，因而那个时期"仙"美的审美观以"形"为主；在重"神"轻"形"阶段，道教"物化"美学思想所反映的道教神仙审美文化观是对精神成仙的肯定，因而那个时期"仙"美的审美观是以"神"为主，也就是说，以心灵为主。在"心"美方面，虽然陶弘景很早就提出了"教人修心即修道也，教人修道即修心也"①的主张，但真正把"心"看成"道"是在重玄学及其以后的时期。这也说明从隋唐以后，道教的精神成仙审美文化的主流是心灵美。由此看来，道教"物化"美学思想所反映的道教审美文化是"一"美的审美文化，在这一审美文化中，心灵美是主要的审美形态。从人性论上讲，"只有一条能揭开人类本性秘密的途径，那就是：宗教的途径。宗教向我们揭示了一个有双重特性的人——堕落前的人和堕落后的人"②。所以，道教认为人要去掉各种欲，才能使现实之"我"回归于"道"，从而感悟"道"之美而达到"至美至乐"的境界。可见，道教"物化"美学思想所体现的道教审美观主张人性的回归，亦即回到本真的"我"。

---

① 《上清经秘诀》，《道藏》第32册，北京：文物出版社，上海：上海书店，天津：天津古籍出版社，1988年，第732页。
② ［德］恩斯特·卡西尔：《人论》，甘阳译，上海：上海译文出版社，1985年，第16页。

在当代，审美文化被看成人类文化的审美层面，"或者说是从文化这个大范围来具体对待人类的审美生活，展现人在文化层面上的生存方式"①。可见，在现代商业化的物质社会，审美不再是一种孤立的现象，它融入了现代文化之中，从而使"普通大众的文化生活日益向审美靠拢，艺术与生活的距离在缩短，艺术走向生活，逐渐失去它超越性的一面而成为一种基本的生活方式——形象性享乐和游戏"②。这说明，审美这种纯粹意识现象是普遍客观存在的。但正因普遍存在这种纯粹意识现象，人们在物欲横流的社会中往往会迷失自己，不能形成正确的审美观。例如，在各种诱惑下，一些人的美丑观发生了重大的变化，他们往往以对自己有利为审美判断的主要依据，从而对美作绝对化的分割。在这种情况下，这些人对美的看法往往只停留在形式美和外表美上，完全忽略了内容美和心灵美。再如，随着我国经济的发展，人们创造的审美文化产品也日益增多，从而丰富了人们的物质文化生活。有些人不惜花重金大肆购买名包、名表、名车等各种奢侈品，甚至有的人为了购买奢侈品而贪赃枉法，因而奢侈品逐渐成了那些人所追求的审美情趣。这种高消费的审美情趣在一些人心中扎根，会对当代社会主流审美文化的发展造成不良影响。因此，在当代，在发展审美文化上，我们的主要任务是树立正确的审美观，而正确的审美观非一朝一夕所能形成，它有一个文化沉淀的过程。在这一过程中，我们需要寻求对树立正确审美文化观有利的思想武器。从系统论的角度讲，这种思想武器应是一个由各种不同层次的内容构成的系统，其中宗教审美文化就是这一系统中的子系统。所以，道教"物

---

① 黄凯锋：《审美价值论》，昆明：云南人民出版社，2005年，第185页。
② 黄凯锋：《审美价值论》，昆明：云南人民出版社，2005年，第185页。

化"美学思想所体现的心灵美的审美形态对现代正确审美观的树立有积极的指导作用。

二、现代养生审美思想

从道教1800多年的发展历程来看,道教对生命延续的无限追求,其实与现代文化体系中的"养生"追求有异曲同工之妙。这就是说,如果撇开道教的宗教性质,道教的修道过程其实就是一个养生的过程,这也是道教的独特之处。事实上也确实如此,道教从一开始就把生命看成是最重要的,如早期经典《太平经》说:"天地之性,万二千物,人命最重……"[①] 既然生命这么重要,那如何实现对生命的延续?在《太平经》看来,"故天地之道,据精神自然而行。故凡事大小,皆有精神,巨者有巨精神,小者有小精神,各自保养精神,故能长存。精神减则老,精神亡则死,此自然之分也"[②]。这里,《太平经》认为宇宙任何之事无论大小都有精神,大的有大的精神,小的有小的精神,所以只要保养好精神,都能长存。同时,《太平经》还认为,缺少精神就会变得衰老,而没有了精神就会死亡,这是宇宙自然之规律。在如何保养精神问题上,《太平经》提出了"守一"之法。"守一明之法,长寿之根也"[③],也就是说,长寿之根在于"守一"。从现代医学来看,人体之精神的确是生命体表的象征,这不得不让我们佩服1800多年前的道教古人锐利的眼光。从现有的文献资料来看,《太平经》的"各自保养精神,故能长存"[④] 思想为道教养生思想的发展奠定了基础。

---

① 王明编:《太平经合校》(上),北京:中华书局,2014年第2版,第35页。
② 王明编:《太平经合校》(下),北京:中华书局,2014年第2版,第717页。
③ 王明编:《太平经合校》(上),北京:中华书局,2014年第2版,第16页。
④ 王明编:《太平经合校》(下),北京:中华书局,2014年第2版,第717页。

自此以后，道教在不同的发展时期都有许多道教学者提出自己对养生的看法。例如，东晋著名道教学者葛洪曾说："若夫仙人，以药物养身，以术数延命，使内疾不生，外患不入，虽久视不死，而旧身不改，苟有其道，无以为难也。"① 这里，葛洪指出了仙人用药物保养身体，用数术来延长生命，使体内疾病不生，外患不入，结果虽长生，而旧颜并没有改变。虽然这里葛洪指出的是仙人延续生命之道，但从他写《论仙》的目的和写作手法来看，这其实就是葛洪自己的养生之道。不仅如此，葛洪也主张"守一"，并把"守一"分为"守玄一"和"守真一"，从而使道教养生的"守一"思想更成体系。南北朝时期著名的道教学者陶弘景在继承葛洪的神仙思想的基础上，把修道与养生结合起来，从而为后世道教开辟了一条"修道—养生—成仙"的思维模式。在陶弘景看来，既然人以及人的本性都是"道"产生的，那么人修道的目的就是要回归于"道"，而这一过程也就是养生、养性的过程，如他所引老子的话说："道者混然，是生元气。元气成，然后有太极。太极则天地之父母，道之奥也。故道有大归，是为素真。故非道无以成真，非真无以成道。道不成，其素安可见乎？是以为大归也。见而谓之妙，成而谓之道，用而谓之性。性与道之体，体好至道，道使之然也。"② 同时，陶弘景还说："道性者，不有不无，真性常在，所以通之为道。道者，有而无形，形而有情，变化不测，通于群生，在人之身为神明，所以为心也。所以教人修心即修道也，教人修道即修心

---

① 王明：《抱朴子内篇校释·论仙》（增订本），北京：中华书局，1985年第2版，第14页。
② 《真诰》卷五《甄命授第一》，《道藏》第20册，北京：文物出版社，上海：上海书店，天津：天津古籍出版社，1988年，第516页。

也。"① 这里，陶弘景从他的"道性"论出发，进一步把"修道"与"修心"连接起来，从而为道教"物化"美学思想的"心"范畴打下了理论基础。随着隋唐重玄学派的兴起，道教的养生思想突出地表现在对"真性"的追求上，这方面最著名的代表是成玄英。在成玄英看来，人应追求"真性"，也就是说，人应"复命还源"②，即恢复人的自然之性。为此，成玄英在《庄子·逍遥游疏》《庄子·大宗师疏》《庄子·骈拇疏》《庄子·天地疏》《庄子·天下疏》中提出了"率性怀道""率性任真""率性任情""穷理尽性""率性而动"的命题。从养生的层面讲，这几种命题其实就是实现成玄英"真性复归"养生方式的途径。当然，成玄英的这种养生思想与当时道教思想的发展是分不开的。总体来说，隋唐时期的道教注重把"心性"作为养生思想的理论基础，如王玄览说："常以心道为能境，身为所能。能所互用，法界圆成；能所各息，而真体常寂。"③ 又说："心解脱即无心，无心则无知。"④ 从这可以看出，王玄览的养生思想重在"心"，但"能所""法界"都是佛教用语，这说明王玄览从佛教中吸取养分来论证自己的"无心"养生思想。同时，这也是儒、释、道相融合的体现，亦即"三教融合"的体现。从道教养生思想的发展历程来看，"三教融合"思想的出现应始于隋唐五代，北宋时期道教养生思想中出现的"三教合一"的思想，最

---

① 《上清经秘诀》，《道藏》第32册，北京：文物出版社，上海：上海书店，天津：天津古籍出版社，1988年，第732页。
② [晋]郭象注，[唐]成玄英疏：《南华真经注疏》（上），曹础基、黄兰发点校，北京：中华书局，1998年，第27页。
③ 《玄珠录》卷上，《道藏》第23册，北京：文物出版社，上海：上海书店，天津：天津古籍出版社，1988年，第621页。
④ 《玄珠录》卷下，《道藏》第23册，北京：文物出版社，上海：上海书店，天津：天津古籍出版社，1988年，第630页。

初是由张伯端从内丹修炼的角度提出,自此以后,道教养生思想中的"三教合一"思想一直受到宋、元、明初无数道教学者的青睐,如南宗五祖白玉蟾说:"夫修炼金丹之旨,采药物于不动之中,行火候于无为之内,以神气之所沐浴,以形神之所配匹,然后知心中自有无限药材,身中自有无限火符,如是而悟之谓丹,如是而修之谓道,凿石以求玉,淘沙以取金,炼形以养神,明心以合道,皆一意也。所谓铅中取水银,砂中取汞之旨也,依而行之,夫欢妇合。以此理而质之儒书则一也;以此理而质之佛典则一也,所以天下无二道也。"① 后随着道教世俗化的发展,道教的"心性"养生思想也走向世俗化的发展方向。

我们知道,现代社会使现代人面临各种机遇与挑战,在物质生活得以满足的同时,精神生活和身体健康问题日益成为现代人亟待解决的问题。在这种情况下,现代审美文化中逐渐融入了养生的元素,从而形成了现代养生文化。从广义上讲,现代养生包括人对自己身体的保养、道德的提升以及与生存环境的关系等,而狭义的养生则指的是人对自身身体的保养和道德的提升。因在现代文化中,人与环境的关系已纳入现代生态学的研究范畴,故本书这里的养生审美文化指的是狭义的养生。从这个角度讲,现代养生审美文化侧重的是审美文化的主体性,而道教"物化"美学思想突出的是主体的"物化",亦即审美文化的主体性。同时,道教"物化"美学思想中的"一"美、"心"美、"形"美、"神"美还具有现代的美学意蕴。具体而言,"一"美可指现代的"表里如一",亦即"德"之美;"心"美可指现代的"心灵"之美;"形"美可指现代的"形体"之美;"神"美可

---

① 《修真十书杂著指玄篇》卷六《谢张紫阳书》,《道藏》第4册,北京:文物出版社,上海:上海书店,天津:天津古籍出版社,1988年,第625页。

指现代的"气质"之美。值得一提的是，在道教"物化"美学思想中，"一"美指的是人与"道"的高度融合，也就是人向本源——"道"的复归，而在道教看来，"道"美是最高之美。因此，道教认为修道要感悟"道"之大美，就应"复归于婴儿""复归于朴"①。可见，"一"美最终体现的是"婴儿"之美、"朴"之美。从社会学的角度讲，"婴儿"之美以及"朴"之美在现代审美文化中体现的就是"表里如一"，亦即"德"之美。此外，"神"美本身的范围要比"气质"之美广，因"心"美这里指"心灵"美，故"神"美指现代的"气质"之美。所以，从文化的传承来看，道教"物化"美学思想能够促进现代养生审美文化的发展。

三、现代生态审美思想

道教是具有中国民族特色的本土性宗教，虽然其思想来源是多方面的，但道教主要吸收的是道家思想。因此，道家文化与道教文化之间的关系是源流关系。从中国整个文化构成来讲，道家文化是中国文化的一个分支，它突出了人与自然的和谐统一，如道家创始人老子所说："故道大，天大，地大，人亦大。域中有四大，而人居其一焉。人法地，地法天，天法道，道法自然。"②这里，老子指出了人只是"域中四大"之一，所以人要遵循自然的法则与"道""天""地"和谐相处。从生态美学的角度看，这应是老子"道法自然"的生态美学思想。老子的这一思想被庄子继承并加以拓展，如他所说："天地有大美而不言，四时有明法而不议，万物有成理而不说。圣人者，原天地之美而达万物

---

① 《道教三经合璧》，慕容真点校，杭州：浙江古籍出版社，1991年，第19页。
② 陈鼓应：《老子注译及评介》，北京：中华书局，2009年第2版，第159页。

之理,是故至人无为,大圣不作,观于天地之谓也。"① 这里,庄子指出了宇宙万物都有自己的运行规律,所以"至人无为""大圣不作"就能感悟无法用言语表达的天地之大美。在庄子看来,天、地、人是同时由"道"产生的,亦即"天地与我并生,而万物与我为一"②,因而宇宙万物与人具有同源性。基于此,庄子希望人与物和谐相处,从而实现"庄周梦蝶"的"物我同一"的最高境界,亦即"物化"。从这可以看出,老庄的生态美学思想其实是老庄"物化"美学思想的体现。如本书第一章所述,老庄"物化"美学思想是道教"物化"美学思想的主要理论来源,而老庄生态美学思想又是老庄"物化"美学思想的体现。因此,道教"物化"美学思想自然也含有老庄生态美学思想,如《太平经》说:"夫道何等也?万物之元首,不可得名者。六极之中,无道不能变化。元气行道,以生万物,天地大小,无不由道而生者也。故元气无形,以制有形,以舒元气,不缘道而生。自然者,乃万物之自然也。"③ 这里,《太平经》认为宇宙天地万物都是由"道"产生的,故人与物要遵循自然之法则。这实际上指出了道教的生态思想——遵循"万物之自然",这其实就是老子的"道法自然"以及庄子的"万物与我为一"生态美学思想的延续。

到了东晋葛洪时代,道教遵循"万物之自然"的生态美学思想得到进一步的发展,如葛洪说:"仙法欲静寂无为,忘其形骸,而人君撞千石之钟,伐雷霆之鼓,砰磕嘈杂,惊魂荡心,百

---

① 陈鼓应注译:《庄子今注今译》(中),北京:中华书局,2009年第2版,第601页。
② 陈鼓应注译:《庄子今注今译》(上),北京:中华书局,2009年第2版,第80页。
③ 王明编:《太平经合校》(上),北京:中华书局,2014年第2版,第16页。

技万变,丧精塞耳……仙法欲令爱逮蚑蠕,不害含气,而人君有赫斯之怒,芟夷之诛,黄钺一挥,齐斧暂授,则伏尸千里,流血滂沱……仙法欲止绝臭腥,休粮清肠,而人君烹肥宰腯,屠割群生,八珍百和,方丈于前……仙法欲溥爱八荒,视人如己,而人君兼弱攻昧,取乱推亡,辟地拓疆,泯人社稷,驱合生人,投之死地……"① 这里,葛洪对神仙的法术要求与人君的要求做了一个对比,旨在阐述神仙世界与现实人间世界的差异。通过对比,葛洪借神仙世界的生态美学思想流露出自己对道教生态的看法。在葛洪看来,人首先应虚静无欲,顺应自然的发展,与自然界的其他动物如鸟、鱼、野兽等和谐相处;其次要珍爱生命,禁止杀戮;最后要博爱,与他人和谐相处,不要践踏生命、肆意掠夺他人城池。从这可以看出,葛洪的生态美学思想包括两大层次:人与自然、人与人。这两大层次含有四个方面的内容:"寂静无为""爱逮蚑蠕""止绝臭腥""溥爱八荒"。从这可以看出,葛洪的生态美学思想的主要贡献是在继承老庄生态美学思想的基础上,为道教生态美学思想披上一件宗教的外衣——"神仙"生态美学思想,从而把现实世界融入神仙世界,为广大修道者描绘了一个美好的生存世界。基于此,葛洪提出了"一"美的物化美学思想,并认为通过"守玄一"和"守真一"可以修道成仙,从而融入神仙世界之中。就这样,葛洪有机地把修道与生态问题紧密地连接在一起,从而为道教生态美学思想打下了理论基础。

  南北朝时期著名的道教学者陶弘景在继承葛洪生态美学思想的基础上,提出了"游心虚静,息虑无为"② 的生态美学思想。

---

① 王明:《抱朴子内篇校释·论仙》(增订本),北京:中华书局,1985年第2版,第17—18页。
② 《养性延命录·序》,《道藏》第18册,北京:文物出版社,上海:上海书店,天津:天津古籍出版社,1988年,第474页。

在陶弘景看来,"山川之美,古来共谈。高峰入云,清流见底,两岸石壁,立色交晖。青林翠竹,四时俱备。晓雾将歇,猿鸟乱鸣;夕阳欲颓,沉鳞竞跃。实是欲界之仙都。自康乐以来,未复有能与其奇者"①。这段话的意思是:自古以来,山河之美一直是人们谈论的共同话题。山峰高耸入云,溪流清澈见底。两岸石壁色彩斑斓,交相辉映。一年四季,树木青葱,竹叶翠绿。晨雾消散之际,猿声、鸟鸣此起彼伏。夕阳西下,水中鱼儿争相跳跃。这真是人间仙境。自谢灵运以来,再也没有人能欣赏到它的美。从生态美学的角度讲,陶弘景其实在这里指出的是山川之美,美在和谐,美在自然。这表明陶弘景的生态美学思想是追求自然和谐之美。这一方面说明了老子的生态美学思想——"道法自然"对陶弘景生态美学思想的影响,另一方面又表明了陶弘景本身的审美情趣——"山林之回归"。在陶弘景看来,"道性者,不有不无,真性常在,所以通之为道。道者,有而无形,形而有情,变化不测,通于群生,在人之身为神明,所以为心也。所以教人修心即修道也,教人修道即修心也"②。这里,陶弘景指出了"道性"存在于"心"中,所以"修心"和"修道"的关系就是"修心即修道""修道即修心"。可见,"修心"应是陶弘景生态美学思想的基础。在他看来,所谓的"修心"其实就是要"游心虚静,息虑无为"③。从审美心理来看,陶弘景的"游心虚静"正是获得美的观照的"物化"审美心理。同时,陶弘景还认为要"游心虚静",就需"息虑无为"。从生态美学上讲,"息

---

① 《华阳陶隐居集》卷下《答谢中书书》,《道藏》第23册,北京:文物出版社,上海:上海书店,天津:天津古籍出版社,1988年,第652页。
② 《上清经秘诀》,《道藏》第32册,北京:文物出版社,上海:上海书店,天津:天津古籍出版社,1988年,第732页。
③ 《养性延命录·序》,《道藏》第18册,北京:文物出版社,上海:上海书店,天津:天津古籍出版社,1988年,第474页。

虑无为"突出了与自然和谐相处的思想。

自陶弘景之后,随着道教美学思想的发展,重玄学派著名代表人物成玄英提出了"物我兼忘"的"物化"美学思想。如第三章所述,成玄英的"物我兼忘"突出的是"物"与"我"的高度融合。从生态美学上讲,这种融合就是领会自然之道。在成玄英看来,"夫圣主神人,物我平等,必不多贪滋味而自与焉"①,所以"是知物我兼忘,故能冥会自然之道也"②。此外,成玄英又说:"知既造极,观中皆空,故能用诸有法,未曾有一物者也,可谓精微至极,穷理尽性,虚妙之甚,不复可加矣。"③这里,成玄英指出了"物我兼忘"所体现的"虚妙"之境。从这可以看出,成玄英的"物我兼忘"的"物化"美学思想体现的是人与自然融为一体的生态美学思想。成玄英的这一生态美学思想对后世道教的生态美学思想产生了重大的影响。在其后众多受其影响的道教生态美学思想中,北宋著名道教学者陈景元的"万物皆我"的生态美学思想最为突出。在陈景元看来,"天地之有风,犹人身之有元气,是为无作,犹人坐忘时也;万窍怒号,犹人应用时也。惟其窍穴有异,所以声籁万殊,盖亦出于自然耳"④。这里,陈景元把天地间的风比作人身上的"元气",把风的"无作"比作人进行审美观照时的"坐忘"。不仅如此,陈景元还认为"动植道同,则天地之间不二也"⑤,因而"至人无

---

① 《南华真经注疏》卷二十六,《道藏》第16册,北京:文物出版社,上海:上海书店,天津:天津古籍出版社,1988年,第575页。
② 《南华真经注疏》卷十四,《道藏》第16册,北京:文物出版社,上海:上海书店,天津:天津古籍出版社,1988年,第434页。
③ 《南华真经注疏》卷二十五,《道藏》第16册,北京:文物出版社,上海:上海书店,天津:天津古籍出版社,1988年,第568页。
④ 蒙文通:《道书辑校十种》,成都:巴蜀书社,2001年,第892页。
⑤ 蒙文通:《道书辑校十种》,成都:巴蜀书社,2001年,第921页。

己,万物皆我,动而无心,静而能照,感而遂通,无常情也"①。这里,陈景元从动植物的同源性出发,提出了"万物皆我"的"物化"美学思想。从其思想内容来看,陈景元主张在"道"美下,人与天地万物之间的美是互通互感的。换句话说,"物"与"我"都成了审美对象,其界限得以泯灭,一方面使"我"得以"物化",而另一方面又使"物"得以"人化"。从生态美学的角度讲,陈景元的这一"物化"美学思想体现了人与自然和谐统一的生态美学思想。自陈景元之后,道教的生态思想得以高度发展,这不能不说与陈景元的思想影响有关。从严格意义上讲,"唐、宋以后,道教对天然山水之美似乎更为看重,修道(如炼内、外丹)与山明水秀的环境的联系似乎也越来越紧密了"②,也就是说,道教越来越看重修道的生态环境,把修道与自然审美融合起来,如南宋道教内丹派南宗的创始人白玉蟾就提出了"心心虚寂"的"物化"美学思想,并在此基础上创造性地提出了"无心于山,无山于心"③的自然审美思想,从而把道教的生态美学思想推向一个新的台阶——生态环境的"心化"。如果说白玉蟾以前的道教生态美学思想突出的是生态美学的客观性,那么白玉蟾的"无心于山,无山于心"则突出的是生态美的主观性。当然,从严格意义上讲,强调生态美的主观性并非始自白玉蟾,北宋的陈景元的"万物皆我"突出的也是生态美的主观性,但白玉蟾从文字上直接表达出来了,这反映了当时道教修炼与审美的文化特点。从思想文化的传承来看,白玉蟾的这一"心化"

---

① 蒙文通:《道书辑校十种》,成都:巴蜀书社,2001年,第1170页。
② 潘显一、李裴、申喜萍等:《道教美学思想史研究》,北京:商务印书馆,2010年,第435页。
③ 《海琼问道集·海琼君隐山文》,《道藏》第33册,北京:文物出版社,上海:上海书店,天津:天津古籍出版社,1988年,第144页。

生态美学思想对后世的道教生态美学思想产生了重大的影响，这一影响的重大体现就是陆西星"人与天一"[1]的生态美学思想。在陆西星看来，"人"与"物"本无异，都源于"道"，因而"人"与"天"是同一的，不分彼此的，如他所说："大道本无物我，世人不知，妄有分别，同我则誉，异我则訾。"[2] 可见，陆西星的"人与天一"思想是对中国传统的"天人合一"思想的继承，同时又是对道教生态美学思想的高度理论概括。

从上可以看出，道教"物化"美学思想中含有道教的生态美学思想，这主要是由道教"物化"的属性决定的。通过前面四章的叙述，我们知道，道教"物化"的本质特性是"道化"。从审美的角度看就是主体的对象化和对象的主体化的统一，以及物化和人化的统一，同时道教从葛洪开始就把修道与生态结合起来，因此，"物化"这种审美现象自然就会涉及生态问题。从道教生态美学思想的发展来看，道教"物化"美学思想所含的生态美学思想的主要内容是禁欲、关爱生命、与自然和谐相处，其最高境界是"人与天一"[3]。我们知道，现代科学将自然世界祛魅为没有内在价值的"物"，而自然事物也就成了人的处理对象，也就是说，物并不具有主体性。"在现代人的观念中，主体性一词之所以不再适用于人类以外的其他事物，是因为现代文明将主体性限定在了意识、思维特别是理性思维的层面，缺乏理性思维能力的自然事物自然就被排除到了主体性之外。"[4] 正因物的主体性的丧失，现代人的生存环境遭到了破坏，而经济利益的发展是以生态环境的破坏为代价。因此，在现代科技高速发展的

---

[1] 《南华真经副墨》，《藏外道书》第2册，成都：巴蜀书社，1992年，第181页。
[2] 《南华真经副墨》，《藏外道书》第2册，成都：巴蜀书社，1992年，第174页。
[3] 《南华真经副墨》，《藏外道书》第2册，成都：巴蜀书社，1992年，第181页。
[4] 王茜：《现象学生态美学与生态批评》，北京：人民出版社，2014年，第69页。

今天,"与自然和谐共处"是时代的主旋律,而道教"物化"美学思想所蕴含的生态审美思想则突出了"物"的主体性,认为"物"与"人"都具有同等的主体性。所以,从理论上讲,道教"物化"美学思想所蕴含的生态审美思想对我们现代生态审美文化的发展有一定的借鉴作用。

四、现代文艺审美思想

"宗教的本质因素是对于超自然、超人间力量的神灵(或神圣物)的信仰和崇拜。"① 因此,道教的本质因素就是对超自然、超人间力量的"道"的信仰和诸神灵的崇拜。大量的史料表明,道教从建立之初就与文学和艺术结下了不解之缘,并在其后的发展中形成了独具特色的道教文学和道教艺术,简称"道教文艺"。所谓"道教文学",其实"就是诸多宗教文学中的一类,它是以道教活动为题材的,其形象的塑造和意境的创造都是以道教活动为本原的"②。从体裁上看,道教文学主要包括散文、诗歌、戏剧、小说。所谓"道教艺术",就是以反映道教教义为主题、围绕道教活动而展开的艺术形式,主要包括道教书法、道教音乐、道教舞蹈、道教绘画、道教雕塑、道教建筑等。

从早期的文学形式——散文(《太平经》)一直到道教的宫观建筑艺术,道教文艺美学思想的发展深受道教"物化"美学思想的影响,也就是说,道教"物化"美学思想中含有一定的道教文艺美学思想,其根源在于,道教的"物化"是"物我兼忘"的艺术境界。在第一章中,本书讨论了道教"物化"美学思想的主要来源——老庄"物化"美学思想,并指出庄子的

---

① 吕大吉:《宗教学通论新编》(下),北京:中国社会科学出版社,1998年,第689页。
② 詹石窗:《道教文学史》,上海:上海文艺出版社,1992年,第3页。

"指与物化"是"物化"的最高艺术境界。庄子的这一思想被道教直接继承,并在道教的不同发展时期有不同的体现。从本质上讲,庄子的"指与物化"强调的是"忘",也就是说,审美主体要"忘我"和"忘物"。从艺术审美的角度看,庄子的"指与物化"突出的是审美创造。虽然道教文艺美学思想可追溯至《太平经》,但真正能体现庄子"指与物化"的"物化"美学思想的是南北朝时期陶弘景提出的"心随意运,手与笔会"① 的"物化"书法美学思想。在陶弘景看来,"所奉三纸,伏循字迹,大觉劲密,窃恐既以言发意,意则应言,而心随意运,手与笔会,故益得楷称"②。这里,陶弘景认为在书法写作中,书写者需要做到手与笔高度一致,且手要随书写者的胸中之意而动。从审美层面讲,陶弘景的"心随意运,手与笔会"③ 就是要求审美主体忘却"笔"的物质存在形态,心神处于极度自由的"游"的审美创造状态。虽然陶弘景谈的是书法问题,但他的这一思想在文学创作中也是可用的,因为文学创作需要想象,需要创作者心神的高度自由,而"想象力作为天才表现的主要心理机能,在审美创造中,由情感推动,借助理性的规范,自由制作一种意象"④。事实上,陶弘景的这一审美创造思想对后世道教文艺美学思想产生了重大影响,为后世道教的文艺审美文化奠定了思想基础。

随着道教重玄学派的发展,唐初著名重玄学派代表人物成玄

---

① 《华阳陶隐居集》卷上《又上梁武帝论书启》,《道藏》第23册,北京:文物出版社,上海:上海书店,天津:天津古籍出版社,1988年,第646页。
② 《华阳陶隐居集》卷上《又上梁武帝论书启》,《道藏》第23册,北京:文物出版社,上海:上海书店,天津:天津古籍出版社,1988年,第646页。
③ 《华阳陶隐居集》卷上《又上梁武帝论书启》,《道藏》第23册,北京:文物出版社,上海:上海书店,天津:天津古籍出版社,1988年,第646页。
④ 杨恩寰主编:《美学引论》,北京:人民出版社,2005年,第299页。

英提出了"物我兼忘"的"物化"美学思想。对于成玄英"物我兼忘"的论述,本书已有多处涉及,故在此不再重述。从道教文艺美学的角度看,这一思想应是道教文艺美学思想的高度概括,它不仅适用于文学创作,也适用于艺术创作,所以它应是道教文艺美学思想的集中概括,突出了创作主体与客体的高度融合,体现了道教追求"道"美的艺术精神。自成玄英之后,唐末五代的谭峭提出了"忘手笔,然后知书之道"①的"物化"文艺美学思想。在谭峭看来,"道之委也,虚化神,神化气,气化形,形生而万物所以塞也。道之用也,形化气,气化神,神化虚,虚明而万物所以通也。是以古圣人穷通塞之端,得造化之源,忘形以养气,忘气以养神,忘神以养虚。虚实相通,是谓大同"②。这里,谭峭认为"忘"可以"得造化之源",也就是说,获得"造化之源"——"道"美的关键在于"忘":"忘形""忘气""忘神"。从艺术审美来讲,谭峭的这三"忘"其实就是创作主体和使用的艺术工具之间的高度融合,因而艺术的生命是创作者赋予的,而创作者要借助一定的物质手段才能展现艺术之魂。在谭峭看来,"见山思静,见水思动,见云思变,见石思贞,人之常也"③。所以,他说:"心不疑乎手,手不疑乎笔,忘手笔,然后知书之道。"④也就是说,创作者(书写者)要达到一种手和笔皆"忘"的"物化"状态,才能懂得书法之真谛。不

---

① [五代] 谭峭:《化书》卷四《仁化·书道》,丁祯彦、李似珍点校,北京:中华书局,1996年,第46页。
② [五代] 谭峭:《化书》卷一《道化》,丁祯彦、李似珍点校,北京:中华书局,1996年,第1页。
③ [五代] 谭峭:《化书》卷四《仁化·书道》,丁祯彦、李似珍点校,北京:中华书局,1996年,第46页。
④ [五代] 谭峭:《化书》卷四《仁化·书道》,丁祯彦、李似珍点校,北京:中华书局,1996年,第46页。

仅如此，谭峭在他的"忘"的基础上，还提出了音乐审美创造的艺术理论，亦即"忘弦匏然后知乐之道"①，因为"其道也在忘其形而求其情"②。从道教艺术理论的发展来看，谭峭的这一思想直接被北宋的苏轼和南宋的白玉蟾所继承。在思想内容的表达上，苏轼和白玉蟾都有与谭峭"忘手笔，然后知书之道"相似的表达。例如，苏轼说："以吾之所知，推至其所不知，婴儿生而导之言，稍长而教之书，口必至于忘声而后能言，手必至于忘笔而后能书，此吾之所知也。口不能忘声，则语言难于属文，手不能忘笔，则字画难于刻雕。及其相忘之至也，则形容心术，酬酢万物之变，忽然而不自知也。自不能者而观之，其神智妙达，不既超然与如来同乎！故《金刚经》曰：一切贤圣，皆以无为法，而有差别。以是为技，则技疑神，以是为道，则道疑圣。古之人与人皆学，而独至于是，其必有道矣。"③这里，苏轼从教婴儿说话提出"忘笔而后能书"的道教文艺审美思想，但从后面的结论来看，苏轼的这一思想还受到了佛教的影响。再如，南宋时期，白玉蟾提出了"忘手笔，然后知书之道"的观点。白玉蟾曾说："射似虎者，见虎而不见石；斩暴蛟者，而不见水。当是时，目视者有所不见，耳听者有所不闻。此盖以神用形之道也。心不疑乎手，手不疑乎笔，忘手笔，然后知书之道。"④从这里可以看出，白玉蟾完全继承了谭峭的"忘手笔，

---

① ［五代］谭峭：《化书》卷三《德化·聪明》，丁祯彦、李似珍点校，北京：中华书局，1996年，第32页。
② ［五代］谭峭：《化书》卷二《术化·琥珀》，丁祯彦、李似珍点校，北京：中华书局，1996年，第29页。
③ ［北宋］苏轼：《苏轼文集》（第二册），孔凡礼点校，北京：中华书局，1986年，第390页。
④ 《海琼白真人语录》卷二《鹤林法语》，《道藏》第33册，北京：文物出版社，上海：上海书店，天津：天津古籍出版社，1988年，第124页。

然后知书之道"思想,这说明谭峭的道教文艺审美思想对道教文艺审美思想的影响是巨大的。事实上,自白玉蟾之后,道教的文艺审美思想一直沿着这条"忘"的路线发展,如宋末郑思肖的"无琴之琴"① 音乐"物化"审美思想以及元代黄公望的"画不过意思而已"② 都是其影响下的产物。

从道教"物化"美学思想的范畴体系来讲,上述道教文艺审美思想只是道教"物化"美学思想范畴中"忘"的具体体现。事实上,道教"物化"美学思想中还有"一""心""形""神""化"范畴,因而这些范畴应有相应的文艺审美思想。当然,在第三章中,本书对这几个范畴一一做了较为详尽的论述,这里就不再重复。从第三章的论述中,我们至少懂得,道教"物化"美学思想中的道教文艺审美思想在继承中国传统的文艺审美思想基础上有自己的发展,形成了自成体系的有关"一""心""忘""形""神""化"的文艺审美思想。从中国文艺审美思想的发展来看,道教"物化"美学思想中的文艺审美思想与中国古代美学范畴中的"形神""意境""气韵生动"等都有紧密的关系,而现代文艺审美思想是在继承传统的文艺审美思想的基础上发展而来的,因而从文化传承的角度讲,道教"物化"美学思想中的文艺审美思想完全可以推动现代文艺审美文化的发展。

---

① [宋]郑思肖:《郑思肖集·无弦处士说》,陈福康校点,上海:上海古籍出版社,1991年,第241页。
② [元]饶自然、[元]黄公望:《绘宗十二忌·写山水诀》,邓以蛰点注译,马采标点注译,北京:人民美术出版社,1959年,第6页。

小　结

众所周知，道家文化是中国文化的构成要素之一，对中国文化的发展做出了巨大贡献，这一点有无数文化实例可证明，而道教文化就是其中之一。从渊源上看，道家文化应是道教文化的主要来源，主要表现在"道"的继承和发展上。这里的"继承"主要指的是道教以老庄的"道"为其思想的理论核心；这里的"发展"主要指的是道教把老庄的"道"人格化、神圣化，也就是说，道教给老庄的"道"披上了一件宗教的外衣，从而使道教文化具有独特的文化特性。从审美文化层面来看，道教的审美文化是道教文化的一个子系统，有其自己的构成要素，而道教"物化"美学思想就是其中的要素之一。

如第一章所述，道教"物化"美学思想是以老庄的"物化"美学思想，尤其是庄子的"物化"美学思想为其主要理论来源，因而道教"物化"美学思想的发展同道教美学思想的发展应是同步的，但道教"物化"美学思想有其独特的审美文化结构。审美文化虽是中国美学比较新的一种提法，至今也不过33年，但既然审美文化已得到学界的认可，我们当然就可以从逻辑上把中国古典的美学思想从审美文化的角度重新审视。这也是本章分析道教"物化"美学思想的审美文化结构的原因之一。如本章所述，审美文化是文化的审美层面，具有审美的属性和文化的属性，是一种特殊的人类文化现象。我们知道，"文化"这一概念极为复杂，至今虽有500多种有关文化的定义，但比较有影响的却为数不多，其中文化人类学的奠基者英国学者泰勒和文化人类学的开创者英国学者马林诺夫斯基对文化的定义最为权威，在学界被不同学者广为引用。通过对比，我们不难看出，泰勒的"文化"定义是狭义的,而马林诺夫斯基的"文化"定义是广义的,但这二者并没有优劣之分。在现代文化中,"文化"的内涵和外延都发生了较大的变化,因而本章在马林诺夫斯基广义的"文化"概念基础上,采用了结构主义的分类法对道教"物化"美学思想的审美文化结构进行了分类。具体而言,道教"物化"美学思想的审美文化结构可分为深层结构和表层结构。深层结构主要包括道教"物化"审美心理、道教"物化"审美意识以及道教"物化"美学思想体系;表层结构主要包括与"物化"意识形态相适应的道教不同道派的教义、规诫、科仪方术、道教经典和道藏、道教文艺、道教组织机构和道教设施。从系统论的角度讲,道教"物化"美学思想的深层结构和表层结构共处于一个统一的系统中,二者相互依存、相互作用,共同促进道教"物化"美学思想中的道教审美文化的发展,从而使道教"物化"美学思想具有多层面的现代审美文化价值。

在道教看来,宇宙万物都是"道"化生的,而人在所有生命之中是最有灵性的。因此,人与人、人与社会、人与物、物与物彼此之间存在紧密的关系。从这个角度来说,道教文化揭示的是"道"的世界,所以道教的"物化"美学思想体现的是"道"的境界,具体表现在两个方面:"生道合一"的得道境界、"物我兼忘"的艺术境界。在道教文化1800多年的发展中,围绕这两种境界形成了独具特色的道教"物化"美学思想范畴体系:"一""心""忘""形""神""化",这一系列的范畴体系又形成了独具一格的道教审美文化。中国文化从时间上可分为古代文化、近代文化、现代文化,而道教文化应是中国古代文化的一部分。因此,我们对道教"物化"美学思想的研究应着眼于现代审美文化价值,这才能达到我们研究的目的。如前所述,道教"物化"美学思想主要蕴含了现代美育思想、现代养生审美思想、现代生态审美思想、现代文艺审美思想四个方面。首先，道教"物化"美学思想的六大范畴体系揭示的是道教对人性的回归，亦即"质朴"之美。从审美形态上讲，道教"物化"美学思想体现的是"心灵"美。这无疑对现代物欲横流社会的人们树立正确的审美观有积极的指导作用，能促进现代审美文化沿着健康的轨道发展。其次，道教"物化"美学思想中的"物化"是一种得"道"的境界，故从养生的角度看，这种得"道"的境界也是道教养生的最高境界。当然，这里的养生主要指的是人对自己身体的保养和道德的提升。在道教看来，人可以通过修道来达到养生的目的——长生不死，亦即成为"神仙"。从道教"物化"美学思想的六大范畴体系所涉及的内容来看，道教"物化"美学思想蕴含了丰富的养生审美思想，其中许多有关"一""心""忘""形""神""化"的养生审美思想对现代养生仍有一定的借鉴意义，同时道教"物化"美学思想中的"一""心""形""神"还有现代美学意蕴。因此，道教"物化"美学思想可以促进现代养生审美文化的发展。第三，道教"物化"美学思想体现的是人与"道"的对立统一，故修道需要一定的修道环境，因而道教"物化"美学思想自然就包含道教生态审美思想。从根源上讲，道教的生态思想继承了中国传统的"天人合一"审美思想，突出了人与自然的和谐。我们知道，"生态审美观是20世纪70年代以后出现的一种崭新形态的审美观念，是在资本主义极度膨胀导致人与自然矛盾极其尖锐的形势下人类反思历史的成果"①。因此，道教"物化"美学思想所蕴含的生态审美思想可以增强现代人的生态审美意识，从而对现代生态审美文

---

① 曾繁仁、谭好哲主编：《生态美学的理论建构》，北京：人民出版社，2016年，第32页。

化的发展有一定借鉴作用。最后,道教"物化"美学思想的六大范畴体系中含有道教文艺审美思想。如第一章所述,庄子的"指与物化"是"物化"的最高境界,庄子的这一思想直接被道教继承,并逐渐形成了道教"忘手笔"的文艺审美思想。陶弘景是道教文艺审美思想的奠基者,其"心随意运,手与笔会"①开启了道教文艺审美的新篇章。继陶弘景之后,谭峭、苏轼以及白玉蟾一直遵循这条"忘"的"物化"文艺审美路线,对后世道教文艺审美思想产生了重大的影响,如宋末郑思肖的"无琴之琴"② 音乐"物化"审美思想以及元代黄公望的"画不过意思而已"③ 都是在其影响下的产物。此外,"忘"只是道教"物化"美学思想的六大范畴之一,其他的"一""心""形""神""化"范畴也涉及道教文艺审美思想,如道教宫观建筑的"天人合一"审美思想就是"一"范畴在建筑艺术上的体现;全真教第六代嗣教尹志平(1169—1251)的"刻出从来无相身"④ 就是"形"和"神"范畴在道教雕塑艺术上的体现;苏轼的"身与竹化"⑤ 就是"化"范畴在绘画艺术上的体现;如此等等。

总之,道教"物化"美学思想是道教审美文化的体现,其蕴含的现代美育思想、现代养生审美思想、现代生态审美思想、现代文艺审美思想对现代审美文化的发展有着积极的意义,不仅

---

① 《华阳陶隐居集》卷上《又上梁武帝论书启》,《道藏》第23册,北京:文物出版社,上海:上海书店,天津:天津古籍出版社,1988年,第646页。
② [宋]郑思肖:《郑思肖集·无玄处士说》,陈福康校点,上海:上海古籍出版社,1991年,第241页。
③ [元]饶自然、[元]黄公望:《绘宗十二忌·写山水诀》,邓以蛰标点注译,马采标点注译,北京:人民美术出版社,1959年,第6页。
④ 《葆光集》卷上《道人刘志希献雕木七真小像》,《道藏》第25册,北京:文物出版社,上海:上海书店,天津:天津古籍出版社,1988年,第513页。
⑤ [北宋]苏轼:《苏轼诗集合注》(四),[清]冯应榴辑注,黄任轲、朱怀春校点,上海:上海古籍出版社,2001年,第1433页。

有助于现代人树立正确的审美观，而且还会促进现代养生审美文化的发展；不仅对现代生态审美文化的发展有一定的借鉴意义，而且还会推动现代文艺审美文化的发展。

第五章 道教「物化」美学思想的现代审美文化价值

结　语

"美学"成为学科的名称是中国近代的事，它是中国比较年轻的一门学科。从学科属性上讲，道教美学应是中国美学的一个分支，是中国美学下的分支学科中较年轻的子学科，从由道教原典出发系统研究道教美学的《大美不言——道教美学思想范畴论》算起，距今也不过短短的24年。因此，从一定程度上讲，本书认为我国道教美学思想研究处于起步阶段，还有很多空白需要我们去填补，本书应是对这方面一个大胆的尝试。从现有的道教美学思想研究的情况来看，除了《大美不言——道教美学思想范畴论》和《道教美学思想史研究》简单地直接提到过道教"物化"美学思想外，目前学界还没有人对此问题做过详尽的研究，甚至简单的研究也没有，这在无形之中就衬托出本课题研究的独创性、新颖性、挑战性等。从本课题的题目来看，它至少涉及"道教""物化""美学""思想"四个大的方面。从词语的组成来看，"道教""物化""美学""思想"可以构成"道教思想""道教美学思想""'物化'思想""'物化'美学思想""美学思想""道教'物化'美学思想"等。通过这样的分析，我们就可看出，道教"物化"美学思想与道教美学思想、道教思想之间是一种从属关系。具体而言，道教美学思想是道教思想的一部分，而道教"物化"美学思想是道教美学思想的一部分。因此，从总体上讲，道教"物化"美学思想是道教思想的一部分。有了这种认识，我们对道教"物化"美学思想的研究就会有明确的方向。尽管"审美文化"这一提法是中国美学界比较新的一种提法，在中国学界最早见于叶朗1988年出版的《现代美学体系》，距今也不过33年，但既然得到学界的认可，就有其存在的依据，故我们在对道教"物化"美学思想做传统思想梳理的同时，把着眼点转向现代审美文化价值，从而突出了本课题的现代学术价值。

从理论来源上讲，老庄"物化"美学思想是道教"物化"美学思想的主要理论来源。事实上，"物化"这一概念的真正提出者是庄子，老子并未直接提出这一概念。严格地讲，老子思想中只有"物化"思想的萌芽，但庄子是老子思想的最大继承者，所以本书合用"老庄'物化'美学思想"。在庄子看来，"物化"是一种生存境界，这种境界下，精神完全自由，如"庄周梦蝶"故事中的"庄周"像"胡蝶"一样自由飞翔。同时，"物化"还是一种"指与物化"的艺术境界，这种境界下，审美主体和审美客体融合为一体。从庄子的整个思想来看，庄子"物化"的生存境界和艺术境界都强调"忘"，如"庄周梦蝶"故事中的"不知周之梦为胡蝶与，胡蝶之梦为周与？周与胡蝶，则必有分矣。此之谓'物化'"[①]。因此，从审美的层面讲，庄子"物化"的这两种境界是美的观照的最高境界。此外，不论老子还是庄子，他们思想的核心就是"道"，这个"道"就是老子和庄子为人类寻找的安全着陆点。在他们看来，"道"不仅是万物之源，

---

① 陈鼓应注译：《庄子今注今译》（上），北京：中华书局，2009年，第101—102页。

而且还是"众妙之门",也就是一切美的源泉,这就是说,"道"不仅产生万物,而且还产生万物之美,老庄的"道"美思想由此得以确立。从思想的发展来看,老庄的"道"美思想对中国美学思想的发展产生了重大的影响,其中道教美学思想的出现就是明证。

　　道教建立之初就把老子的《道德经》奉为经典,后又把庄子的《庄子》奉为经典,这就是说,老子和庄子的思想直接被道教继承。因此从理论上说,它们是道教"物化"美学思想的主要来源,说"主要"就意味着还有其他来源。事实上也是如此,道教在其发展过程中不断与儒、佛思想相融,但这并没有从根本上动摇道教"物化"美学思想的理论基础。虽然道教继承了老庄的思想,但道教并不是被动地继承,而是在继承的基础上根据自己宗教性的特点而有所发展。这里的发展主要指给老庄的"道"披上神秘的宗教外衣,也就是把老庄的"道"人格化、神圣化。在道教看来,物与人都是"道"化生的,因而物与人具有同一性。在此基础上,道教主张"物化"是宇宙普遍存在的一种现象,是"道"的体现。从东晋葛洪开始,"道"就有不同的别称,如"玄""一""神""心"等,但最终形成道教"物化"美学思想范畴体系的是"一""形""神""心"。虽然葛洪是从他的神仙思想来讨论"物化"现象,但却从思想上奠定了道教"物化"美学思想的理论基础。在葛洪看来,"物化"既然是宇宙普遍存在的现象,而人又是最有灵性的生命体,那么人只要勤于修道,就能成为神仙,就能得"道"。可见,葛洪"物化"的最初目的是追求长生不死,换句话说,葛洪的"物化"思想揭示了"物化"是一种生存境界,这也是一种成仙的境界。在葛洪看来,要真正达到这种境界,就必须"守一",因为"一"体现的是"宇宙之'秩序'和'规律'

之'和谐美'"①。这种境界也是后来张万福的"生道合一"的境界。就这样,"一"就成了道教"物化"美学思想的一个范畴,且是一个核心范畴。从道教整个成仙思想来看,道教早期主张肉体成仙,所以重"形"轻"神",后随着内丹学的兴起,道教就转向精神成仙,所以重"神"轻"形"。不仅如此,重玄学派的著名代表人物成玄英还提出了"物我兼忘"的"物化"美学思想,这种思想同样涉及"形"与"神"的问题,这就是说,随着道教"物化"美学思想的发展,"形"和"神"成了道教"物化"美学思想的两个不同的范畴。此外,重玄学和内丹学又促使道教把"心"看成"道",故"心"也成了道教"物化"美学思想的范畴,但"心"又离不开"忘",因而"忘"也成了道教"物化"美学思想的一个范畴。值得一提的是,对"物化"这种现象从理论高度做系统总结的应是唐末五代道士谭峭。在《化书》中,谭峭把"化"分为"虚形之化""自然之化""人体之化""社会之化",并对每种类型的"化"做了系统的阐释,从而使"化"成了道教"物化"美学思想一个重要的范畴。总之,道教"物化"美学思想主要继承了老庄"物化"美学思想,尤其是庄子的"物化"美学思想,故道教"物化"体现的也是得"道"的境界。这种境界包括两方面:生存境界和艺术境界。从前面的论述来看,生存境界其实就是成仙的境界,但不论生存境界还是艺术境界都是获得"道"美的境界。必须注意的是,这两种境界并不是彼此孤立的,而是相互作用的。从审美心理的角度讲,得"道"的境界也就是艺术的境界,因为道教是以"道"为最高信仰,故道教的一切行为包括修道行为、艺术行为

---

① 潘显一、李裴、申喜萍等:《道教美学思想史研究》,北京:商务印书馆,2010年,第149页。

等都必须以"道"为中心而展开。

如第二章所述,道教"物化"美学思想是道教美学思想的一部分,故道教"物化"美学思想既具有道教美学思想的特征,又具有自己独特的审美特征。具体而言,道教美学思想在其1800多年的发展中,形成了"以'真'、'善'为'美'的人格修养要求,以反映'性—命'之人性本质为'美'的审美判断,崇尚'素朴'美的艺术审美观点,以'浑沌'喻'道—美'、以'氤氲'喻美感和审美快感的朦胧美论,以及它善于吸取时代思想营养而展现出'多变—不变'的特点等等"①。从理论上讲,道教美学思想的这些特点也应在道教"物化"美学思想中有所体现,但道教"物化"美学思想只是道教美学思想中有关"物化"审美现象的这一部分,而"物化"体现的是"道化",所以道教"物化"美学思想具有自己独有的特征。从审美层面看,道教"物化"美学思想主要有四大特征:"道"的审美需要、"虚静"的审美态度、"与道为一"的审美体验、"无我"的审美人生。从这四大特征来看,道教"物化"美学思想揭示的其实就是一种人生境界,只不过这种人生境界打上了"道"美的烙印,从而使道教文化具有独特的文化现象——道教审美文化。如第五章所述,从广义上讲,所谓道教审美文化,就是道教文化的审美层面,它是道教审美行为方式、道教观念体系、道教审美活动的物化产品以及道教审美活动所依附的道教组织机构和道教设施的总和。从审美文化的结构上讲,道教"物化"美学思想由深层结构和表层结构构成。其深层结构由道教"物化"审美心理、道教"物化"审美意识以及道教"物化"美学思想体系构

---

① 潘显一:《大美不言——道教美学思想范畴论》,成都:四川人民出版社,1997年,第4页。

成；其表层结构由教义、规诫、科仪方术、道教经典和道藏、道教文艺、道教组织机构和道教设施构成。从逻辑上讲，深层结构和表层结构相互依存，共处于一个统一体中，从而使道教"物化"美学思想具有多重的现代审美文化价值。我们知道，中国文化可以分为古代文化、近代文化、现代文化。古代文化指的是1840年鸦片战争以前的文化；近代文化指的是1840年到1949年中华人民共和国成立前的文化；现代文化指的是1949年以后一直到现在的文化。当然，对文化的分类还可以细化，也可以有其他分类，本书采用了学界多数人的观点，不过这并不是本书的重点。从本书的分类来看，道教文化属于古代文化，因而对道教"物化"美学思想的研究理应着眼于现代的观照，才能使该研究具有存在的价值。从道教"物化"美学思想的六大范畴体系以及主要的"物化"代表思想的内容来看，道教"物化"美学思想蕴含了现代美育思想、现代养生审美思想、现代生态审美思想、现代文艺审美思想，这从另一个侧面证明了鲁迅的"中国根柢全在道教"[①] 说法的正确性。

现代社会是一个物欲横流的社会，一些人为了满足自己的物质欲望，不惜破坏生态环境，一切都与利益挂钩，逐渐形成了一股不良的文化潮流。从审美文化的角度看，一些人在利益面前迷失了自己，传统的、有益的审美价值观丧失，取而代之的是"美在利益"的审美价值观。这种审美价值观是心灵扭曲的表现，其最大的疯狂是对传统文艺的颠覆，打着所谓"为了艺术而艺术"的幌子不断对现有的、健康的文艺进行道德上的挑战，这不仅会影响人们的身心健康，而且也不利于现有正确艺术的发展。因

[①] 鲁迅：《鲁迅选集·书信卷》，徐文斗、徐苗青选注，济南：山东文艺出版社，1991年，第20页。

此，一方面我们要积极营造良好的文化氛围，采取有益措施保障现代审美文化沿着健康的轨道发展；另一方面，我们要加强对传统审美文化的研究，从中吸取有用的养分。通过前面几章的论述，我们最终发现，道教"物化"美学思想所蕴含的现代美育思想、现代养生审美思想、现代生态审美思想、现代文艺审美思想不仅有利于现代人树立正确的审美观，而且还会促进现代养生审美文化的发展；不仅对现代生态审美文化有一定借鉴意义，而且对现代文艺审美文化有一定的推动作用。

综上所述，道教"物化"美学思想研究是一个新课题，目前无论国外还是国内此课题都几乎没有人系统涉及，本书对这一课题的研究算是一个大胆的尝试。如前所述，道教"物化"美学思想是道教美学思想的一部分，因而从学科发展的角度看，此课题的研究一定会大力推动道教美学研究的发展。同时，道教审美文化是道教文化的一部分，因而此课题的研究也一定会大力促进道教文化研究的发展。笔者相信，随着研究的深入，该课题的研究一定会有广阔的发展前景！

参考文献

一、原典与资料

陈鼓应,2009. 老子注译及评介[M]. 北京:中华书局.

陈鼓应,2009. 庄子今注今译(上、中、下)[M]. 北京:中华书局.

陈寿,1982. 三国志·蜀书(四)[M]. 裴松之,注. 北京:中华书局.

葛洪,2010. 神仙传校释[M]. 胡守为,校释. 北京:中华书局.

谷斌,张慧姝,郑开,1996. 黄帝四经今译·道德经今译[M]. 北京:中国社会科学出版社.

郭象,成玄英,1998. 南华真经注疏(上、下)[M]. 曹础基,黄兰发,点校. 北京:中华书局.

洪丕谟,1991. 道藏气功要集(上)[C]. 上海:上海书店.

黄元吉,2012. 道德经注释[M]. 蒋门马,校注. 北京:中华书局.

焦循,1987. 孟子正义(上、下)[M]. 沈文倬,点校. 北京:中华书局.

黎翔凤,2004. 管子校注(上、中、下)[M]. 梁运华,整理.

北京：中华书局.

李安纲, 2004. 道德经 [M]. 注译者不详. 北京：中国社会出版社.

李安纲, 2004. 南华经 [M]. 北京：中国社会出版社.

李鼎祚, 2016. 周易集解 [M]. 王丰先, 点校. 北京：中华书局.

李耳, 2003. 老子 [M]. 译注者不详. 北京：中国文史出版社.

李昉, 等, 1961. 太平广记 (一、二、三) [M]. 北京：中华书局.

刘勰, 2012. 增订文心雕龙校注 [M]. 黄叔琳, 注. 李详, 补注. 杨明照, 校注拾遗. 北京：中华书局.

蒙文通, 1987. 古学甄微 [M]. 成都：巴蜀书社.

蒙文通, 2001. 道书辑校十种 [M]. 成都：巴蜀书社.

蒙文通, 2015. 道教甄微 [M] // 蒙默. 蒙文通全集 (五). 成都：巴蜀书社.

邱奉侠, 1996. 抱朴子内篇今译 [M]. 北京：中国社会科学出版社.

邱鹤亭, 2004. 列仙传注译·神仙传注译 [M]. 北京：中国社会科学出版社.

饶自然, 黄公望, 1959. 绘宗十二忌·写山水诀 [M]. 邓以蛰, 标点注译. 马采, 标点注译. 北京：人民美术出版社.

饶宗颐, 1991. 老子想尔注校证 [M]. 上海：上海古籍出版社.

阮元, 1980. 十三经注疏 (下) [M]. 北京：中华书局.

司马迁, 1982. 史记 (七) [M]. 裴骃, 集解. 司马贞, 索隐. 张守节, 正义. 北京：中华书局.

宋海峰, 2009. 庄子 [M]. 呼和浩特：内蒙古人民出版社.

苏轼, 1986. 苏轼文集 (第一册至第六册) [C]. 孔凡礼, 点校.

北京：中华书局.

苏轼, 2001. 苏轼诗集合注（一、二、三、四、五、六）[C]. 冯应榴, 辑注. 黄任轲, 朱怀春, 校点. 上海：上海古籍出版社.

谭峭, 1996. 化书 [M]. 丁祯彦, 李似珍, 点校. 北京：中华书局.

王弼, 1980. 王弼集校释（上、下）[M]. 楼宇烈, 校释. 北京：中华书局.

王明, 1960. 太平经合校 [M]. 北京：中华书局.

王明, 1985. 抱朴子内篇校释（增订本）[M]. 北京：中华书局.

王明, 2014. 太平经合校（上、下）[M]. 北京：中华书局.

王文锦, 2010. 论语·孟子译注 [M]. 北京：中华书局.

王先谦, 2013. 荀子集解（上、下）[M]. 沈啸寰, 王星贤, 点校. 北京：中华书局.

佚名, 1988. 道藏 [M]. 北京：文物出版社, 上海：上海书店, 天津：天津古籍出版社.

佚名, 1991. 道教三经合璧 [M]. 慕容真, 点校. 杭州：浙江古籍出版社.

佚名, 1992. 藏外道书 [M]. 成都：巴蜀书社.

佚名, 1993. 老子道德经河上公章句 [M]. 王卡, 点校. 北京：中华书局.

张伯端, 1990. 悟真篇浅解（外三种）[M]. 王沐, 浅解. 北京：中华书局.

张君房, 2003. 云笈七签（一、五）[C]. 李永晟, 点校. 北京：中华书局.

张双棣, 1997. 淮南子校释（上、下）[M]. 北京：北京大学出版社.

张松辉,张景,2013. 抱朴子外篇(上、下)[M]. 北京:中华书局.

郑思肖,1991. 郑思肖集[C]. 陈福康,校点. 上海:上海古籍出版社.

周振甫,1986. 文心雕龙今译[M]. 北京:中华书局.

二、论著

白靖宇,2000. 文化与翻译[M]. 北京:中国社会科学出版社.

北京大学哲学系美学教研室,1980. 中国美学史资料选编(上、下册)[C]. 北京:中华书局.

蔡钊,2014. 道教美学探索——内丹与中国器乐艺术研究[M]. 成都:四川大学出版社.

常宏,朱珂苇,2015. 全彩图说美学[M]. 北京:中国华侨出版社.

陈鼓应,2010. 道家文化研究(第二十五辑)[C]. 北京:生活·读书·新知三联书店.

陈麟书,陈霞,2003. 宗教学原理(新版修订本)[M]. 北京:宗教文化出版社.

陈明,2000. 审美价值论初探[M]. 香港:中国(香港)联合商务机构出版委员会.

陈望衡,2007. 当代美学原理[M]. 武汉:武汉大学出版社.

陈望衡,2007. 中国古典美学史(上、中、下卷)[M]. 武汉:武汉大学出版社.

陈撄宁,2000. 道教与养生[M]. 北京:华文出版社.

程晶晶,2015. 中国审美心境范畴论[M]. 北京:社会科学文献出版社.

辞海编辑委员会，1977. 辞海·语词分册（上、下）[M]. 上海：上海辞书出版社.

董庆炳，程正民，1993. 现代心理美学 [M]. 北京：中国社会科学出版社.

高尔太，1982. 论美 [M]. 兰州：甘肃人民出版社.

高楠，1989. 道教与美学 [M]. 沈阳：辽宁人民出版社.

戈国龙，2012. 道教内丹学溯源 [M]. 北京：中央编译出版社.

葛兆光，1987. 道教与中国文化 [M]. 上海：上海人民出版社.

苟波，1999. 道教与神魔小说 [M]. 成都：巴蜀书社.

苟波，2008. 仙境 仙人 仙梦——中国古代小说中的道教理想主义 [M]. 成都：四川出版集团巴蜀书社.

黄凯峰，2005. 审美价值论 [M]. 昆明：云南人民出版社.

金雅，2005. 梁启超美学思想研究 [M]. 北京：商务印书馆.

李刚，1995. 汉代道教哲学 [M]. 成都：巴蜀书社.

李建中，2005. 中国文化概论 [M]. 武汉：武汉大学出版社.

李健夫，2001. 美学思想发展主流 [M]. 北京：中国社会科学出版社.

李裴，2005. 隋唐五代道教美学思想研究 [M]. 成都：巴蜀书社.

李裴，2013. 隋唐五代道教审美文化研究 [M]. 成都：巴蜀书社.

李星丽，2015. 四川道教宫观建筑艺术研究 [M]. 成都：巴蜀书社.

李醒尘，2005. 西方美学史教程 [M]. 北京：北京大学出版社.

李养正，2000. 当代道教 [M]. 北京：东方出版社.

李咏吟，2007. 文艺美学 [M]. 桂林：广西师范大学出版社.

李泽厚，2009. 美的历程 [M]. 北京：生活·读书·新知三联书店.

凌继尧,2003. 美学十五讲[M]. 北京:北京大学出版社.

刘绍瑾,1989. 庄子与中国美学[M]. 广州:广东高等教育出版社.

鲁迅,1991. 鲁迅选集·书信卷[C]. 徐文斗,徐苗青,选注. 济南:山东文艺出版社.

吕大吉,1998. 宗教学通论新编(上、下)[M]. 北京:中国社会科学出版社.

罗钢,刘象愚,2000. 文化研究读本[M]. 北京:中国社会科学出版社.

倪梁康,2014. 现象学及其效应——胡塞尔与当代德国哲学[M]. 北京:商务印书馆.

潘显一,1997. 大美不言——道教美学思想范畴论[M]. 成都:四川人民出版社.

潘显一,李裴,申喜萍,等,2010. 道教美学思想史研究[M]. 北京:商务印书馆.

卿希泰,1990. 道教与中国传统文化[M]. 福州:福建人民出版社.

卿希泰,唐大潮,2006. 道教史[M]. 南京:江苏人民出版社.

卿希泰,詹石窗,2009. 中国道教思想史(第一卷至第四卷)[M]. 北京:人民出版社.

任继愈,2010. 中国哲学史(一)[M]. 北京:人民出版社.

申喜萍,2007. 南宋金元时期的道教文艺美学思想[M]. 北京:中华书局.

司马云杰,1992. 文化价值论[M]. 济南:山东人民出版社.

孙焘,2014. 中国美学通史(先秦卷)[M]. 南京:江苏人民出版社.

孙鼎国,1991. 西方文化百科［M］. 长春：吉林人民出版社.

孙亦平,2009. 道教文化［M］. 南京：南京大学出版社.

孙亦平,2011. 道教思想研究论集［M］. 成都：巴蜀书社.

滕守尧,1998. 审美心理描述［M］. 成都：四川人民出版社.

田诚阳,1999. 仙学详述［M］. 北京：宗教文化出版社.

田晓膺,2008. 隋唐五代道教诗歌的审美管窥［M］. 成都：巴蜀书社.

涂光杜,2003. 庄子范畴心解［M］. 北京：中国社会科学出版社.

王朝闻,1981. 美学概论［M］. 北京：人民出版社.

王朝闻,2011. 审美基础（上、下卷）［M］. 北京：生活·读书·新知三联书店.

王朝闻,2012. 雕塑美学［M］. 北京：生活·读书·新知三联书店.

王海林,1992. 佛教美学［M］. 合肥：安徽文艺出版社.

王茜,2014. 现象学生态美学与生态批评［M］. 北京：人民出版社.

王晓朝,李磊,2006. 宗教学导论［M］. 北京：首都经济贸易大学出版社.

王新婷,金鸣娟,姚晚霞,2004. 中国传统文化概论［M］. 北京：中国林业出版社.

王一川,1992. 审美体验论［M］. 天津：百花文艺出版社.

王毅,2012. 道教基本常识［M］. 西安：陕西师范大学出版总社有限公司.

王岳川,2005. 艺术本体论［M］. 北京：中国社会科学出版社.

肖鹰,2005. 中西艺术导论［M］. 北京：北京大学出版社.

徐复观,2005. 中国人性论史［M］. 上海：华东师范大学出版社.

徐复观，2007. 中国艺术精神 [M]. 桂林：广西师范大学出版社.

徐兆仁，1991. 道教与超越 [M]. 北京：中国华侨出版公司.

阎嘉，2005. 文学理论基础 [M]. 成都：四川大学出版社.

杨恩寰，2005. 美学引论 [M]. 北京：人民出版社.

杨鹏飞，2010. 庄子审美体验思想阐释 [M]. 沈阳：辽宁大学出版社.

杨辛，甘霖，1996. 美学原理新编 [M]. 北京：北京大学出版社.

叶朗，1985. 中国美学史大纲 [M]. 上海：上海人民出版社.

叶朗，1988. 现代美学体系 [M]. 北京：北京大学出版社.

叶朗，1999. 现代美学体系 [M]. 北京：北京大学出版社.

叶朗，1999. 美学的双峰——朱光潜 宗白华与中国现代美学 [C]. 合肥：安徽教育出版社.

叶朗，2009. 美学原理 [M]. 北京：北京大学出版社.

叶朗，朱良志，2008. 中国文化读本 [M]. 北京：外语教学与研究出版社.

俞剑华，2009. 中国绘画史 [M]. 南京：东南大学出版社.

余谋昌，2010. 环境哲学：生态文明的理论基础 [M]. 北京：中国环境科学出版社.

曾繁仁，2015. 生态美学基本问题研究 [M]. 北京：人民出版社.

曾繁仁，谭好哲，2016. 生态美学的理论建构 [C]. 北京：人民出版社.

曾永成，董志强，1993. 美学原理教程 [M]. 成都：电子科技大学出版社.

詹石窗，1992. 道教文学史 [M]. 上海：上海文艺出版社.

张岱年，2017. 中国古典哲学概念范畴要论 [M]. 北京：中华书局.

张岱年,方克立,2004. 中国文化概论[M]. 北京:北京师范大学出版社.

张立文,张绪通,刘大椿,2005. 玄境——道学与中国文化[M]. 北京:人民出版社.

中国社会科学院语言研究所词典编辑室,1996. 现代汉语词典(修订本)[M]. 北京:商务印书馆.

钟泰,2008. 中国哲学史[M]. 北京:东方出版社.

钟涛,2003. 元杂剧艺术生产论[M]. 北京:北京广播学院出版社.

周来祥,1997. 东方审美文化研究(第2-3辑)[C]. 桂林:广西师范大学出版社.

朱狄,1984. 当代西方美学[M]. 北京:人民出版社.

朱光潜,1979. 西方美学史[M]. 北京:人民文学出版社.

朱光潜,1980. 朱光潜美学文学论文选集[C]. 长沙:湖南人民出版社.

朱光潜,1982. 朱光潜美学文集(第一卷)[C]. 上海:上海文艺出版社.

朱光潜,2006. 文艺心理学[M]. 合肥:安徽教育出版社.

朱立元,1997. 当代西方文艺理论[M]. 上海:华东师范大学出版社.

朱立元,2014. 美学大词典(修订本)[M]. 上海:上海辞书出版社.

宗白华,1981. 美学散步[M]. 上海:上海人民出版社.

三、译著及外文资料

鲍桑葵,2009. 美学史[M]. 张今,译. 桂林:广西师范大学出版社.

彼得罗夫斯基,1981. 普通心理学 [M]. 朱智贤,伍棠棣,卢盛忠,张世臣,龚浩然,孙晔,王明辉,译. 北京:人民教育出版社.

布伯,2002. 我与你 [M]. 陈维刚,译. 北京:生活·读书·新知三联书店.

杜夫海纳,1987. 美学与哲学 [M]. 孙非,译. 台北:五洲出版社.

弗洛伊德,1984. 精神分析引论 [M]. 高觉敷,译. 北京:商务印书馆.

伽达默尔,1987. 真理与方法 [M]. 王才勇,译. 沈阳:辽宁人民出版社.

伽达默尔,2004. 真理与方法(上、下卷)[M]. 洪汉鼎,译. 上海:上海译文出版社.

黑格尔,1996. 美学(第一卷)[M]. 朱光潜,译. 北京:商务印书馆.

胡塞尔,2016. 现象学的观念 [M]. 倪梁康,译. 北京:商务印书馆.

霍尔,等,1987. 荣格心理学入门 [M]. 冯川,译. 北京:生活·读书·新知三联书店.

卡西尔,1985. 人论 [M]. 甘阳,译. 上海:上海译文出版社.

克罗齐,1984. 美学的历史 [M]. 王天清,译. 北京:中国社会科学出版社.

克罗齐,2009. 美学或艺术和语言哲学 [M]. 黄文捷,译. 天津:百花文艺出版社.

朗格,1986. 情感与形式 [M]. 刘大基,傅志强,周发祥,译. 北京:中国社会科学出版社.

李斯托威尔,1980. 近代美学史评述 [M]. 蒋孔阳,译. 上海:

上海译文出版社.

马林诺夫斯基, 1987. 文化论 [M]. 费孝通, 等译. 北京: 中国民间文艺出版社.

马斯洛, 2012. 动机与人格 [M]. 许金声, 等译. 北京: 中国人民大学出版社.

维塞尔, 2010. 席勒美学的哲学背景 [M]. 毛萍, 等译. 北京: 华夏出版社.

沃林, 2000. 文化批评的观念 [M]. 张国清, 译. 北京: 商务印书馆.

伊格尔顿, 2003. 文化的观念 [M]. 方杰, 译. 南京: 南京大学出版社.

中共中央马克思恩格斯列宁斯大林著作编译局, 1972. 马克思恩格斯选集（第一卷、第四卷）[M]. 北京: 人民出版社.

ANDERSON B, 2016. *Imagined Communities: Reflections on the Origin and Spread of Nationalism* [M]. London: Verso.

BENHABIB S, 2004. *The Rights of Others: Aliens, Residents, Citizens* [M]. Cambridge: Cambridge University Press.

BENKO G, STROHMAYER U, 1997. *Space and Social Theory: Interpreting Modernity and Postmodernity* [C]. Oxford: Blackwell Publishers Ltd.

BOURDIEU P, 1977. *Outline of a Theory of Practice* [M]. NICE R, trans. Cambridge: Cambridge University Press.

EAGLETON T, 1976. *Marxism and Literary Criticism* [M]. London: Methuen & Co. Ltd.

HALL S, GIEBEN B, 1992. *Formations of Modernity* [C]. Cambridge: Polity Press.

LUHNANN N, 2000. *The Reality of the Mass Media* [M]. CROSS

K, trans. Standford: Standford University Press.

四、期刊文章

蔡钊，2012."达生"为"美"——道教美学思想的民族文化特征[J]. 宗教学研究（2）.

陈望衡，2012. 神仙境界与中国人的审美理想——神仙道教的美学意义[J]. 社会科学战线（2）.

苟波，2003. 中国古代的"原始乐园"神话及哲学解读[J]. 四川大学学报（哲学社会科学版）（5）.

苟波，2005. 道教的"出世"人生理想与"梦幻"故事[J]. 宗教学研究（1）.

郎江涛，2016. 道教美丑观之透析[J]. 中华文化论坛（9）.

李珉，2006. 论道教美学思想对明清俗文化的影响[J]. 四川大学学报（哲学社会科学版）（3）.

李裴，2012. 略论道教环境艺术与审美[J]. 宗教学研究（2）.

李旭，2002. 论中国美学范畴的特征[J]. 五邑大学学报（社会科学版）（3）.

潘显一，1996. 论道教"真"美观[J]. 社会科学研究（6）.

潘显一，1997."虚静"、"逍遥"、"玄德"：道教美学情趣论[J]. 社会科学研究（3）.

潘显一，1997. 论道教的"尚文"美学观[J]. 文艺研究（3）.

潘显一，2000."道美"：妙不可言？——论道教美学思想从《河上公章句》到《想尔注》的转变[J]. 四川大学学报（哲学社会科学版）（4）.

潘显一，2001. 物我两忘：道教审美情趣探源[J]. 宗教学研究（4）.

潘显一，2002. 道教审美文化的历史、特色及将来[J]. 宗教学研究（3）．

潘显一，李裴，张崇富，李知恕，申喜萍，李珉，蔡华，2003．道教美学笔谈录［J］．世界宗教研究（2）．

潘显一，殷明，2010．论道教美学思想的发展与嬗变［J］．江西社会科学（4）．

皮朝纲，刘方，1999．忘——即自的超越［J］．西南民族学院学报（哲学社会科学版）（6）．

唐大潮，1995．明清之际道教"三教合一"思想的理论表现略论［J］．世界宗教研究（3）．

阎嘉，2002．论文化传统的断裂、延续与不同传统之间对话的可能性［J］．思想战线（1）．

阎嘉，2007．农家乐：一个当代审美文化的文本［J］．文艺争鸣（7）．

詹石窗，林拓，1997．"道美"规律检定——评潘显一《大美不言——道教美学思想范畴论》［J］．四川大学学报（哲学社会科学版）（4）．

周冰，2005．"忘"在中国古代美学中的价值生成［J］．衡阳师范学院学报（5）．

后 记

夜色已晚,我终于搁下笔,长长地舒了一口气,颇有一种成就感。回想这几年走过的路,真是感慨万千,其间所经历的事仿佛就在眼前。在炙热的三伏来临之际,我掩卷沉思,感激之情油然而生。

在攻读博士学位之前,我的研究方向是翻译理论与实践,几乎从未接触过道教美学思想。2013年秋入学后,在导师苟波教授的不断鼓励下,我挑战自己,尝试去阅读那晦涩难懂的道教文献资料。在阅读道教文献资料的过程中,我一方面因自己知识的贫乏而自责,另一方面又被道教精妙的思想所吸引。在反复不断地求证后,我最终选择了"道教'物化'美学思想研究"这样一个题目。这个论题的选择应是受苟波教授《仙境　仙人　仙梦——中国古代小说中的道教理想主义》影响的结果。从道教理想主义的角度看,道教的"物化"审美现象其实就是道教审美理想的体现,故苟波教授的《仙境　仙人　仙梦——中国古代小说中的道教理想主义》中的"理想主义"这几个字使我茅塞顿开,最终敲定该选题。客观地讲,我虽有一定的学术功底,但这几年若没有恩师的鼓励和厚爱,我定不能完成博士论文的撰写工作。毫不夸张地说,从选题、构思、撰写到修改的每一环节都凝聚了恩师的心血。恩师待人热情、真挚，治学严谨，其学养和风范使我受益匪浅。此时此刻，我暗下决心，在今后的学术生涯中，只有以勤为径、开拓进取才不会辜负恩师的厚望。

同时，我也要感谢四川大学的潘显一教授、唐大潮教授、阎嘉教授和李裴教授。在读博期间，前三位教授的授课拓展了我的视野，而李裴教授虽未开设博士研究生课程，但李裴教授的科研成果使我深受启发，同时还要感谢这四位教授在我开题报告上所提的宝贵意见。值得一提的是，潘显一教授的《大美不言——道教美学思想范畴论》是我参考的主要理论著作，本书的范畴体系一章就是受其影响而成。同时，唐大潮教授的《道教史》、阎嘉教授的《文学理论基础》以及李裴教授的《隋唐五代道教美学思想研究》都是本书的重要参考著作。

在攻读博士学位期间，四川大学道教与宗教文化研究所为广大美学专业的博士研究生提供了丰富的图书资料和系统化的学籍管理体系。在此，我衷心地感谢为广大博士研究生服务的道教与宗教文化研究所的图书管理员、学籍管理员以及政治生活管理员，感谢他们对广大博士研究生的关爱和无私奉献。

我还要感谢我的同学李崇月、周婷、姜约、陈显君，他们的鼓励、关心和支持，使我的博士生活丰富多彩，尤其是姜约同学对道教知识体系的梳理，不仅增加了我的道教知识，而且还使我产生一种把道教文化和精神传承下去的责任感。此外，周婷同学在学习和生活上给予我的关心和帮助让我永久难忘，感激之情无法用言语表达。

我要把我的感激献给我的家人。感谢我的父母对我日常学习的关心，感谢他们为支持我的学习而主动承担接送女儿上学的任务。特别感谢我的妻子这些年来对我的关心和帮助，不仅把家里安排得井井有条，而且还经常陪我读书到深夜。在写作过程中，她主动承担在网上购书的任务以及文字校对工作。感谢乖巧懂事的女儿给我带来的莫大快乐！

最后，感谢四川大学外国语学院对我的鼓励和支持！感谢四川大学出版社的张晶老师和余芳老师为本书的出版所做的大量工作。

对我而言，能够完成这样一本学术专著实为不易，虽然该书还存在这样或那样的问题，但此书的完成给了我极大的信心，让我看到了希望之光！

郎江涛

2018 年 5 月

再 版 后 记

本书基本上是我申请博士学位论文的内容，2019年在四川大学出版社出版，首次印刷当年即告售罄。两年以来，不断有朋友，尤其是相关专业的研究生向我索求此书，我常常又无法成其良愿而深感不安。

现此书有幸被四川大学出版社重新出版，这又给我再次审阅此书的机会。在重新审阅的过程中，昔日撰写书稿的点点滴滴不觉涌上心头，使我终生难忘。坦率地讲，在撰写本书的过程中，因自己电脑技术的问题，常有改过的地方又回到原来的样子，甚至有的地方多次反复修改仍未改到。因此，这次再版，我也得以有纠错的机会。

借此再版之际，谨表达对四川大学出版社张晶老师和余芳老师的诚挚谢意！她们不仅热诚促成本书的再版，而且还对本书提出了自己的再版意见。此外，我还要说明一点，我与他人合著由四川大学出版社2018年5月出版的《神仙传记研究新论》第二章第一节的内容虽然我在写作过程中有所删减，但主要内容来自我博士学位论文的第二章第一节,亦即本书的第二章第一节。同时,我于2018年在《宗教学研究》第二期发表的《道教"物化"思想审美性初探》的主要内容是来自我博士学位论文第四章,亦即本书的第四章。因当时我的博士学位论文并未出版成书,故我在《神仙传记研究新论》和《道教"物化"思想审美性初探》的参考文献里并未注明,在此特此说明。

郎江涛
2021年9月